智造未来·建筑工程设计技术研究系列丛书

# 大跨度建筑的结构构型研究

## Structure Configuration of Large Span Construction

邢　民　杨兴民　薛　毅　等著

中国建筑工业出版社

**图书在版编目（CIP）数据**

大跨度建筑的结构构型研究＝Structure Configuration of Large Span Construction/邢民等著. —北京：中国建筑工业出版社，2022.7
（智造未来·建筑工程设计技术研究系列丛书）
ISBN 978-7-112-27435-2

Ⅰ.①大… Ⅱ.①邢… Ⅲ.①建筑物-大跨度结构-研究 Ⅳ.①TU208.5

中国版本图书馆 CIP 数据核字（2022）第 090385 号

责任编辑：高 悦 万 李
责任校对：姜小莲

智造未来·建筑工程设计技术研究系列丛书
**大跨度建筑的结构构型研究**
Structure Configuration of Large Span Construction
邢 民 杨兴民 薛 毅 等著
*
中国建筑工业出版社出版、发行（北京海淀三里河路 9 号）
各地新华书店、建筑书店经销
霸州市顺浩图文科技发展有限公司制版
河北鹏润印刷有限公司印刷
*
开本：787 毫米×1092 毫米 1/16 印张：12 插页：1 字数：295 千字
2022 年 10 月第一版 2022 年 10 月第一次印刷
定价：**53.00** 元
ISBN 978-7-112-27435-2
（39611）

# 丛书前言

回望我国新世纪建筑创作二十多年的发展史，以“国家大剧院”全球方案征集为起点，我们看到，建筑师们正是藉结构技术（包括材料应用、空间建构与分析技术等）、环境营造技术（水、暖、电、气、讯供给技术等）和现代建造技术的有力支撑，才创作并建成了形形色色、千姿百态的当代建筑作品。这些作品极大地丰富了我们所生活的物质世界，一些作品还成为我们所在城市的标志和象征。

著名建筑师诺曼·福斯特（Norman Foster）说：“建筑的进步及其未来不是存在于建筑界所展开的专业领域里，而是存在于围绕建筑的相关领域的尖端技术里，在那里可以发现其发展的可能性。只有不断地与其他领域积极合作，将尖端应用于建筑之中，在其结果所产生的功能与美这个全新结合的世界里才有建筑的未来。”因此，从2009年开始，我们在中建股份研发计划的支持下，以结构工程师为研究核心，先后组建了几个跨领域、跨学科、跨专业的研究团队，聚焦建筑设计相关技术，面向行业现实需求，陆续立项了《大跨度建筑的结构构型研究》《带交叉斜筋的单排配筋混凝土剪力墙结构住宅抗震性能及设计方法研究》《高层装配式劲性剪力墙结构体系研究》《智慧社区设计集成技术研究与示范》等系列研发课题。目的是通过研发团队不同领域、不同学科背景成员间的认知激荡和思维碰撞，打破可能约束我们眼界范围的、固有的专业局限性，力图为我们这个行业贡献一丝新理念，注入一点新见解。

本套丛书就是在上述诸项研发课题的研究成果基础上整理编纂而成的。这个将研究报告整理成书的过程充满挑战，因此我要特别感谢为此付出艰辛努力的中国建筑工业出版社的各位编辑同仁。

鉴于吾等研究者理论水平和经验所限，书中谬误之处在所难免，所以，我们衷心期待各位专家和读者给予批评指正。

邢　民

# 前　　言

近三十年来大跨空间结构技术得到了很大的发展，但在设计各式各样的大跨度建筑时，设计者依然感觉到结构型式的选择余地有限，满足不了日益发展的建筑表现需求。如何创建能够满足各种建筑意图的、自由的、灵活的、多样的曲面形状是当前亟待解决的一项课题，也是建筑与结构交叉领域的新课题。

大跨度建筑的结构构型研究就是因此而产生的一个前沿的、新兴的研究领域，随着现代建筑科学日新月异的发展，在世界范围内，新型建筑结构体系不断被“创造”出来，成为满足建筑功能和形象期求的重要载体。结构体系形成的跨学科思维正在成为一种渐趋流行的新模式，如基于“泡沫”理论形成的“水立方”结构构体技术以及基于形象与内部空间需求而形成的国家大剧院指数次幂椭球构面技术等。各种外在呈现或内部建构方式各异的建筑相继竣工，标志着我国新型现代大跨度建筑结构的发展到了一个新的阶段。

为了争取在未来高端大跨度建筑设计市场原创竞争中占据一定地位，我们有必要对大跨度建筑结构的结构构型趋势进行多角度、全方位和系统的研究。开展这方面的研究，对于培育企业“差异化”产品竞争优势，以产品原创力“占据”国内外大跨度建筑结构高端设计市场的目标十分必要。

本书的总体思路是：从数学、物理学、植物和动物学等诸多基础构型生成方式中，优先聚焦自由曲面结构形态的数值生成方式研究，进而聚焦数学中空间几何学所定义的各种曲面生成方式。重点研究以下几个方面的内容：

（1）基于有限元法的自由曲面结构形态的创建；

（2）基于 NURBS 描述的自由曲面结构形态生成；

（3）基于形状优化法的自由曲面结构形态的生成，形状优化时采用响应曲面法；

（4）大跨空间结构形态的几何生成，涵盖了数学中大部分用直角坐标系、球坐标系、柱坐标系和复数坐标系表达的曲面；

（5）大跨空间结构形态的几何生成研究与仿生生成系统的构建，研究了逆向建模、由方程生成曲面、样条曲面，四边形网格的细分曲面造型等的算法；

（6）大跨度建筑结构构型软件研发。

在结构构型这一研究领域，吾等研究者既不是先行者，也不是引领者，只不过基于研究者过往的一些工程实践经历，认为这是一个能激发原始创意并值得悉心探索的方向。所以，我们衷心期待这本书能为广大设计师们提供点滴灵感，进而创作出美轮美奂的建筑作品。

如此足矣。

邢　民

# 目　　录

# 绪　论

## 1.1　研究背景

大跨空间结构的发展在受到经济和科学水平限制的同时，还将很大程度上受到政府宏观调控的影响。中国目前是世界第二大经济体，社会总财富剧增。伴随着社会财富的增加，使发展成果惠及于民将为政府努力的重要方向，因为这是社会主义国家以人为本思想的最终体现，也是经济发展的要求。这样，投资基础设施建设便成了必然，这也是发展生产力和满足人民日益增长的美好生活需要的客观要求。随着社会发展的需要，建筑物的跨度和规模越来越大，建筑的造型越来越丰富多彩，结构的形式也不断增加。近三十年来各种类型的大跨空间结构技术在世界各地得到了很大的发展，世界各地建造了许多造型优美的大跨空间结构，发展了许多新的空间结构形式。在中国，随着 2008 年北京奥运会、2010 年上海世界博览会和 2010 年广州亚运会等一系列重大社会经济活动的展开，我国也见证了一批造型优美、受力合理的大跨空间结构的诞生。图 1-1 所示的国家大剧院采用解析曲面的构型方式，图 1-2 所示的“水立方”采用的是理论物理当中的泡沫理论作为建筑结构的构型方式，图 1-3 所示的印象海南岛采用自由曲面构造“海胆”造型。

然而与国外相比，我国在空间结构的曲面造型上还略显单调，目前能够选择的空间结

图 1-1　采用解析式曲面形态的国家大剧院

构形状大部分还是局限于比较单纯的几何形状和它们的组合形式或它们的改良形式。设计者越来越感觉到结构形式的选择余地有限，满足不了日益发展的建筑表现要求，且很难保证结构的合理性。

图 1-2　水立方

图 1-3　“海胆”造型

究其原因，在于以往我们大多关注于空间结构的力学性能研究，而对于空间结构的形态学研究较少，这与当前国际空间结构学术界的研究热点是不相适应的。对于空间结构形态的研究不仅是建筑学问题，也是结构问题，因为空间结构的建筑和结构是一体的。空间结构形态的选择不仅影响建筑物的安全性和经济性，也直接影响建筑物的使用性和审美性等对建筑物的要求。建筑造型和结构形式的多样性是未来大跨空间结构的基本特征之一，如何创建能够满足各种建筑意图的、自由的、灵活的、多样的曲面形状以及如何对自由曲面结构的形态进行评价，是当前亟待解决的一个问题，也是建筑与结构交叉领域的全新课题。国家大剧院及奥运系列建筑（鸟巢、水立方等）的相继竣工，标志着我国新型现代大跨度建筑结构的发展到了一个新的阶段，为了争取在未来的中国高端大跨度建筑设计市场中占据一定地位，有必要开展对新型大跨度建筑结构构型的现状及未来发展趋势多角度、全方位和系统化的研究。

## 1.2 对大跨度建筑的结构构型的力学认识

结构构型是指结构整体及各个组成部分的结构形式的总和。结构构型也可以理解为结构形式的受力特点和体形姿态。结构构型是结构内在本质的外在表现，它绝不是孤立的结构现象，而是抽象的结构规律的形象化体现。

结构构型的任务就是使一切外力顺利地向基础传递。对于大跨度建筑而言，由结构自重及竖向地震作用构成的竖向荷载是结构设计的主要控制因素，因此如何减轻结构自重以及由此产生的巨大弯矩和剪力是大跨度建筑结构构型的基本出发点。以下几个方面阐述的是对大跨度建筑的结构构型的力学认识：1）结构存在的基本要求；2）结构的传力路线越短，工作效能越高；3）结构承受轴向应力优于承受弯曲应力或混合应力；4）结构的连续性与渐变性；5）预应力使结构更加合理；6）结构形态的“尺度与平方——立方定律”；7）结构形态的反转原理。

大跨度建筑必须具备形象，因而也就离不开结构，建筑与结构密不可分的关系因结构形态的缘故而显得更加鲜明。优秀的大跨度建筑作品都具有同一鲜明的特征，即大到结构体系的选择、建筑整体形象的确立，小到结构构件及节点的处理，以及建筑细部的雕琢，都体现着结构形态与建筑造型的依存关系。

结构体系的发展，不仅很好地解决了大跨度建筑的功能问题，也为结构表现提供了丰富的创作语汇，我们对大跨度建筑的结构类型进行了全面、系统的梳理，归纳如下：1）桁架结构；2）网架结构；3）拱结构；4）悬索结构；5）缆索结构；6）折板结构；7）膜结构；8）张弦梁结构；9）张拉整体结构——索穹顶。

## 1.3 空间结构形态学研究内容

英国动物学家汤普森有一句名言“形是力的图解”，这句话恰恰体现了形态学的本质，即形态学认为自然界中的物体的形与其内部的结构之间构成了有机的整体；因此，结构的外部形式、内部构造和功能三者之间应该是和谐统一的。形态学就是研究各种形状与其内部结构之间关系的科学。按照结构形态学的观点，一个优秀的建筑不仅应该能够表现出建筑物本身的艺术价值，更应具有良好的受力性能。但是在现实情况下要实现这一目标还是相当困难的，这主要源于现阶段设计步骤的不合理性，即建筑设计在先，结构设计在后。

由于专业知识的局限性，由建筑设计所产生的曲面在力学性能上很可能是不合理的，而后结构工程师只能在这一不尽合理的几何形状基础上设计结构的受力构件，从而产生了最终建筑产品的不合理性。实际上一个优秀的建筑作品应该是建筑师与结构工程师相互协作、相互促进来完成的，而不是平行进行、没有交集的机械创作。

合理的结构形态应同时满足以下两方面要求：1）丰富的建筑艺术表现形式；2）结构受力合理。一般来说，一个结构的优劣主要取决于它的内力分布模式是否合理，为评价结构的合理性，需要引入“结构形态”的概念。如前所述，“结构形态”应包括两方面基本内容：第一是结构的“形”，其次是结构的“态”。结构的“形”是指包括结构的几何外形、杆件的布置方式以及构件尺寸等结构的外在特征；结构的“态”是指结构在外荷载作用下的内力分布状态，是结构的内在反映。具有特定几何外形的结构在荷载作用下，其内力分布状态是一定的；而已知一个特定的内力分布状态却不能确定唯一的建筑几何外形。因此，对结构形态的研究是评价结构好与坏的基本参数，一个合理的建筑几何外形才能对应有一个较优的受力状态。

对于结构形态的研究一般可分为以下三个层面：1）几何外形的创建与优化，这一层面主要研究结构的整体几何外形；2）杆件布置关系的创建与优化，这一部分主要研究以何种方式布置杆件更为合理的问题；3）杆件截面的确定与优化。从现有研究来看，第三层面的研究已经大范围地开展，而第一、二层面的内容将是未来研究的重点。

## 1.4 大跨空间结构形态学的发展

随着社会发展的需要，人们不断追求新型的大空间，建筑物的跨度和规模越来越大，结构的形式也越来越丰富。如何创构能够满足各种建筑意图的、自由的、灵活的、多样的曲面形状以及如何创构合理的空间结构形态，是当前亟待解决的一项课题，也是建筑与结构交叉领域的全新课题。

结构形态学是从整体上研究建筑形状与结构受力之间的关系，目的在于寻求两者的协调统一。空间结构形式丰富多彩，而且往往凭借其合理形体来实现结构的高效率，因此形态学研究对空间结构具有重要意义。空间结构形态学的发展大致分为三个阶段。

**1. 早期的探索与实践**

人类通过长期的生产实践，发现和创造了许多合理的结构（建筑）形式，如拱桥、穹顶、悬索桥、帐篷等。

**2. 有意识的结构形态学研究活动**

在空间结构发展早期，计算机尚未普及的时候，物理方法的应用较多，这一时期结构形态学进入了一个有意识的研究阶段。其中颇具代表性的方法是由西班牙建筑师 Gaudi 在 20 世纪初提出的“逆吊试验方法”，并利用其设计了一些造型美观、受力合理的作品。著名的圣家族大教堂穹顶就是利用逆吊法设计的（图 1-4a）。瑞士工程师 Heinz Isler 于 20 世纪 60、70 年代，继承发展了“逆吊试验方法”，设计了许多混凝土薄壳结构。图 1-4（b）所示的戴丁根加油站即为“逆吊试验方法”的一个工程实例。其成形过程为，在一个无初始张力的索网结构上加入石膏等易凝结的材料，在材料自重作用下结构只受到拉力的作用，待材料凝固后将整个结构翻转，此时结构在自重荷载作用下即为一个纯粹的受压结构。

(a) 圣家族大教堂

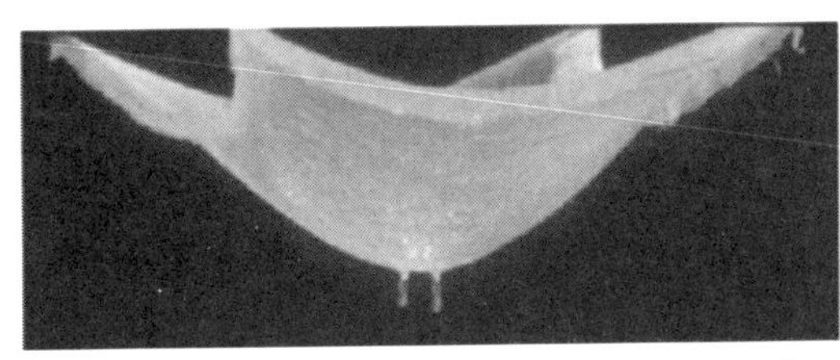

(b) 戴丁根加油站

图 1-4 逆吊试验方法及其实践

虽然利用“逆吊试验方法”所得到的曲面结构形态只存在面内压应力均匀分布的凸型形状，但它突破了从传统的几何形状范围内选择的做法，实现了根据设计条件求出合理曲面结构形态的设计。同样在这一阶段结构形态学在其他方面也进行了探索并取得了一定的成果。20 世纪 50～70 年代美国发明家 B. Fuller 通过对一些自然现象的观察和思考，提出了短程线穹顶和张拉整体结构的思想；而 60～70 年代德国建筑师 Frei Otto 利用肥皂膜试验，解决了索膜结构的初始形态确定问题；80～90 年代，德国工程师 J. Schlaich 利用几何平移和缩放的方法，设计了许多自由曲面轻型结构。

**3. 将分析方法引入结构形态学研究**

20 世纪 80 年代，日本半谷教授采用“广义逆矩阵”理论解决了悬索结构等形状不稳定结构的初始形态确定问题，90 年代半谷教授在以往研究的基础上系统提出了结构形态创构概念——针对具体工程，利用分析方法，采用不同的约束条件，寻求建筑物的多种“良好形状”（图 1-5）。

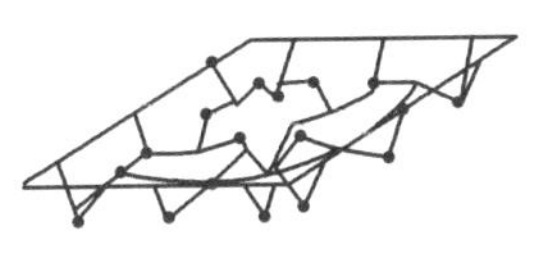

图 1-5 悬垂型形状确定的广义逆矩阵法

## 1.5 大跨空间结构形态学的研究现状

目前国内的空间结构形态学研究处于起步阶段，而国外的形态学研究也是从 20 世纪末才有所发展，还没有形成一个系统的理论框架作为形态学的研究基础，仅仅是从内容上对空间结构形态学的一些方面作了相关的研究，并且在工程实践方面的经验也较少。本节从结构外形和结构内部拓扑关系的构思两方面按所使用的方法对当前空间结构形态学的研究发展和现状作一个大致的归类和总结。

许多建筑学家和结构学家为了寻求合理的结构形态，探索和尝试了很多方法。目前结构形态的构思主要有：几何生成法、物理生成法、数值生成方法和仿生学方法等。

**1. 几何生成方法**

几何生成方法是构造曲面的最基本方法。根据几何学的基本原理，可大致采用以下几种途径：1）对曲线进行平移、缩放、旋转等操作，进而生成一系列相对规则的曲面；2）直纹曲面，使相同长度的直线段通过已知导线从而生成曲面；3）解析曲面，即有数学解析表达式的曲面（包括显式和隐式曲面）；4）非均匀有理 B 样条曲面，即以 B 样条函数插值的方式得到曲面（图 1-6）。

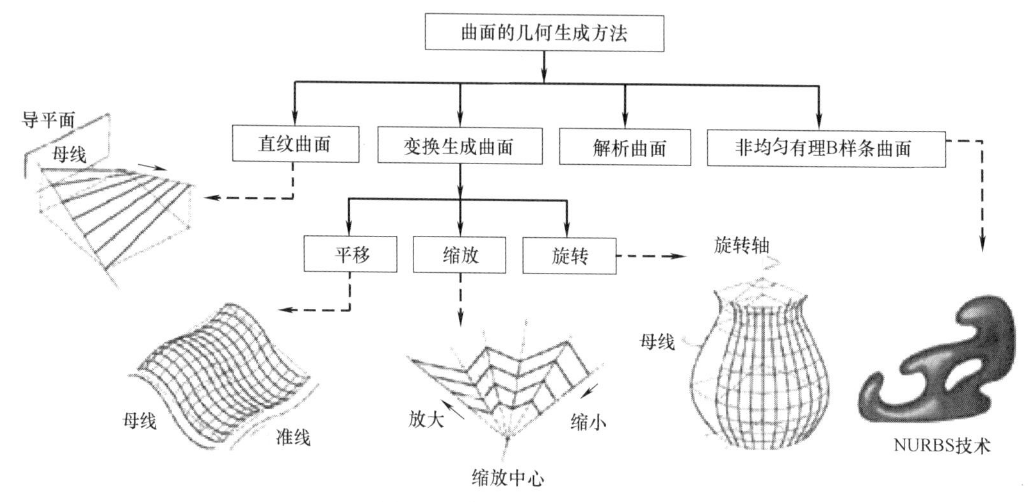


图 1-6　曲面的几何生成方法

**2. 物理生成方法**

物理生成方法是借助力学原理来生成曲面即由平衡形状与力流，或者由形态抵抗而联想到的形与力的结合形态。相对于几何生成方法，这种方法更注重曲面的力学合理性。根据现有文献可总结为以下几类。

（1）悬挂索网法：通过在无初始预张力的索网上面施加自重荷载后固定成型得到。

（2）气泡膜法：通过薄膜的势能在表面张力作用下会达到最小值而形成极小曲面的方法。

（3）充气膜法：通过对膜施加内压而生成曲面。

（4）预应力索网法：对索网结构施加预应力，并通过找形的方法形成初始几何形状。

（5）其他力学方法。

**3. 数值生成方法**

随着计算机技术的不断发展，在分析方法的基础上进行结构形态的数值生成成为可能。其中应用到工程实际的改进进化论方法和高度调整法取得了很好的效果。改进进化论方法就是模仿自然界进化现象，根据 Mises 应力等值线（面）对结构进行“保留、淘汰、补充”等操作，使其逐步演变成应力均匀的结构。图 1-7 所示为该方法的工程实例。高度调整法是根据应变能对曲面形状变化的敏感程度，不断调整曲面上各点的高度，最终得到一个应变能最小的合理曲面形态。

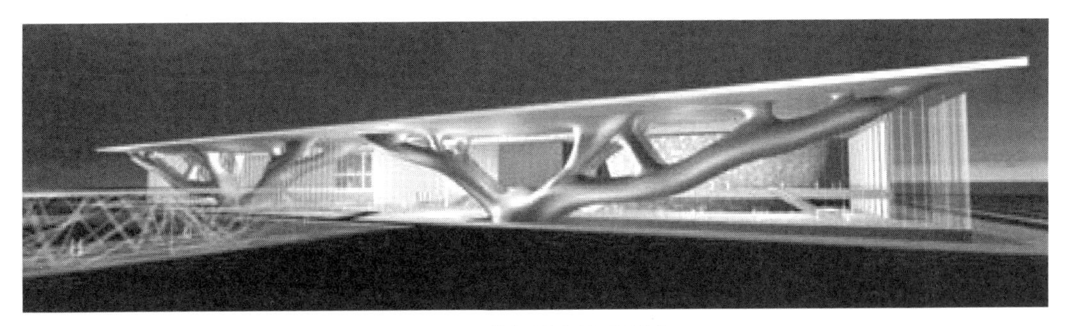

图 1-7 卡塔尔教育城会展中心

**4. 仿生生成方法**

自然总是趋向于用最有效的方式来组织其内部结构。因此，自然界的各种构型就成为理想的建筑构思源泉。例如，我们惊奇发现自然界中的冰川和贝壳面居然在不同的环境下采用相同的形态保持它们自身的稳定（图 1-8）。仿生学的形态以自然界某些生物体功能组织和形象构成规律为研究对象，是通过探寻自然界中科学合理的建造规律而模拟的形态。它的主要研究方法就是提出模型，进行模拟。其研究程序大致有以下三个阶段。

首先是对生物原型的研究。根据生产实际提出的具体课题，将研究所得的生物资料予以简化，吸收对技术要求有益的内容，取消与生产技术要求无关的因素，得到一个生物模型。其次是将生物模型提供的资料进行数学分析，并使其内在的联系抽象化，用数学的语言把生物模型“翻译”成具有一定意义的数学模型。最后利用数学模型制造出可在工程技术上进行试验的实物模型。

图 1-8 自然界中的贝壳形

但无论是哪类形态构思，若想在钢筋混凝土及薄膜材料之外创造出此种曲面，其构成方法是一个重要的课题。也就是说不管是预制法，还是金属线材，都要求在单元的集成与网格的分割中仔细研究，即研究空间网格结构的拓扑结构。最近的网格设计趋势是脱离简单的网格形式向更自由、更多样的网格形式发展。例如，国家游泳中心（水立方）的网格是由气泡阵列理论经 12 面体和 14 面体填充空间后用平面切割构成的网格形式；国家体育场（鸟巢）是在主框架确定后随机附以编织物线条构成的网格形式。

关于结构形态学的研究国外无论是学术界还是工程界都远远领先于我国。国际壳体与空间结构协会（IASS）在 20 世纪 90 年代初就成立了结构形态研究小组（Structure morphology group），随着建筑造型技术的发展，后来又成立了自由形状（Free form group）小组，并且在 IASS 年会的会议论文集中有专门的形态学板块。反观国内，我国的空间结构学术会议论文集中关于结构形态研究的论文尚不多见。在工程界，工程咨询巨头奥雅纳（ARUP）成立了由 Ceil Balmond 发起的高级几何组（Advanced geometric unit），小组中有建筑师、结构工程师和科学家，专门研究建筑结构的构成方式问题，CCTV 大楼、上海世博会丹麦馆等是该小组的几个代表作。

自由曲面是形状数学当中的术语，是指那些无法用解析函数表达的曲面。空间结构中的“自由曲面”应定义为那些明显区别于传统建筑造型的、美观、合理的曲面形式。自由曲面结构形态的研究现状如下。

（1）国外研究现状

物理试验方面，Frei Otto 通过肥皂泡试验实现了索膜结构的初始形态的确定，Gaudi 和 Heinz Isler 通过“逆吊试验”得到了很多的混凝土薄壳形式，实践证明通过物理试验得到自由曲面建筑结构形态不但外形美观而且受力性能良好，是真正意义上的“自然”结构。P. Bellés 采用一种特殊的树脂材料，对该种材料进行加热，同时作用其他的外荷载，得到了许多形态各异的自由曲面空间结构，如图 1-9 所示。

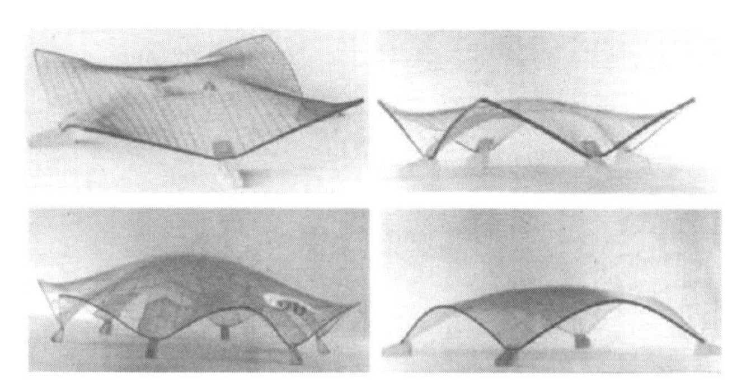

图 1-9 采用热塑性树脂生成的自由曲面模型

几何生成方面，René MOTRO 阐述了自由曲面结构的材料、力学性能等与自由曲面外形的关系，具体分析了几何创建自由曲面、根据力学机理创建自由曲面等生成方式。Edgar Stach 介绍了自 1838 年 Henry Moseley 开始研究贝类形态以来及随后的 Thompson，Raup，Cortie，Dawkins 等研究及其本人的最新研究成果，从数学的方法对贝壳类曲面进行了造型，并采用遗传算法对该仿生类曲面进行了优化。此外，Edgar Stach 从生物界的形态优化角度阐述了基于气泡理论的自然界的自增生结构。James Glymph 等系统地总结了表面平移法生成自由曲面，并将其用于自由曲面玻璃结构中。美国的 J. Fonseca 提出了由力线确定传力路径的思想。T. Wester 从自然界图像观察中提出的基于机动分析的几何构成网格设计概念，阐述了点、线、面空间关系及其对偶准则，解释了 20 世纪 70 年代中期 Roger Penrose 发现的二维 Penrose 图及 80 年代中期 Dan Schechtman 发现的三维 Penrose 图。

数值生成方面，Ohmori 指出现阶段数值结构形态生成主要基于有限元和优化方法。E. Ramm 采用了两种方法对自由曲面薄壳进行数值找形，其一是对“逆吊试验”进行数值模拟；其二是引入计算机辅助几何设计（CAGD）中自由曲线曲面的思想，先对薄壳进行数学几何描述，再选取适当的变量和目标函数对壳体进行形状优化。K. -U. Bletzinger 对自由曲面壳体和薄膜结构形态生成问题进行了系统的研究：1）数值模拟“逆吊试验”和肥皂泡找形；2）自由曲面壳体的优化，首先从数学几何上参数化建立自由曲面，再对参数化的自由曲面进行优化；以数值模拟“逆吊试验”中的曲面生成荷载作为设计变量对数值模拟“逆吊试验”得到的自由曲面进行优化；3）联合数值模拟“逆吊试验”和肥皂泡找形技术，对面内存在预应力的自由曲面壳体进行找形。Vizotto I. 推导了常应变三角形单元，考虑几何非线性，对“逆吊试验”进行了数值模拟，并和采用 ANSYS 中的 shell41 单元进行数值模拟的结果进行了对比，两者数值模拟结果一致，并且和逆吊模型试验的结果很接近。在拓扑优化范畴提出的理论方法有“均匀化方法”“Bubllf 法”“渐进法（ESO)”等，这些方法解决了不少特定类型问题。虽然理论上远未定型，得到的结构形状非常单调，尚不能应用到工程实际，但它开辟了利用理论方法求结构形态的可能性。

（2）国内研究现状

王敬烨系统总结了目前结构形态的生成方式，并对贝壳形意向的空间网格结构进行了几何形态生成及网格划分，最后系统分析了贝壳形空间网格结构的力学性能。张东声在 UG 平台下完成了以现代建筑方案设计为目标的自由曲面薄壳屋面实例造型。最后基于壳体有限元理论提出以整体结构的应变能最小作为自由曲面薄壳屋面优化选型的目标函数，将方案的形状优化和拓扑优化目标函数相统一，从而对前述的初始造型进行优化设计。公晓莺从计算机图形学出发提出了应用 C2 连续的双三次 B 样条插值曲面方法进行空间结构自由曲面设计，并通过实例论证了该方法的可行性和有效性。张浩对空间结构曲面包括函数曲面和自由曲面进行了分析，对于解析式未知的二次曲面，提出了基于最小二乘法的二次曲面拟合算法和基于求解拉格朗日方程组的函数曲面的数据点投影算法进行插值或拟合。岑培超研究了 CAGD 中的双三次 B 样条曲面插值算法，并利用其进行自由曲面的构造。借鉴相关有限元理论，提出基于二次插值的映射法网格划分方法，应用于文中所探讨的曲面造型，并评估采用不同网格类型划分所得的曲面网格质量。接着利用已经研究了的曲面造型方法和网格划分方法对贝壳类曲面进行形态仿生。最后基于能量法原理对贝壳曲面进行形状优化，从而得到了既美观又符合实际工程要求的曲面造型。李娜对自由曲面空间网格结构分为四类：计算机辅助几何设计、基于力学原理的数值模拟、物理试验、形态仿生，从几何形态生成设计、基于力学原理的几何形态设计和逆向建模三个方向展开了研究，并对生成的自由曲面进行了网格划分。卓新对常用的多面体的几何性质进行了研究，提出了用于空间结构的多面体形态。卢旦以整体结构的应变能最小作为自由曲面优化选型的目标函数，对初始建筑曲面造型进行优化设计，最终得到的曲面结构以薄膜应力为主，而且在优化的过程中有限元分析模型与参数化建立的模型通过编程实现联动，最终采用控制点调整法介绍了世博轴中的阳光谷生成过程。崔昌禹对两种实用的结构形态的创构方法——改进的进化论法和高度调整法进行了研究，并且介绍了通过这两种方法生成的一些具体实际工程案例。冯潇利用高度调整法生成了自由曲面结构形态，并对生成后的自由曲面结构形态的力学性能进行了系统的研究，研究表明经过高度调整法优化后得到的自由曲面结构力学性能得到很大提高。

综上所述，可以得出如下结论：

1）自由曲面空间结构形态的生成方式主要包括四种方式：几何生成法、物理生成法、数值生成法、仿生生成法。国外对自由曲面结构形态的研究历史较早，尤其是物理生成法方面。对于几何生成法的研究要借助计算机辅助几何设计的内容，如 NURBS 曲线曲面进行自由曲面形态生成、逆向建模等。

2）数值生成法是将来自由曲面结构形态生成的主要方面，现阶段数值生成法的内容主要包括形状优化、拓扑优化、有限元法以及其他的一些基于力学或运动学的生成方法。其中形状优化内容应用较多，且目前形状优化主要基于灵敏度方法，即基于目标函数对设计变量的灵敏度决定优化的方向。基于形状优化的结构形态生成已经应用于实际工程当中，如图 1-10 日本福冈市中央公园中心设施。拓扑优化中目前比较有应用前景的主要是改进的进化论方法（Extended ESO），如图 1-11 上海证大喜马拉雅中心，采用改进的进化论方法生成。

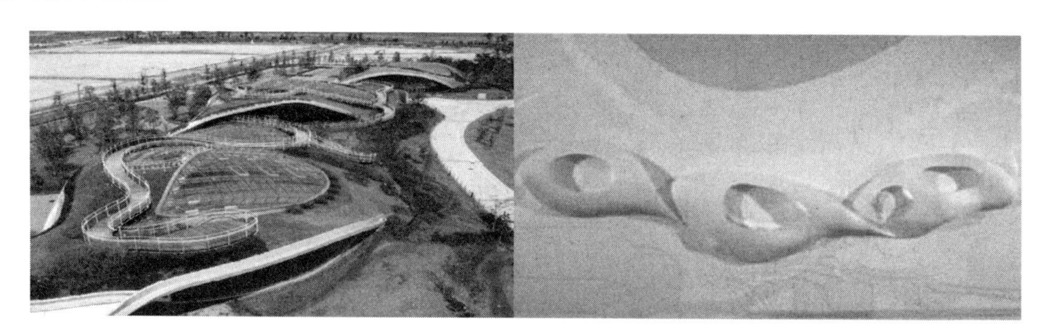

图 1-10　日本福冈市中央公园中心设施

图 1-11　上海证大喜马拉雅中心

3）仿生生成法最终模型的建立一般还要是借助几何生成法中的几何描述手段，其主要的思想是研究自然界中合理的结构形态，借鉴用于大跨空间结构，如德国斯图加特大学发明的树形结构。

4）现阶段自由曲面结构形态的结构形式主要有混凝土薄壳、薄膜结构和空间网格结构、悬索结构等，对于混凝土薄壳结构形态的研究主要是在满足功能需求的情况下如何创建出性能优良、造型美观的外形，对于空间网格结构除了外形的创建外，杆件的布置及杆件截面的优化是其结构形态研究的主要内容。对于薄膜结构和悬索结构等柔性结构，结构形态研究具有更加重要的意义，因为这类柔性结构其形与态更加密切相关。

## 1.6 本书主要内容

通过对自由曲面结构形态研究现状的总结，本书主要的研究内容如下：

(1) 研究了基于有限元法的自由曲面结构形态的生成，并对早期物理试验中的“逆吊试验”进行了数值模拟，模拟过程中主要考虑几何非线性，不考虑材料非线性。此本书第2章。

(2) 对自由曲面结构形态的几何生成法进行了研究。主要研究了计算机辅助几何设计中自由曲线曲面的数学描述方法——NURBS，采用NURBS生成了自由曲面结构。此本书第3章。

(3) 对基于形状优化的自由曲面结构形态的生成进行了研究。过去空间结构形态的形状优化主要基于灵敏度分析或者采用智能优化算法。基于响应曲面法的优化分析在有限元模型修正和机械、航空优化中应用较多，但是在空间结构形态的创建中尚不多见，本书对基于响应曲面法的形状优化法生成自由曲面结构形态进行了探索，见本书第4章。基于响应曲面的形状优化包括自由曲面的形状描述——本书采用NURBS描述（本书第3章）、响应曲面法、有限元分析（本书第2章）、优化算法。

(4) 大跨空间结构形态的几何生成，涵盖了数学中大部分用直角坐标系、球坐标系、柱坐标系和复数坐标系表达的曲面。

(5) 大跨空间结构形态的几何生成研究与仿生生成系统的构建，研究了逆向建模、由方程生成曲面、样条曲面，四边形网格的细分曲面造型等的算法。

(6) 大跨度建筑结构构型软件的研发。

# 基于有限元法的自由曲面结构形态的创建

## 2.1 导言

现代空间结构的发展不仅体现在结构的跨度上，而且对结构的造型、建筑表达意图和视觉冲击力都提出了新的要求，这使得自由形态空间结构成为现代空间结构的重要发展方向之一。相比于传统曲面结构，如鞍形曲面、球面、柱面结构等，自由曲面结构的形状更加复杂，寻求合理的形状与良好的受力性能成为研究自由曲面结构设计最为关键的问题之一。随着数值模拟技术的不断进步，由于数值模拟的优越性，现阶段采用数值模拟技术进行自由曲面结构形态的创建已经受到越来越多的学者的青睐。

有限元方法是目前采用比较多的用于自由曲面结构形态的创建的一种数值模拟方法。此外，有限元方法还是形状优化的必要的分析手段，因此本章主要介绍了基于有限元方法的自由曲面结构形态的创建方法，以及考虑几何非线性的壳体有限元问题的基本知识。

本章基于有限元方法的自由曲面结构形态的创建要考虑几何非线性，不考虑材料非线性问题。因此首先介绍几何非线性基本理论，然后介绍现阶段主要用于自由曲面创建的壳体单元的选取，最后利用大型有限元分析软件 ANSYS 进行自由曲面结构形态的创建。

## 2.2 几何非线性理论概述

本节几何非线性理论主要参考文献［33］。考虑几何变形对结构的影响时，平衡条件应该建立在变形后的形状上；同时一阶线性应变与真实应变之间存在较大的误差，需要考虑位移对坐标的二次导数。这种由于大位移和大转动引起的非线性问题称为几何非线性问题。综合几何非线性分析求解过程，可以归纳为四个方面的问题：变形的位移描述与应变描述、几何方程、物理方程和平衡方程。几何非线性分析本质上是求在荷载 $P$ 作用下结构的响应 $U$，通过变形的位移描述和应变描述建立几何方程获得位移 $U$ 与应变 $\varepsilon$ 的关系，通过物理方程建立应变 $\varepsilon$ 与应力 $\sigma$ 的关系。此时，$\sigma$ 和 $\varepsilon$ 均为 $U$ 的函数。最后，基于虚功原理建立平衡方程，获得 $P$ 与 $U$ 的关系表达式。

### 2.2.1 变形的位移描述和应变描述

结构在外力作用下将发生宏观的变形（位移）和微观的应变，所谓几何方程就是描述宏观变形与微观应变关系的表达式，为此首先研究变形及其描述。所谓描述，就是要选定一个参考系，把所有物质点对该参考系的位置及其变化用一定的函数关系来表示。常用的参考系有变形开始时刻（$t=0$ 时刻）的构形[①] $\Omega_0$（初始构形），称为初始构形参考系；另一种为 $t$ 时刻的构形 $\Omega_t$（现时构形），称为现时构形参考系。位置向量 $X$ 是识别初始构形 $\Omega_0$ 中物质点的“标志”，用该向量表示的物质点的坐标称为“Lagrange 坐标”；位置向量 $x$ 是识别现时构形 $\Omega_t$ 中物质点空间位置的“标志”，用该向量表示的物质点的坐标称为“Euler 坐标”。由于求解有限元平衡方程时，现实构形上的应力和应变均为未知，须转化为初始构形上的应力和应变才能求解，所以最终得到的虚功方程是以初始构形为参考坐标系的。

设变形体在初始构形 $\Omega_0$ 中有一微线段 $MN$，其中 $M$ 点的坐标为 $X$，$Y$，$Z$，$N$ 点的坐标为 $X+\mathrm{d}X$，$Y+\mathrm{d}Y$，$Z+\mathrm{d}Z$，在外力作用下变形体 $MN$ 成为 $M'N'$，此时，微线段 $M'N'$ 长度的平方用位移描述可表示为：

$$
\begin{aligned}
L^2=&(\mathrm{d}X^2+\mathrm{d}Y^2+\mathrm{d}Z^2)+\left[2\frac{\partial u}{\partial X}+\left(\frac{\partial u}{\partial X}\right)^2+\left(\frac{\partial v}{\partial X}\right)^2+\left(\frac{\partial w}{\partial X}\right)^2\right]\mathrm{d}X^2\\
&+\left[2\frac{\partial v}{\partial Y}+\left(\frac{\partial u}{\partial Y}\right)^2+\left(\frac{\partial v}{\partial Y}\right)^2+\left(\frac{\partial w}{\partial Y}\right)^2\right]\mathrm{d}Y^2+\left[2\frac{\partial w}{\partial z}+\left(\frac{\partial u}{\partial z}\right)^2+\left(\frac{\partial v}{\partial z}\right)^2+\left(\frac{\partial w}{\partial z}\right)^2\right]\mathrm{d}Z^2\\
&+2\left(\frac{\partial u}{\partial Y}+\frac{\partial v}{\partial X}+\frac{\partial u\partial u}{\partial X\partial Y}+\frac{\partial v\partial v}{\partial X\partial Y}+\frac{\partial w\partial w}{\partial X\partial Y}\right]\mathrm{d}X\,\mathrm{d}Y\\
&+2\left(\frac{\partial v}{\partial Z}+\frac{\partial w}{\partial Y}+\frac{\partial u\partial u}{\partial Y\partial Z}+\frac{\partial v\partial v}{\partial Y\partial Z}+\frac{\partial w\partial w}{\partial Y\partial Z}\right)\mathrm{d}Y\mathrm{d}Z\\
&+2\left(\frac{\partial u}{\partial Z}+\frac{\partial w}{\partial X}+\frac{\partial u\partial u}{\partial X\partial Z}+\frac{\partial v\partial v}{\partial X\partial Z}+\frac{\partial w\partial w}{\partial X\partial Z}\right)\mathrm{d}X\,\mathrm{d}Z
\end{aligned}
\tag{2-1}
$$

而用应变描述可表示为：

$$
\begin{aligned}
L^2\approx&\,\mathrm{d}X^2+\mathrm{d}Y^2+\mathrm{d}Z^2+2e_X\mathrm{d}X^2+2e_Y\mathrm{d}Y^2+2e_Z\mathrm{d}Z^2+\\
&4e_{XY}\mathrm{d}X\,\mathrm{d}Y+4e_{YZ}\mathrm{d}Y\mathrm{d}Z+4e_{XZ}\mathrm{d}X\,\mathrm{d}Z
\end{aligned}
\tag{2-2}
$$

式中：$L$——微线段 $M'N'$ 长度；

$u$、$v$、$w$—— 分别表示 $M$ 点在 $x$、$y$、$z$ 方向的位移分量；

$e$——应变。

### 2.2.2 几何方程

由式（2-1）和式（2-2）的对应项相等可得：

$$
e_X=\frac{\partial u}{\partial X}+\frac{1}{2}\left[\left(\frac{\partial u}{\partial X}\right)^2+\left(\frac{\partial v}{\partial X}\right)^2+\left(\frac{\partial w}{\partial X}\right)^2\right]
\tag{2-3}
$$

① 前文中构型用于描述建筑造型的构建，此处构形用于有限元变形、应变及数学表述。

$$e_Y = \frac{\partial v}{\partial Y} + \frac{1}{2}\left[\left(\frac{\partial u}{\partial Y}\right)^2 + \left(\frac{\partial v}{\partial Y}\right)^2 + \left(\frac{\partial w}{\partial Y}\right)^2\right] \tag{2-4}$$

$$e_Z = \frac{\partial w}{\partial Z} + \frac{1}{2}\left[\left(\frac{\partial u}{\partial Z}\right)^2 + \left(\frac{\partial v}{\partial Z}\right)^2 + \left(\frac{\partial w}{\partial Z}\right)^2\right] \tag{2-5}$$

$$e_{XY} = \frac{1}{2}\left(\frac{\partial v}{\partial X} + \frac{\partial u}{\partial Y}\right) + \frac{1}{2}\left[\left(\frac{\partial u \partial u}{\partial X \partial Y}\right) + \left(\frac{\partial v \partial v}{\partial X \partial Y}\right) + \left(\frac{\partial w \partial w}{\partial X \partial Y}\right)\right] \tag{2-6}$$

$$e_{YZ} = \frac{1}{2}\left(\frac{\partial v}{\partial Z} + \frac{\partial w}{\partial Y}\right) + \frac{1}{2}\left[\left(\frac{\partial u \partial u}{\partial Y \partial Z}\right) + \left(\frac{\partial v \partial v}{\partial Y \partial Z}\right) + \left(\frac{\partial w \partial w}{\partial Y \partial Z}\right)\right] \tag{2-7}$$

$$e_{XZ} = \frac{1}{2}\left(\frac{\partial u}{\partial Z} + \frac{\partial w}{\partial X}\right) + \frac{1}{2}\left[\left(\frac{\partial u \partial u}{\partial X \partial Z}\right) + \left(\frac{\partial v \partial v}{\partial X \partial Z}\right) + \left(\frac{\partial w \partial w}{\partial X \partial Z}\right)\right] \tag{2-8}$$

由上面的推导可以看出 Green 应变是在保留位移对坐标的一阶偏导数及线性应变（平截面假定）的一种近似表达式，它包括位移对坐标的一次和二次导数，其中前者表示线性应变，后者表示非线性应变。与此相类似可得到用 Euler 坐标表示的应变张量分量，称为 Almansi 应变 $E$。

### 2.2.3 物理方程

Cauchy 应力是指现时构形上的力与现时构形上的微元面积的比，是真实应力，而 Kirchhoff 应力是现时构形的力转换到初始构形上后与初始构形上的微元面积的比，即它是以初始构形为参考坐标系。初始构形下的物理方程就是指 Kirchhoff 应力向量 $S$ 与 Green 应变向量 $\varepsilon$ 之间通过本构关系矩阵存在对应关系，如式（2-9）：

$$S = D\varepsilon \tag{2-9}$$

本章中按均质线弹性材料考虑。

### 2.2.4 平衡方程

利用虚功原理即外力在虚位移上做的功与应力在虚应变上做的功相等建立平衡方程。设现时构形 $\Omega_t$ 的体积区域 $v$ 内某一点的 Cauchy 应力为 $\sigma = [\sigma_x\ \sigma_y\ \sigma_z\ \sigma_{yz}\ \sigma_{xz}\ \sigma_{xy}]^{\mathrm{T}}$，若结构发生满足位移边界条件 $A_u$ 的虚位移 $\delta u = [\delta u\ \delta v\ \delta w]^{\mathrm{T}}$ 后，在该点产生的虚应变（Almansi）为 $\delta E = [\delta E_x\ \delta E_y\ \delta E_z\ \delta E_{yz}\ \delta E_{xz}\ \delta E_{xy}]^{\mathrm{T}}$，则体积区域 $v$ 内应力在虚应变上做的功为：

$$W = \int_v \delta E^{\mathrm{T}} \sigma \mathrm{d}v \tag{2-10}$$

若此时应力边界 $A$ 上的面力为 $q = [q_x\ q_y\ q_z]^{\mathrm{T}}$，体力载荷为 $p = [p_x\ p_y\ p_z]^{\mathrm{T}}$，则外力在虚位移上做的功为：

$$U = \int_v \delta u^{\mathrm{T}} p \mathrm{d}v + \int_A \delta u^{\mathrm{T}} q \mathrm{d}A \tag{2-11}$$

那么虚功原理表示的平衡方程为：

$$\int_v \delta E^{\mathrm{T}} \sigma \mathrm{d}v = \int_v \delta u^{\mathrm{T}} p \mathrm{d}v + \int_A \delta u^{\mathrm{T}} q \mathrm{d}A \tag{2-12}$$

但是，因为现时构形本身和应力、应变都是未知量，该方程并不能直接用来求解。为此，应把现时构形上的物理变量转换到初始构形上，然后建立以初始构形上的物理量和现时构形上的虚位移表示的虚功方程，称为 Lagrange 格式。

在几何非线性问题中，为了得到加载过程中应力和变形的演变历史，并保证求解的精度和稳定性，通常把结构上的荷载分多（$j$）步加到结构上，即采用增量方法求解。这样可以得到物体在一系列离散的时间点 0，$\Delta t$，$2\Delta t$，…，$(j-1)\Delta t$ 上处于平衡状态的物理参量。那么在计算 $j\Delta t$ 时刻的物理量时，可以选择 0，$\Delta t$，$2\Delta t$，…，$(j-1)\Delta t$ 中任一已知的平衡构形作为初始构形。但在实际分析中一般有两种选择，其一是在计算 $j\Delta t$ 时刻的物理量时，以 $(j-1)\Delta t$ 时刻的平衡构形作为初始构形，这样初始构形是不断变化的，因此称其更新的 Lagrange 格式（Updated Lagrange Formulation，简称为 U. L. 格式）；另一种选择是按照 Lagrange 格式的原始构想即以物理初始构形（0 时刻构形）为初始构形，此时初始构形在整个计算过程中是不变的，为与 U. L. 格式相区别称其为全 Lagrange 格式（Total Lagrange Formulation，简称为 T. L. 格式），若计算中采用一次加载方式，则二者是等价的。一般而言，荷载作用下结构位移量级较大时宜采用 U. L. 格式。

现用 $x^j=[x^j\ y^j\ z^j]^{\mathrm{T}}$ 表示物体内各质点在 $j\Delta t$ 时刻（现时构形）的坐标，用 $u^j=[u^j\ v^j\ w^j]^{\mathrm{T}}$ 表示各质点在 $j\Delta t$ 时刻的位移，则：

$$x^j=x^0+u^j(j=1,2\cdots J) \tag{2-13}$$

$$u^j=\sum\Delta u^j \tag{2-14}$$

其中 $\Delta u^j$ 为第 $j$ 荷载增量步的位移增量，那么 $j\Delta t$ 时刻构形内的虚功方程可写成：

$$\int_{v^j}\delta(E^j)^{\mathrm{T}}\sigma^j\,\mathrm{d}v=\int_{v^j}\delta(\Delta u^j)^{\mathrm{T}}p^j\,\mathrm{d}v+\int_{A^j}\delta(\Delta u^j)^{\mathrm{T}}q^j\,\mathrm{d}A \tag{2-15}$$

这里 $\delta E^j$ 是虚位移 $\delta\Delta u^j$ 引起的虚 Almansi 应变，其余符号与前类似，不复赘述。下面给出以 $(j-1)\Delta t$ 时刻的构形为初始构形利用更新 Lagrange 格式表示的平衡方程式。由能量守恒原理可知以 $(j-1)\Delta t$ 时刻构形为参考坐标的 Kirchhoff 应力 ${}_{j-1}S^j$ 在 $(j-1)\Delta t$ 时刻构形上的 Green 应变 ${}_{j-1}\varepsilon^j$ 上做的功与以 $j\Delta t$ 时刻的构形为参考坐标的 Cauchy 应力 $\sigma^j$ 在 $j\Delta t$ 时刻构形的 Almansi 应变 $E^j$ 做的功相等：

$$\int_{v^j}\delta(E^j)^{\mathrm{T}}\sigma^j\,\mathrm{d}v=\int_{v^{j-1}}\delta({}_{j-1}\varepsilon^j)^{\mathrm{T}}{}_{j-1}S^j\,\mathrm{d}v \tag{2-16}$$

若物体上的面力和体力载荷大小不随构形的改变而改变，即为保守力，那么有：

$$\int_{v^j}p^j\,\mathrm{d}v=\int_{v^{j-1}}{}_{j-1}p^j\,\mathrm{d}v \qquad \int_{A^j}q^j\,\mathrm{d}A=\int_{A^{j-1}}{}_{j-1}q^j\,\mathrm{d}A \tag{2-17}$$

可得以初始构形为参考坐标的虚功方程：

$$\int_{v^{j-1}}\delta({}_{j-1}\varepsilon^j)^{\mathrm{T}}{}_{j-1}S^j\,\mathrm{d}v=\int_{v^{j-1}}\delta(\Delta u^j)^{\mathrm{T}}{}_{j-1}p^j\,\mathrm{d}v+\int_{A^{j-1}}\delta(\Delta u^j)^{\mathrm{T}}{}_{j-1}q^j\,\mathrm{d}A \tag{2-18}$$

## 2.3 有限元法

非线性有限元就是将有限元法应用于几何非线性分析中，用单元节点的位移矩阵列式来表示位移，经历几何、物理和平衡方程，最终求解后获得单元节点的位移矩阵。本章主要采用壳单元对自由曲面结构进行受力性能分析，分析的过程中考虑几何非线性。

设壳体厚度为 $h$，中曲面最小曲率半径为 $R$，当 $h:R\leqslant1:20$ 时称为薄壳，反之称为厚壳。本章一般按薄壳考虑。现行的壳单元主要有以下三种：一种是基于 Kirchhoff 假设，厚度方向基于截面的壳单元；第二种是基于 Reissner-Mindlin 假设，厚度方向基于截面的壳单元；第三种是基于 Reissner-Mindlin 假设的等参退化壳单元。

本书中采用大型商用有限元分析软件 ANSYS 进行分析。目前 ANSYS 中给出了多种壳单元，其构成是基于下面三个基本理论：薄膜理论、薄壳理论、厚壳理论。薄膜理论忽略弯曲和横向剪切，只包括薄膜效应。而经典的薄壳理论是建立在 Kirchhoff 假定的基础上，但由于薄壳单元不能反映弯曲的影响，所以现在更加趋向于采用基于 Reissner-Mindlin 假设的曲壳单元，它存在独立的转动自由度，可以很好地反映弯曲问题。本书中采用 Shell41 和 Shell63 单元进行自由曲面壳分析。Shell41 单元有四个节点，每个节点有三个平动的自由度。Shell41 只有面内刚度，无面外刚度，用于模拟“逆吊试验”。Shell63 是适合于薄壳分析的四节点壳元，每个节点有六个自由度，由平面应力状态和弯曲应力叠加得到壳元。在本书中主要用于后面基于形状优化的自由曲面结构形态的创建时壳体的有限元分析。

对于求解器和收敛准则，ANSYS 提供了强大的求解器和合适的收敛准则，本书中主要采用的是 ANSYS 中的静力计算部分内容。

## 2.4 自由曲面的创建

早期，Gaudi 和 Heinz Isler 主要通过“逆吊试验”进行自由曲面混凝土壳体的设计。“逆吊试验”的做法是将石膏等贴于纤维布等柔性材料上，在荷载作用下，纤维布发生自由变形。其基本原理是由于纤维布等柔性材料面外刚度很小，在外荷载作用下生成的曲面形态的受力性能将主要以面内力为主，面外弯矩很小。

本节对如图 2-1 所示的初始平面进行“逆吊试验”数值模拟。采用线弹性材料，弹性模量 $E$=3000MPa，泊松比 $\nu$=0.2，密度 $\rho$=2.5×10$^3$kg/m$^3$，曲面厚度 $h$=0.016m。支座条件为四角点处的小短边固接，荷载形式为自重——当荷载发生变化时，自由曲面最终的形态也发生变化。在计算过程中考虑大变形。图 2-2 为顶部高度为 6.357m 时的自由曲面形态。图 2-3 为 Heinz Isler 采用“逆吊试验方法”设计的和图 2-2 曲面形态相近的混凝土薄壳网球馆。

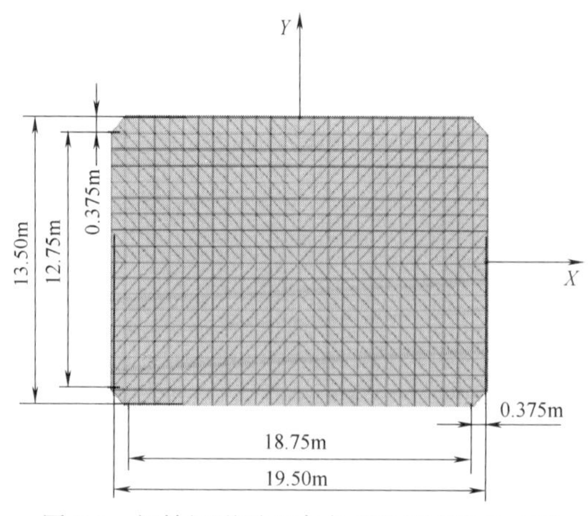


图 2-1　初始矩形平面壳在 $XY$ 平面的尺寸图

当支座条件和荷载形式发生变化时，自由曲面形态将发生相应的变化。当支座约束条件变为周边固接，荷载形式变为均布法向荷载时，顶部高度为 2.5m 时的曲面形态如图 2-4 所示。

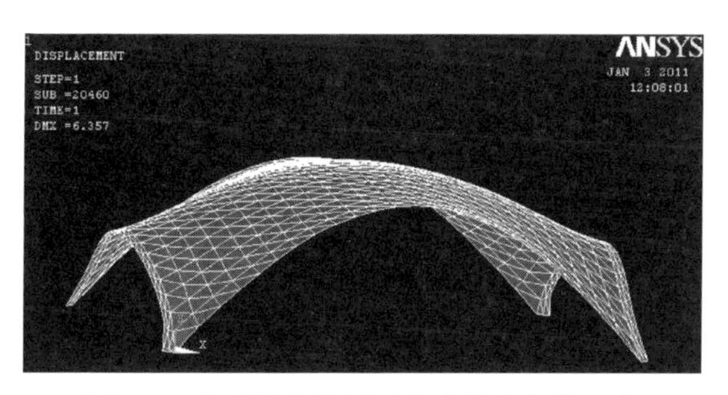


图 2-2 自重荷载作用下生成的自由曲面壳

图 2-3 Heinz Isler 设计的自由曲面网球中心

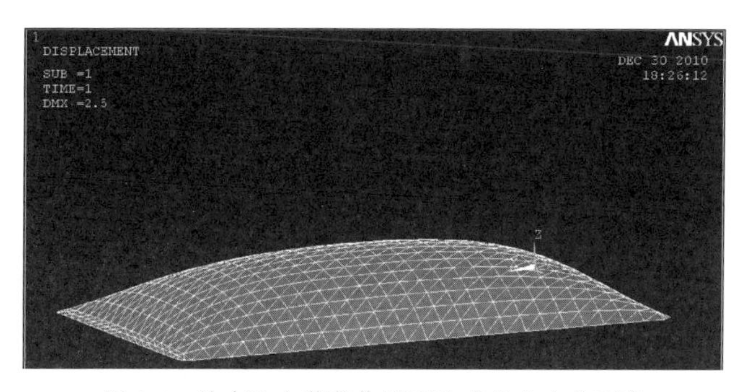


图 2-4 均布法向荷载作用下生成的自由曲面壳

# 3

# 自由曲线曲面的数学描述

## 3.1 导言

自由曲面没有解析式，建模困难，开始的时候人们只能通过近似模拟的方法，比如用一系列的直线来近似地模拟自由曲线。但是汽车、船舶和飞机制造等对自由曲线曲面的建模要求不断提高促使计算机辅助几何设计（CAGD）技术得到了不断的发展。随着人们审美水平的日益提高，自由曲面在空间结构中的运用也越来越多。

本章介绍了现阶段 CAGD 中自由曲线曲面数学描述方法。虽然 CAGD 中有参数化多项式、参数样条、贝齐尔曲线曲面、B 样条曲线曲面等表示形式，但是本章主要介绍目前应用最广泛的描述方式——非均匀有理 B 样条（NURBS）的基本理论。通过采用 NURBS 可以自由快速地描述自由曲面空间结构，同时便于修改。此外，通过结合有限元和优化技术，在 NURBS 的基础上采用形状优化的方法形成合理美观的自由曲面结构。因此，下面介绍 NURBS 的相关数学表达，并利用目前的造型软件生成了部分自由曲面空间结构，更详细的 CAGD 及 NURBS 理论可参见文献［38-40］。

## 3.2 CAGD 中的基本概念

### 3.2.1 多项式基

在 CAGD 中，基表示的参数化函数形式已成为形状数学描述的标准形式。人们首先注意到在各类函数中，多项式函数能较好地满足要求。它表示形式简单，又无穷次可微，且容易计算函数值及各阶导数值。采用多项式函数作为基函数即多项式基，相应可得到参数多项式曲线曲面。

### 3.2.2 插值与逼近

给定一组有序的数据点，这些点可以是从某个形状上测量得到的，也可以是设计人员给定的。构造一条曲线顺序通过这些给定的数据点，称为对这些数据点进行插值，所构造的曲线称为插值曲线。若这些数据点原来位于某曲线上，则称该曲线为被插值曲线。在某些情况下，不要求曲线严格通过给定的一组数据点，只要求所构造的曲线在某种意义上最接近给定的数据点，称为对这些数据点进行逼近，所构造的曲线称为逼近曲线。若这些数据点原来位于某曲线上，则称该曲线为被逼近曲线。

插值和逼近统称为拟合，曲线的插值与逼近概念可以推广到曲面。

### 3.2.3 曲线与曲面的参数化表示

CAGD 中曲线采用参数表示，即把空间任意一点 $p$ 上的 3 个坐标都写成某个参数 $u$ 的标量函数：

$$x=x(u),y=y(u),z=z(u) \tag{3-1}$$

在微分几何中，它们被合写在一起，列矢量转置成行矢量，左端表示该点的位置矢量 $p=[x,y,z]$，右端 $p(u)=[x(u),y(u),z(u)]$表示它是参数 $u$ 的矢函数。因此，CAGD 中表示曲线的一般的矢函数形式：

$$p=p(u) \tag{3-2}$$

式（3-2）右端的 $p(u)$ 指 3 个标量函数 $x(u)$、$y(u)$、$z(u)$ 合写在一起构成的矢函数。这种矢量表示等价于笛卡儿分量表示：

$$p(u)=x(u)i+y(u)j+z(u)k \tag{3-3}$$

其中，$i$、$j$、$k$ 分别为沿 $x$ 轴、$y$ 轴、$z$ 轴正向的 3 个单位矢量。

在 CAGD 中，曲线大都采用基表示的一种特殊的矢函数形式：

$$p(u)=\sum_{i=0}^{n}a_i\varphi_i(u) \tag{3-4}$$

其中，$\varphi_i(u)(i=0,1,\cdots,n)$ 称为基函数，它决定了曲线的整体性质；$a_i(i=0,1,\cdots,n)$ 称为系数矢量。

曲面是曲线的推广。类似地，在微分几何中，把曲面表示成双参数 $u$ 和 $v$ 的矢函数：

$$p=p(u,V) \tag{3-5}$$

相应地，在 CAGD 里，曲面大都采用基表示的一种特殊矢函数形式：

$$p(u)=\sum_{i=0}^{m}\sum_{j=0}^{n}a_{ij}\varphi_i(u)\Psi_j(V) \tag{3-6}$$

其中，$\varphi_i(u)(i=0,1,\cdots,m)$ 为以 $u$ 变量的一组基函数。$\Psi_j(V)(j=0,1,\cdots,n)$ 为以 $V$ 变量的一组基函数。两者都是用于定义曲线的。各取其一组成的乘积，就得到用于定义曲面的以 $u$ 和 $V$ 为双变量的一组基函数：$\varphi_i(u)\Psi_j(V)(i=0,1,\cdots,m;j=0,1,\cdots,n)$。$a_{ij}$ 为系数矢量。

相对于显函数、隐方程等非参数表示或非参数形式而言，式（3-2）～式（3-6）与解析几何里的参数表示都统称为参数表示或参数形式，相应的曲线曲面都称为参数曲线曲面。

### 3.2.4 数据点的参数化

于显域唯一地决定一条插值于 $n+1$ 个点 $p_i(i=0,1,\cdots,n)$ 的参数插值曲线或逼近曲线，必须先给数据点 $p_i$ 赋予相应的参数值 $u_i$，使其形成一个严格递增的序列 $\Delta_u$：$u_0 < u_1 < \cdots < u_n$，称为关于参数 $u$ 的一个分割。其中，每个参数值称为节点或断点。对于插值曲线而言，它决定了位于曲线上的这些数据点与其参数域 $u \in [u_0, u_n]$ 内的相应点之间的一种对应关系。对一组有序数据点决定一个参数分割，称之为对这组数据点实行参数化。把插值曲线看作质点顺序通过一些空间位置的运动轨迹，参数 $u$ 看作时间，那么对数据点的参数化，就等于规定了质点依次到达这些空间位置的时间。同一组数据点，即使采用同样的插值法，若数据点的参数化不同，将可能获得不同的插值曲线。人们希望，对数据点的参数化，应尽可能反映被插曲线或设计员欲用数据点所构造的曲线的性质。

对数据点的参数化有均匀参数化法、积累弦长参数化法、向心参数化法、福利参数化法等。其中积累弦长参数化法如实反映了数据点按弦长的分布情况，一直被认为是最佳参数化方法。

$$\begin{cases} u_0 = 0 \\ u_i = u_{i-1} + |\Delta p_{i-1}|, i = 1, 2, \cdots, n \end{cases} \tag{3-7}$$

其中，$\Delta p_{i-1}$ 为向前差分矢量，$\Delta p_{i-1} = p_i - p_{i-1}$ 即弦线矢量。它克服了数据点按弦长分布不均匀时采用均匀参数化所出现的问题。在多数情况下能获得较满意的结果，即所得插值曲线具有较好的光顺性。

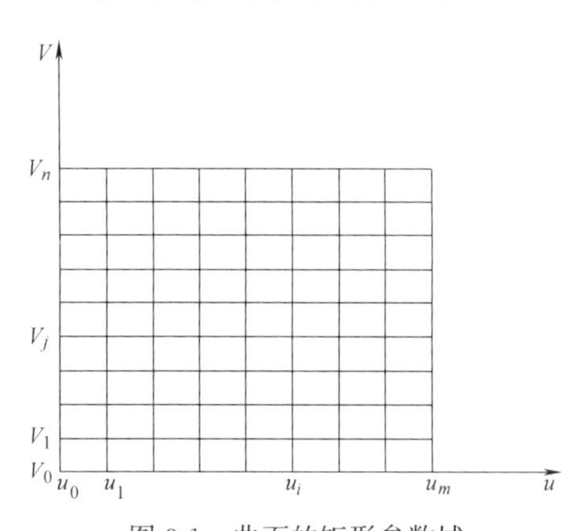


图 3-1　曲面的矩形参数域

对于参数曲面插值情况，对所给数据点的参数化就是给每个数据点 $p_{ij}$ 赋予一对参数值，使位于插值曲面上的这些点与 $uV$ 参数平面上（图 3-1）参数域内的点建立一一对应关系。对于张量积插值曲面，就是要决定两个参数分割。类似于曲线数据点的参数化，曲面数据点的参数化也应该反映数据点分布情况。由于沿同一参数方向的网格线具有公共的参数分割，而在该方向的各排数据点分布一般都不一样，由各排数据点按其分布情况决定的各个参数分割也就不一样。公共的参数分割只能是它们的混合或折中，通常采用如下的双向平均规范积累弦长参数：

设沿 $u$ 向第 $j(j=0,1,\cdots,n)$ 排数据点 $p_{ij}(i=0,1,\cdots,m)$ 的规范积累弦长参数化为 $u_{ij}(i=0,1,\cdots,m)$，则公共的 $u$ 向参数化可取它们的算术平均值：

$$u_i = \frac{1}{n+1}\sum_{j=0}^{n} u_{ij}, i = 1, 2, \cdots, m \tag{3-8}$$

类似地

$$V_j = \frac{1}{m+1}\sum_{i=0}^{m} V_{ij}, j = 1, 2, \cdots, n \tag{3-9}$$

其中，$V_{ij}$ 为沿 $V$ 向第 $i$ 排数据点 $p_{ij}(j=0,1,\cdots,n)$ 的规范积累弦长参数化。

上述双向平均规范积累弦长参数化法适用于沿同一参数方向各排数据点的规范积累弦长参数化比较接近的场合。规范积累弦长参数化悬殊，此时双向平均规范积累弦长参数化法不合适。因此具体决定参数化时，还要根据实际情况及要求，确定切合实际与需要的参数化。

## 3.3 B样条曲线曲面

### 3.3.1 B样条曲线方程

由前所知，在CAGD中，曲线大都采用基表示的一种特殊的矢函数形式，B样条曲线即采用B样条基函数来定义的曲线形式（图3-2），可表达如下：

$$P(u)=\sum_{i=0}^{n}V_iN_{i,k}(u) \tag{3-10}$$

其中，$V_i$ 为控制顶点，又称de Boor点。顺序连成的折线称为样条控制多边形，又常简称为控制多边形。$N_{i,k}(u)(i=0,1,2,\cdots,n)$ 称为 $k$ 次规范B样条基函数，其中每一个称为规范B样条，简称B样条。它是由一个称为节点矢量的非递减的参数 $u$ 的序列 $U$（$u_0\leqslant u_1\leqslant\cdots\leqslant u_{n+k+1}$）所决定的 $k$ 次分段多项式，即 $k$ 次多项式样条。

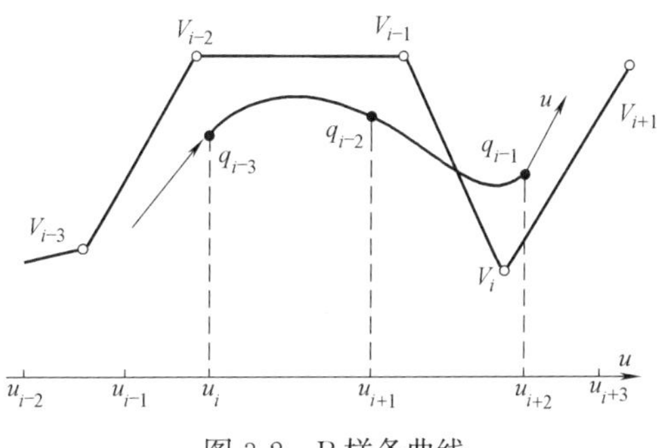


图3-2 B样条曲线

B样条具有局部支承性质，是多项式空间具有最小支承的一组基，故称之为基本样条（Basic spline），简称B样条。B样条的de Boor-cox递推定义，又称为de Boor-cox递推公式，为：

$$\begin{cases}N_{i,k}(u)=\begin{cases}1,\text{若 } u_i\leqslant u<u_{i+1}\\0,\text{其他}\end{cases}\\N_{i,k}(u)=\dfrac{u-u_i}{u_{i+k-1}-u_i}N_{i,k-1}(u)+\dfrac{u_{i+k}-u}{u_{i+k}-u_{i+1}}N_{i+1,k-1}(u)\end{cases} \tag{3-11}$$

$$\text{规定}\frac{0}{0}=0$$

其中，$N_{i,k}(u)$ 的双下标中第二个下标 $k$ 表示次数，第一个下标 $i$ 表示序号。欲确定 $N_{i,k}(u)$ 需要用到 $u_i$，$u_{i+1}$，…，$u_{i+k+1}$，故 $N_{i,k}(u)$ 的支承区间为 $[u_i, u_{i+k+1}]$，包含 $k+1$ 个节点区间。故由式（3-10），确定 $n+1$ 个 $k$ 次规范B样条基函数的支承区间为节点矢量 $U=[u_0, u_1, \cdots, u_{n+k+1}]$，总共包含 $n+k+1$ 个节点区间。B样条基的性质会影响B样条曲线的性质，B样条曲线亦具有局部性质，其定义域为 $u\in[u_k, u_{n+1}]$，共包含 $n-k+1$ 个节点区间，包含 $n-k+1$ 段B样条曲线。

### 3.3.2 B样条曲线的类型划分

B样条曲线按节点矢量中节点的分布情况不同，可划分为如下4种类型。

**1. 均匀B样条曲线**

节点矢量中节点为沿参数轴均匀或等距分布，所有节点区间长度 $\Delta_i=u_{i+1}-u_i=$ 常数>0($i=0$，1，…，$n+k$)。这样的节点矢量定义了均匀B样条基。

**2. 准均匀B样条曲线**

其节点矢量中两端节点具有重复度$k+1$，即$u_0=u_1=\cdots=u_k$，$u_{n+1}=u_{n+2}=\cdots=u_{n+k+1}$，所有内节点均匀分布，具有重复度1。这样的节点矢量定义了准均匀B样条基。

**3. 分段贝齐尔曲线**

其节点矢量中两端节点重复度与类型2相同，为$k+1$。所不同的是，所有内节点重复度为$k$。选用该类型有个限制条件，控制顶点减1必须等于次数的正整数倍，即$n/k=$正整数。这样的节点矢量定义了分段伯恩施坦基。

**4. 一般非均匀B样条曲线**

在这种类型里，任意分布的节点矢量$U=[u_0, u_1, \cdots, u_{n+k+1}]$，只要在数学上成立（其中节点序列非递减，两端节点重复度$\leqslant k+1$，内节点重复度$\leqslant k$）都可选取。这样的节点矢量定义了一般非均匀B样条基。

为便于统一处理，常将各类B样条曲线的定义域取成规范参数域$u\in[u_k, u_{n+1}]=[0,1]$。

### 3.3.3 B样条曲线的插值算法

B样条曲线的插值包括正算和反算。给出控制定点$V_i$求出B样条曲线的过程称为正算，文献[38-40]中均提到采用德布尔递推算法可以快速简便地求出曲线。对给定曲线上部分点进行B样条曲线插值称为反算。反算过程一般是先由给出的型值点——即曲线上的点，求出控制点坐标，再通过控制点坐标正算求出插值曲线。再者，现阶段一般是先由建筑设计师给出部分空间结构通过的点，然后反求自由曲面空间结构的形态，所以下面对反算的算法过程进行阐述。

**1. 曲线矢量节点的确定**

采用3.2.4节中的规范积累弦长参数化方法将要求插值的曲线数据$q_I$($I=0$，1，…，$r$)进行参数化得到$uu_I$($I=0$，1，…，$r$)，即曲线定义域与$q_I$点的节点值$uu_I$建立对应关系：$[u_k, u_{n+1}]\sim[uu_0, uu_r]$。由此关系可得：

$$n+1-k=r \tag{3-12}$$

此处要注意的是开曲线和闭曲线对于曲线端点处的节点矢量的处理会有所不同，本书中主要阐述开曲线的处理办法。

**2. 反算曲线控制顶点**

由式（3-10）可知，欲确定B样条曲线需要$V_i$和$N_{i,k}(u)$，$N_{i,k}(u)$已经由节点矢量确定，故下面需要反算曲线的控制顶点。由式（3-12）知共有$n+1=r+k$个顶点需要确定。

由已知的$r+1$个已知点$q_I$($I=0$，1，…，$r$)可以列出$r+1$个线性方程构成方程组：

$$P(u_i)=\sum_{j=0}^{n}V_jN_{j,k}(u_i)=\sum_{j=i-k}^{i}V_jN_{j,k}(u_i)=q_{i-k}$$
$$u\in[u_i, u_{i+1}]\subset[u_k, u_{n+1}], i=k, k+1, \cdots, n \tag{3-13}$$

对于闭曲线而言，由于首末数据点重合的原因，联立 $r$ 个方程就可定解；而对于一般开曲线而言，方程数少于未知顶点数，还需给出 $k-1$ 个有合适的边界条件给出的附加方程，才能联立求解。

**3. 确定曲线端点条件**

常用的边界条件：

（1）自由端点条件

相当于力学上梁的端部铰支的情况。将端点二阶导矢取零矢量，即 $\ddot{q}_0=\ddot{q}_r=0$。

（2）切矢条件

设曲线的首末端切矢分别为 $\dot{q}_0$ 和 $\dot{q}_r$，一般计算中，仅由端部的 2 个数据点及参数点确定：

$$|\dot{q}_0|=\frac{|q_1-q_0|}{|u_{k+1}-u_k|} \qquad |\dot{q}_r|=\frac{|q_r-q_{r-1}|}{|u_{n+1}-u_n|} \tag{3-14}$$

**4. 正算曲线**

通过上述步骤可以定义一条 $k$ 次 B 样条曲线，但是目前多采用德布尔递推算法：

$$P(u)=\sum_{j=0}^{n}V_jN_{j,k}(u)=\sum_{j=i-k}^{i-l}V_j^lN_{j,k-l}(u)=\cdots=V_{i-k}^k,u\in[u_i,u_{i+1}]\subset[u_k,u_{n+1}] \tag{3-15}$$

其中，
$$V_j^l=\begin{cases}V_j, & l=0\\(1-a_j^l)V_j^l+a_j^lV_{j+1}^{l-1},j=i-k,i-k+1,\cdots,i-l;l=1,2,\cdots,k\end{cases} \tag{3-16}$$

$a_j^l=\dfrac{u-u_{j+l}}{u_{j+k+1}-u_{j+l}}$，规定 $\dfrac{0}{0}=0$。显然，只要一确定节点矢量，采用此递推算法就可以快速方便地得出曲线方程。

### 3.3.4 B 样条曲面方程

给定空间 $(m+1)\times(n+1)$ 个控制顶点的位置 $V_{ij}$（$i=0$，1，2，…，$m$；$j=0$，1，2，…，$n$）的阵列，构成一张控制网格。又分别给定参数 $u$ 与 $v$ 的次数 $k$ 与 $l$ 和两个节点向量：$U=[u_0，u_1，\cdots，u_{m+k+1}]$ 与 $V=[V_0，V_1，\cdots，V_{n+k+1}]$，就定义了一张 $k\times l$ 次张量积 B 样条曲面：

$$P(u,v)=\sum_{i=0}^{m}\sum_{j=0}^{n}d_{i,j}N_{i,k}(u)N_{j,l}(v),u\in[u_k,u_{m+1}],\quad v\in[V_l,V_{n+1}] \tag{3-17}$$

其中，$N_{i,k}(u)$ 和 $N_{j,l}(v)$ 分别为 $u$、$v$ 方向的 B 样条基函数。B 样条曲面亦具有局部性质，其定义域为 $u\in[u_k，u_{m+1}]$，$v\in[V_l，V_{n+1}]$。

### 3.3.5 B 样条曲面的插值算法

给出呈矩形拓扑阵列的数据点 $q_{I,J}$（$I=0$，1，…，$r$；$J=0$，1，…，$t$）进行 $k\times l$ 次 B 样条曲面插值算法的完整描述，有以下处理过程。

**1. 曲面参数方向与参数选取**

将给定的数据点网格适当地分为两个方向，分别取为 $u$ 向与 $V$ 向。

**2. 曲面节点矢量的确定**

由3.2.3节中双向平均规范积累弦长参数化方法对数据点进行参数化确定曲面 $u$、$V$ 参数方向的节点矢量 $U=[u_0, u_1, \cdots, u_{m+k+1}]$ 与 $V=[V_0, V_1, \cdots, V_{n+l+1}]$，则曲面定义域与 $q_{I,J}$ 点的节点值（$uu_I$，$VV_J$）建立对应关系 $[u_k, u_{m+1}]\sim[uu_0, uu_r]$，$[V_l, V_{n+1}]\sim[VV_0, VV_t]$，由此可得：

$$m+1-k=r, n+1-l=t \tag{3-18}$$

**3. 反算曲面控制顶点**

可以利用张量积曲面的性质，将曲面控制顶点的求解化解为两阶段的曲线反算问题，类似于处理两次曲线的反算控制顶点过程。

**4. 正算曲面**

与正算B样条曲线相类似，可以通过德布尔递推算法进行计算。根据张量积曲面的性质，需要进行两次曲线正算得到曲面定义域内一对参数值（$u$，$V$）所对应的B样条曲面上点 $P(u, V)$ 的值。

## 3.4 非均匀有理B样条（NURBS）曲线曲面

传统的B样条技术只能精确地表示抛物线、抛物面，对其他的二次曲线、曲面，只能近似表示。因此，需要在一个造型系统内有一种统一的形式表示曲面。非均匀有理B样条技术正是在这样的需求背景下逐步发展成熟起来的。

### 3.4.1 NURBS曲线的定义

由于加入了权因子，从看问题的不同角度出发，而使得NURBS曲线方程有三种等价的表示方式，这三种表示方式各有不同的用途。

**1. 有理分式表示**

一条 $k$ 次NURBS曲线可以表示为一分段有理多项式函数：

$$P(u)=\frac{\sum_{i=0}^{n} w_i V_i N_{i,k}(u)}{\sum_{i=0}^{n} w_i N_{i,k}(u)} \tag{3-19}$$

其中 $w_i(i=0, 1, \cdots, n)$ 称为权或权因子，分别与控制顶点 $V_i$ 相联系。首末权因子 $w_0$，$w_1>0$，其余 $w_i\geqslant 0$，且顺序 $k$ 个权因子不同时为零，以防分母为零、保留凸包性质及曲线不至于因权因子而退化为一点。$V_i$ 称为控制顶点，顺序连接成控制多边形。$N_{i,k}(u)$ 由节点矢量 $U=[u_0, u_1, \cdots, u_{n+k+1}]$ 按德布尔递推公式决定的 $k$ 次规范B样条基函数。对于NURBS曲线，常将两端节点的重复度取为 $k+1$，即 $u_0=u_1=\cdots=u_k$，$u_{n+1}=u_{n+2}=\cdots=u_{n+k+1}$。且在大多数实际应用里，端节点值分别取为0与1。因此有曲线定义域 $u\in[u_k, u_{n+1}]=[0, 1]$。

**2. 有理基函数表示**

上述用分式表示的NURBS曲线方程可被改写成为如下等价形式：

$$P(u)=\sum_{i=0}^{n}V_iR_{i,k}(u)$$
$$R_{i,k}(u)=\frac{w_iN_{i,k}(u)}{\sum_{j=0}^{n}w_jN_{j,k}(u)} \tag{3-20}$$

这里 $R_{i,k}(u)(i=0,1,\cdots,n)$ 称为 $k$ 次有理基函数。它具有与 $k$ 次规范 B 样条基函数类似的性质。

**3. 齐次坐标表示**

从四维欧几里得空间的齐次坐标到三维欧几里得空间的中心投影变换：

$$H\{[x,y,z,w]\}=\begin{cases}[x,y,z]=\left[\dfrac{X}{w},\dfrac{Y}{w},\dfrac{Z}{w}\right],w\neq 0\\ \text{在从原点通过}[x,y,z]\text{的直线上的无限远点},w=0\end{cases} \tag{3-21}$$

这里三维空间的点 $[x,y,z]$ 称为四维空间点 $[X,Y,Z,w]$ 的透视图像，它是四维空间点 $[X,Y,Z,w]$ 在 $w=1$ 超平面上的中心投影，其投影中心就是四维空间的坐标原点。因此四维空间点 $[x,y,z,1]$ 与三维空间点 $[x,y,z]$ 被认为是同一点。

给定一组控制定点 $V_i=[x_i,y_i,z_i]$，$i=0,1,\cdots,n$ 以及相联系的权因子 $w_i$，$i=0,1,\cdots,n$，那么，可以按照以下步骤定义 $k$ 次 NURBS 曲线：

（1）确定所给控制顶点 $V_i=[x_i,y_i,z_i]$ $(i=0,1,\cdots,n)$ 的带权控制点 $V_i^w=[w_iV_i,w_i]=[w_ix_i,w_iy_i,w_iz_i,w_i]$，$i=0,1,\cdots,n$；

（2）用带权控制点 $V_i^w(i=0,1,\cdots,n)$ 定义一条四维的 $k$ 次非有理 B 样条曲线：

$$R(u)=\sum_{i=0}^{n}V_i^wN_{i,k}(u) \tag{3-22}$$

（3）将它投影到第四坐标 $w=1$ 的那个超平面上的中心投影，所得透视像即三维空间里定义的一条 $k$ 次 NURBS 曲线 $P(u)$：

$$p(u)=H\{P(u)\}=\frac{\sum_{i=0}^{n}w_iV_iN_{i,k}(u)}{\sum_{i=0}^{n}w_iN_{i,k}(u)} \tag{3-23}$$

**4. 三种等价的 NURBS 曲线方程比较**

三种表示形式虽然是等价的，却具有不同的作用。分式表示是有理的由来。它表明 NURBS 曲线是非有理与有理贝齐尔曲线和非有理 B 样条曲线的推广。但难以从中了解到更多的性质。在有理基函数表示形式中，从有理基函数的性质就较清楚地了解到 NURBS 曲线的性质。齐次坐标表示形式表面：NURBS 曲线是在高一维空间里它的控制顶点齐次坐标或带权控制点所定义的非有理 B 样条曲线在 $w=1$ 超平面上的中心投影。这不仅包含了明确的几何意义，而且说明，非有理 B 样条曲线的人多数算法可以推广应用于 NURBS 曲线。

### 3.4.2 NURBS 曲面的定义

类似于 NURBS 曲线，NURBS 曲面也可以写成三种等价的表示形式。

**1. 有理分式表示**

$$P(u)=\frac{\sum_{i=0}^{m}\sum_{j=0}^{n}w_{i,j}V_{i,j}N_{i,k}(u)N_{j,l}(v)}{\sum_{i=0}^{m}\sum_{j=0}^{n}w_{i,j}N_{i,k}(u)N_{j,l}(v)} \tag{3-24}$$

此处控制顶点 $V_{i,j}$（$i=0$，1，…，$m$；$j=0$，1，…，$n$）呈拓扑矩形矩阵，形成一个控制网格。规定四角顶点处用正权因子，其余的 $w_{i,j}\geqslant 0$ 且顺序 $k\times l$ 个权因子不同时为零。$N_{i,k}(u)$ 和 $N_{j,l}(v)$ 分别为 $u$ 向 $k$ 次和 $v$ 向 $l$ 次的规范 B 样条基。它们分别由 $u$ 向与 $v$ 向的节点矢量 $U=[u_0, u_1, \cdots, u_{m+k+1}]$ 与 $V=[V_0, V_1, \cdots, V_{n+l+1}]$ 按德布尔递推公式决定。

**2. 有理基函数表示**

$$P(u,v)=\sum_{i=0}^{m}\sum_{j=0}^{n}V_{i,j}R_{i,k;j,l}(u,v) \tag{3-25}$$

这里 $R_{i,k;j,l}(u, v)$ 是双变量有理基函数：

$$R_{i,k;j,l}(u,v)=\frac{w_{i,j}N_{i,k}(u)N_{j,l}(v)}{\sum_{r=0}^{m}\sum_{s=0}^{n}w_{r,s}N_{r,k}(u)N_{s,l}(v)} \tag{3-26}$$

注意到它不是两个单变量函数的乘积，所以，一般地，NURBS 曲面不是一张张量积曲面。

**3. 齐次坐标表示**

$$p(u,v)=H\{P(u,v)\}=H\left\{\sum_{i=0}^{m}\sum_{j=0}^{n}V_{i,j}^{w}N_{i,k}(u)N_{j,l}(v)\right\} \tag{3-27}$$

其中 $V_{i,j}^{w}=[w_{i,j}V_{i,j}, w_{i,j}]$ 称为控制顶点 $V_{i,j}$ 的带权控制顶点或齐次坐标。可见带权控制顶点在高一维空间里定义了一张张量积的非有理 B 样条曲面。$H\{\}$ 表示中心投影变换，投影中心取为齐次坐标的原点。$p(u, v)$ 在 $w=1$ 超平面的投影 $H\{P(u,v)\}$ 就定义了一张 NURBS 曲面。

### 3.4.3 NURBS 曲线曲面的构造及形状修改

NURBS 曲线的构造方法和 B 样条曲线类似，有正算和反算，并且可以通过反插型值点、调节控制顶点、修改权因子等方法修改其形状，具体内容可参见文献［38］。

NURBS 曲面的构造方法和修改方法具体参见文献［38］，目前在大型 CAGD 软件中，如 UG NX、CATIA 等，均可以交互式地操作。鉴于本书主要采用了蒙面法生成自由曲面，下面对蒙面法进行阐述，其主要步骤如下：

（1）构造截面曲线。根据初始型值点生成合适的截面曲线，得到各截面曲线的次数、节点矢量、控制点等。

（2）统一各截面曲线的次数。当各截面曲线的幂次不同时，则以幂次最高的曲线为准，对低幂次曲线升阶，使各截面曲线的幂次相同。

（3）统一各截面曲线的节点矢量。对各截面曲线的节点矢量（设为 $u$ 向）做并运算，使其具有统一的节点矢量。为保证各截面曲线的形状不变，常采用插入节点的算法。在统一节点矢量后，再计算各截面曲线的控制顶点。

（4）计算 $v$ 向的节点矢量。$v$ 向节点矢量由求得的控制顶点确定，应取统一数值。为此，可取各截面曲线节点矢量的平均值为 $v$ 向节点矢量。

（5）以步骤（3）所求得的控制顶点为型值点，应用步骤（4）所求得的 $v$ 向节点矢量计算基函数，逐个截面反算 $v$ 向的控制顶点。

（6）由步骤（5）所求得的控制顶点即为用蒙面法构造 NURBS 曲面的控制顶点。

## 3.5 自由曲面的生成

本书采用 UG NX 造型软件进行自由曲面的生成。UG（Unigraphics）起源于美国麦道飞机制造公司，1991 年 11 月并入通用汽车 EDS 分部，2005 年被 Siemens 收购。UG NX 是一个产品工程解决方案，为用户的产品设计及加工过程提供数值化造型和验证手段。主要客户包括：通用汽车、通用电气及美国军方等。UG NX 中的自由曲线和自由曲面模块功能强大、易学易用，在 UG NX 中样条曲线都是用非均匀有理 B 样条 NURBS 表示的。此外，UG NX 生成的几何模型可以和 ANSYS Workbench 分析软件实现参数化的联动——即在 UG NX 中改变部分参数值，模型在 ANSYS Workbench 中随之发生改变。

以下是在 UG NX 中生成的自由曲面模型。

图 3-3 和图 3-4 中，将以 $s_1$ 和 $s_2$ 为设计变量的三条三次 B 样条曲线作为截面曲线，采用蒙面法生成圆柱面。图 3-5 中有四条截面曲线——两端两条直线，$r_1$ 作为设计变量生成的一条自由曲线，$r_2$、$r_3$ 作为设计变量生成的自由曲线，同样采用蒙面法生成了一个自由曲面。

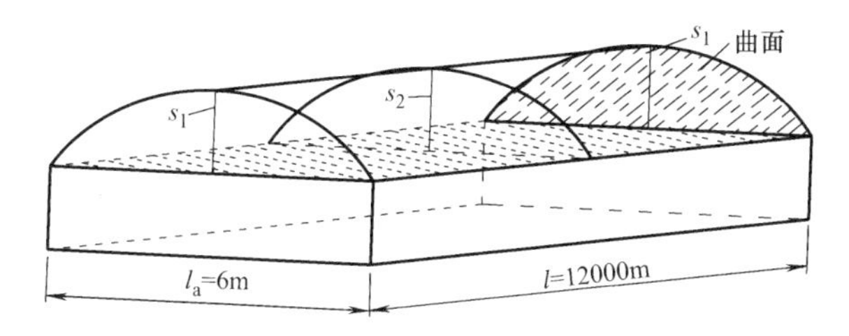


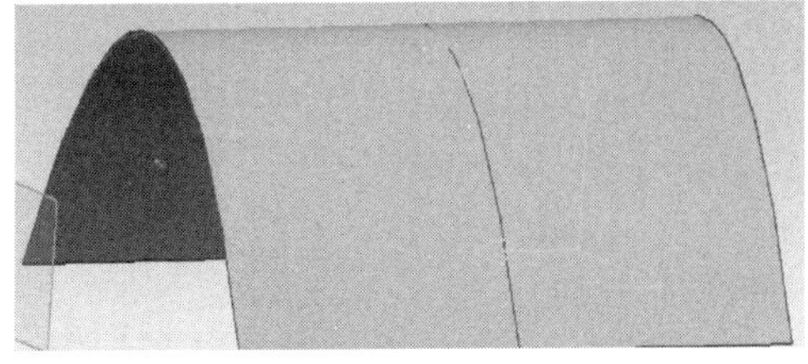

图 3-3 圆柱面壳

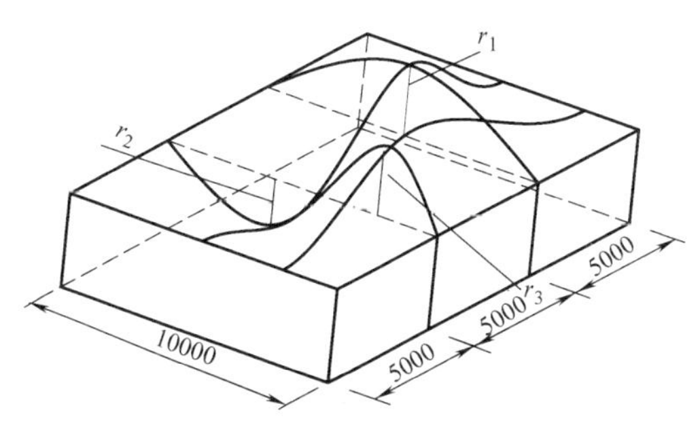


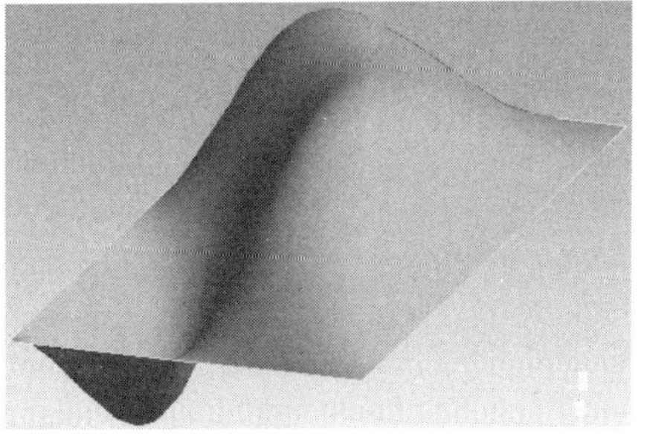

图 3-4 以 $r_1$、$r_2$、$r_3$ 作为设计变量的自由曲面

卢旦介绍了世博轴中的阳光谷采用 NURBS 曲面生成。本书采用蒙皮法生成，如图 3-5 所示，以 $C_1$、$C_2$、$C_3$、$C_4$ 四个圆作为截面线，生成了类阳光谷自由曲面。图 3-6 左边部分为阳光谷的效果图，右边为采用 UG NX 建立的类阳光谷自由曲面模型。

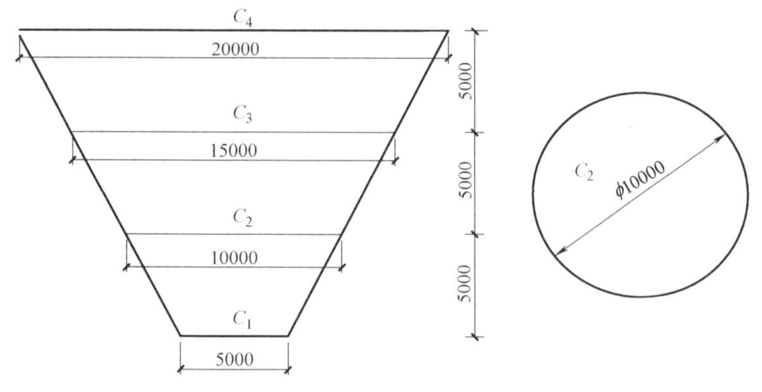


图 3-5　蒙皮法生成阳光谷自由曲面

图 3-6　UG NX 生成的阳光谷自由曲面

# 4 基于形状优化的自由曲面空间结构形态的创建

## 4.1 导言

现阶段将结构优化的思想用于结构形态的创建过程是目前空间结构形态数值生成的一个重要方面。实际工程中往往是建筑师首先通过对建筑功能需求和美学的研究提出一个建筑形式，结构工程师再对此建筑形式进行实现。引入结构优化的思想后，可以对建筑师提出的建筑形态进行结构性能的优化，从而得到既满足建筑功能和意向需求同时结构又非常合理的结构形态。本章主要通过结构优化当中的形状优化来创建结构形态，即先通过第 3 章中的非均匀有理 B 样条生成灵活的自由曲面，然后对所生成的自由曲面进行形状优化。

本章首先介绍了结构优化设计的基本理论和方法，然后对本章用到的用于全局搜索的遗传算法中的 NSGA-Ⅱ算法和用于局部搜索的序列二次规划算法（SQP）中的 NLPQL 算法进行了详细的阐述。最后基于这两种算法提供了几个自由曲面的空间结构形态算例。

## 4.2 结构优化概述

### 4.2.1 结构优化发展历程及基本流程

在第二次世界大战期间，由于军事上的需要产生了运筹学，提供了许多用古典微分法和变分法所不能解决的最优化方法。20 世纪 50 年代发展起来的数学规划理论形成了应用数学的一个分支，为优化设计奠定了理论基础。20 世纪 60 年代电子计算机和计算机技术的发展为优化设计提供了强有力的工具和手段，使工程技术人员能够从大量烦琐的计算工作中解放出来，把主要精力转化到优化方案选择的方向上来。优化技术成功地运用于结构设计，虽然历史较短，但进展迅速。近年来优化技术在土建、机械、水利工程等结构设计方面都获得应用并取得一定成果。现代意义上的结构优化是由史密特（Schmit，1964）最先采用数学规划理论与有限元结合，以解决多种荷载情况下弹性结构的最小重量设计问题开始的，是结构优化发展的里程碑。优化问题需要采用各种各样的优化解法，但是值得注意的是数学家对优化解法往往追求解的精确性，而工程师则更加注重计算速度和计算量的多少。因此在选择优化算法的时候要具体问题具体分析。

结构优化设计是一门交叉学科。一方面，需要研究结构设计，属于工程学的范畴；另一方面，它采用的主要计算方法属于现代数学的一个分支——运筹学。所以结构优化设计基本流程主要包括两方面的内容：1）建立优化设计问题的数学模型；2）选择恰当的优化方法与程序。建立结构优化设计的数学模型有三大要素：设计变量、目标函数和约束条件。

设计变量即在优化过程中所要选择的量，优化的目的就是要寻找这些变量的最优组合。设计变量通常有连续变量和离散变量。目标函数即人们用来衡量设计好坏的一种指标，从目标函数的数量上分，可分为单一目标和多目标，多目标时往往各个目标之间具有矛盾性，此时只能尽量得到问题的满意解。约束条件指在结构设计中应当遵守的条件，如应力约束、位移约束、稳定性约束、动力特性约束等，可以分为等式约束和不等式约束。通过分析优化问题得到设计变量、约束条件和目标函数后便可建立如下的数学模型。

求设计变量向量

$$X=[x_1x_2\cdots x_n]^{\mathrm{T}} \tag{4-1}$$

使目标函数

$$F(X)\rightarrow \min \text{或} \max \tag{4-2}$$

满足约束条件

$$g_u(X)\leqslant 0(u=1,2,\cdots,m) \tag{4-3}$$

$$h_v(X)=0(v=1,2,\cdots,p) \tag{4-4}$$

数学模型建立以后，接下来就是选择优化算法和计算程序。

### 4.2.2 结构优化的类型与优化算法

在建立数学模型之前对优化问题进行分析以确定设计变量、约束条件、目标函数的时候，根据问题的性质不同可以将结构优化问题进行如下划分：按设计变量性质分，有连续变量优化设计和离散变量优化设计；按难易层次分有截面优化、形状优化、拓扑优化。

在给定结构的类型、材料、布局和外形几何的情况下，优化各个组成构件的截面尺寸，使结构最轻或者最经济，通常称为尺寸优化。如果再增加结构的几何外形为设计变量，即为结构的形状优化，如对布局已定的桁架或者刚架的结点位置及截面尺寸进行优化，对双曲拱坝的中面几何形状及坝体厚度进行优化。结构拓扑优化则指对结构的构件布局和结点联结关系进行优化，以桁架结构为例，桁架结构应分为几个节点，节点之间如何联结即是拓扑优化所研究的问题。

分析问题建立数学模型后需要采用合适的优化算法进行求解。从目前已有的优化算法来看大致可以分为三类：准则法（Optimality Criterion Method），数学规划法（Mathematical Programming Method）和智能优化算法（Intelligent Optimization Method）。

准则法是从工程的观点出发，提出结构达到优化设计时应该满足的某些准则（如满应力准则、能量准则等），然后用迭代的方法求出满足这些准则的解。该方法主要优点是收敛快，计算量不大，但适用范围不广，主要适用于结构布局及几何形状已定的情况。数学规划法是指将结构优化问题归结为一个数学规划问题，然后用数学规划方法求解。数学规划法中用到最多的是非线性规划，除此之外还有线性规划、几何规划和动态规划。一般认为准则法和数学规划法是传统的优化方法，这些方法存在着如下的不足：1）单点运算方式大大限制了计算效率的提高；2）向改进方向移动限制了跳出局部最优的能力；3）停止条件只是局部最优性的条件；4）对目标函数和约束函数的要求限制了算法的应用范围。

随着现代优化问题的复杂程度不断增加，人们对优化提出了新的需求：1）对目标函数和约束函数表达的要求必须更为轻松；2）计算的效率比理论上的最优性更重要；3）算法随时终止能够得到较好的解；4）对优化模型中数据的质量要求更加宽松。实际生活中对最优化方法性能需求促进最优化方法的发展，智能优化方法孕育而生。

1975 年 Holland 提出遗传算法（Genetic Algorithms），这种优化方法模仿生物种群中优胜劣汰的选择机制，通过种群中优化个体的繁衍进化来实现优化的功能。1977 年 Glover 提出禁忌搜索（Tabu Search）算法，这种方法将记忆功能引入最优解的搜索过程中，通过设置禁忌区阻止搜索过程中的重复，从而大大提高了寻优过程的搜索效率。1983 年 Kirkpatrick 提出模拟退火（Simulated Annealing）算法。这种算法模拟热力学中退火过程能使金属原子达到能量最低状态的机制，通过模拟的降温过程按波尔兹曼方程计算状态间的转移概率来引导搜索，从而使算法具有很好的全局搜索能力。20 世纪 90 年代初，Dorigo 等提出蚁群优化（Ant Colony Optimization）算法。这种算法借鉴蚂蚁群体利用信息素相互传递信息来实现路径优化的机理，通过记忆路径信息素的变化来解决组合优化问题。1995 年 Kennedy 和 Eberhart 提出粒子群优化（Particle Swarm Optimization）。这种算法模仿鸟类和鱼类群体觅食迁徙中，个体与群体协调一致的机理，通过群体最优化方向、个体最优化方法和惯性方向的协调来求解实数优化问题。1999 年，Linhares 提出捕食搜索（Predatory Search）算法。这种算法模拟猛兽捕食中大范围搜索和局部蹲守的特点，通过设置全局搜索和局部搜索间变换的阈值来协调两种不同的搜索模式，从而实现对全局搜索能力和局部搜索能力的兼顾。此外还有一些模仿食物链中物种相互依存的人工生命算法，模拟人类社会多种文化间的认同、排斥、交流和改变等特性的文化算法等。

本章基于形状优化的思想，对 NURBS 生成的自由曲面进行优化从而生成合理的结构形态。NSGA-Ⅱ可以进行多目标优化，而 NLPQL 只能进行单目标优化。最后联合利用 UG 和 ANSYS WORKBENCH 软件基于形状优化对自由曲面的结构形态进行了创建。故下面先介绍 NSGA-Ⅱ算法和 NLPQL 算法。

## 4.3 NSGA-Ⅱ算法

带精英策略的非支配排序遗传算法（Non-dominated Sorting Genetic Algorithm Ⅱ，

NSGA-Ⅱ算法）是一种多目标遗传算法（Multi-objective Genetic Algorithm，MOGA）。Fonseca 和 Fleming 于 1993 年首次提出了对遗传算法的种群进行非支配排序的多目标遗传算法（Multiple Objective Genetic Algorithm，MOGA），通过采用通用的 GA 方法框架来有效地解决多目标问题。Srinivas 和 Deb 在 1994 年提出非支配排序遗传算法（Non-dominated Sorting Genetic Algorithm，NSGA），该算法与标准遗传算法（Simple Genetic Algorithm，SGA）类似，但选择操作算子不同。2000 年 Deb 等对原始的 NSGA 进行改进，提出带精英策略的非支配排序遗传算法（Non-dominated Sorting Genetic Algorithm Ⅱ，NSGA-Ⅱ）。所以下面依照 NSGA-Ⅱ算法的产生顺序依次介绍 SGA 算法，NSGA 算法和 NSGA-Ⅱ算法。

### 4.3.1 标准遗传算法（SGA）

遗传算法模拟自然界优胜劣汰的法则，根据问题的目标函数构造一个适值函数（Fitness Function），对一个由多个解（每个解对应一个染色体）构成的种群进行评估、遗传操作、选择，经多代繁殖，获得适应度值最好的个体作为问题的最优解。

**1. 标准遗传算法流程**

标准遗传算法的基本流程如图 4-1 所示。

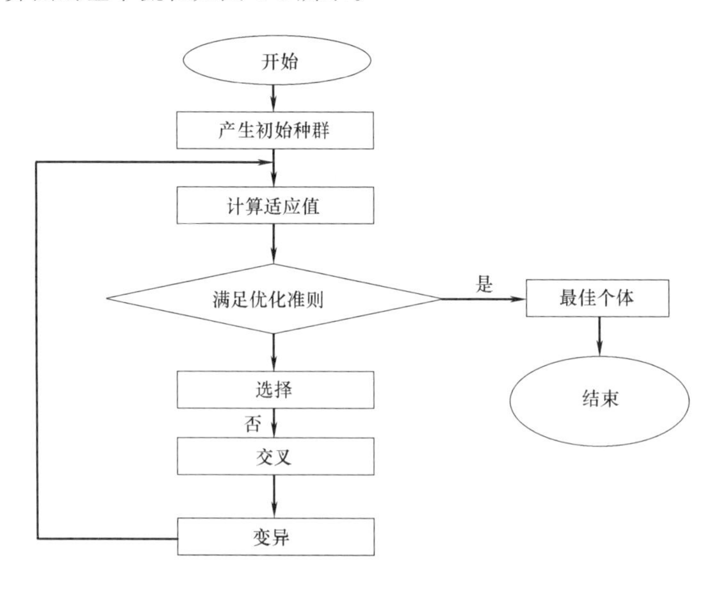


图 4-1　标准遗传算法的基本流程

**2. 算法流程的实现**

（1）初始种群的产生

种群由染色体构成。每个个体就是一个染色体，每个染色体对应着一个问题的解。初始种群是随机产生的，具体的生产方式依赖于编码的方法。种群的大小依赖于计算机的计算能力和计算复杂度。通常可以用伪随机数来生成初始种群。

（2）编码方法

首先介绍两个概念：基因型和表现型。基因型（Genotype）即遗传因子组合的模型，表现型（Phenotype）即由染色体决定性状的外部表现。编码可以看作由表现型到基因型的映射。相反解码则是由基因型到表现型的映射。根据采用何种符号作为基因的等位基因，编码方式可以分为：二进制编码、实数编码、整数或者字母排列编码、一般数据结构编码。Holland 的基本 GA 法使用的二进制编码，即使用固定长度的 0，1 字符串表示一个染色体。

（3）适值函数

遗传算法中使用适值函数来表征种群中每个个体对其生存环境的适应能力，每个个体具有一个适应值（Fitness Value）。适应值是群体中个体生存机会的唯一确定性指标。适值函数基本上依据优化的目标函数来确定。目标函数一般表示为 $f(x)$，适值函数一般表示为 $F(X)$。从目标函数 $f(x)$ 映射到适值函数 $F(X)$ 的过程称为标定（Scaling）。对于单目标优化问题适值函数的确定比较简单，但是对于多目标优化问题，需要考虑如何根据多个目标来确定个体的适应值。目前多目标优化问题时适应值分配机制粗略可以分为如下：向量评价方法、权重和方法、基于 Pareto 的方法、妥协方法、目标规划方法。

另外，遗传算法由于仅靠适应值来评估和引导搜索，所以求解问题所固有的约束条件不能明确地表示出来。在实际应用中，对于约束条件的处理目前来看有如下方法：拒绝方法、修补方法、罚方法、特殊的编码和遗传策略。罚方法是一种最常用的方法，这种方法通过对不可行解的惩罚来将约束问题转换为无约束问题，任何对于约束的违反都要在目标函数中添加惩罚项。这就要设计适当的惩罚函数。

（4）选择策略

选择操作建立在对个体适应度进行评价的基础之上，根据优胜劣汰的基本思想，从种群中选择优胜的个体，淘汰劣质个体。选择的目的是把优化的个体直接遗传到下一代。目前常用的选择方法有以下几种：适应度比例方法、最佳个体保存方法、联赛选择方法。

（5）遗传运算（交叉和变异）

遗传运算包括交叉和变异。遗传操作模拟了每一代中创造后代的繁殖过程，是遗传算法的精髓。

交叉同时对两个染色体进行操作，组合两者的特性产生新的后代，交叉最简单的方式是在双亲的染色体上随机地选择一个断点，将断点的右段互相交换，从而形成两个新的后代，这种方法对二进制编码最合适。双亲的染色体是否进行交叉由交叉率来进行控制。交叉率（记为 $P_c$）定义为各代中交叉产生的后代数与种群中的个体数的比。显然，较高的交叉率将达到更大的解空间，从而减小停止在最优解上的机会；但是交叉率太高，会因过多搜索不必要的解空间而耗费大量的计算时间。交叉概率一般取一个较大的数，如 0.9。

变异是在染色体上自发地产生随机的变化。一种简单的变异方式是替换一个或者多个基因。变异率（记为 $P_m$）定义为种群中变异基因数在总基因数中的百分比。变异率控制着新基因导入种群的比例。变异率太高则子代会失去双亲的优良基因，太低则一些优良的基因难以进入选择。变异概率一般设定为一个比较小的数，在 5%以下。

（6）停止策略

遗传算法的停止准则一般是采用设定最大代数的方法，也可以设定期望的适应度函数值，只有当种群中存在个体能达到期望值时，算法才可以结束。通常情况下，这两种方法同时作为优化准则使用。

（7）遗传算法的理论基础

遗传算法有效性的理论依据为模式定理和积木块假设。

模式定理：在遗传算子选择、交叉和变异的作用下，具有低阶、短定义距以及平均适应度高于群体平均适应度的模式在子代中将以指数级增长。

积木块假说：模式定理保证了较优的模式（遗传算法的较优解）的样本呈指数级增长，从而满足了寻找最优解的必要条件，即遗传算法存在着找到全局最优解的可能性；而积木块假设指出，遗传算法具备找到全局最优解的能力，即具有低阶、短距、高平均适应度的模式（积木块）在遗传算子作用下，相互结合，能生成高阶、长距、高平均适应度的模式，最终生成全局最优解。

### 4.3.2 非支配排序遗传算法（NSGA）

非支配排序遗传算法是 Srinivas 和 Deb 提出的基于 Pareto 最优概念处理多目标优化问题的遗传算法。非支配排序遗传算法的主要思想为：1）利用非支配前沿分级遗传算法对种群进行非支配分层，然后再通过选择操作得到下一代种群；2）使用共享函数的方法保持群体的多样性。所以先介绍一些多目标优化的基本概念，然后再具体阐述 NSGA 算法是如何做到多目标优化的。

**1. Pareto 基本概念**

（1）Pareto 支配关系

对于最小化多目标问题，$n$ 个目标分量 $f_i(i=1,2,\cdots,n)$ 组成的向量 $f(\overline{X})=[f(\overline{X_1}),\ f(\overline{X_2}),\ \cdots,\ f(\overline{X_n})]$，任意给定两个决策变量$\overline{X_u}$，$\overline{X_v}\in U$：

当且仅当，对于 $\forall i\in\{1,\ \cdots,\ n\}$，都有 $f_i(\overline{X_u})<f_i(\overline{X_v})$，则 $\overline{X_u}$ 支配 $\overline{X_v}$。

当且仅当，对于 $\forall i\in\{1,\ \cdots,\ n\}$，有 $f_i(\overline{X_u})\leqslant f_i(\overline{X_v})$，且至少存在一个 $j\in\{1,\ \cdots,\ n\}$，使 $f_j(\overline{X_u})<f_j(\overline{X_v})$，则$\overline{X_u}$ 弱支配 $\overline{X_v}$。

当且仅当，$\exists i\in\{1,\ \cdots,\ n\}$，使 $f_i(\overline{X_u})<f_i(\overline{X_v})$，同时，$\exists j\in\{1,\ \cdots,\ n\}$，使 $f_j(\overline{X_u})>f_j(\overline{X_v})$，则 $\overline{X_u}$ 与 $\overline{X_v}$ 互不支配。

（2）Pareto 最优解定义

多目标优化问题与单目标优化问题有很大差异。当只有一个目标函数时，人们寻找最好的解，这个解优于其他所有解，通常是全局最大或最小，即全局最优解。当存在多个目标时，由于目标之间存在冲突无法比较，所以很难找到一个解使得所有的目标函同时最优，也就是说，一个解可能对于某个目标函数是最好的，但对于其他的目标函数却不是最好的，甚至是最差的。因此，对于多目标优化问题，通常存在一个解集，这些解之间就全体目标函数而言是无法比较优劣的，其特点是：无法在改进任何目标函数的同时不削弱至少一个其他目标函数，这种解称作非支配解（Non-dominated solutions）或 Pareto 最优解（Pareto optimal solutions）。

**2. 非支配排序遗传算法**

1995 年，Srinivas 和 Deb 提出了非支配排序遗传算法（Non-dominated sorting genetic algorithms，NSGA）。这是一种基于 Pareto 最优概念的遗传算法，是众多的多目标优化遗传算法中体现 Goldberg 思想最直接的方法。

NSGA 与简单的遗传算法的主要区别在于：该算法在选择算子执行之前根据个体之间的支配关系进行了分层。其选择算子、交叉算子和变异算子与标准遗传算法没有区别。另一个特点就是了使用共享函数的方法保持群体的多样性。

在选择操作执行之前，种群根据个体之间的支配与非支配关系进行排序。首先，找出该种群中的所有非支配个体，并赋予他们一个共享的虚拟适应度值，得到第一个非支配最优层；然后，忽略这组已分层的个体，对种群中的其他个体继续按照支配与非支配关系进行分层，并赋予它们一个新的虚拟适应度值，该值要小于上一层的值，对剩下的个体继续上述操作，直到种群中的所有个体都被分层。

为了得到分布均匀的 Pareto 最优解集，就要保证当前非支配层上的个体具有多样性。NSGA 中引入了基于拥挤策略的小生境技术，即通过适应度共享函数的方法对原先指定的虚拟适应度值进行重新指定。共享函数指根据某个体周围的拥挤程度来确定其个体适应值降低程度的方式。

设第 $m$ 级非支配层上有 $n_m$ 个个体，每个个体的虚拟适应度值为 $f_m$，且令 $i$，$j=1$，$2\cdots n$，则适应度共享函数的方法具体的实现步骤如下：

（1）计算出同属于一个非支配层的个体和个体的欧几里得距离，如下：

$$d_{i,j}=\sqrt{\sum_{l=1}^{L}\left(\frac{x_l^i-x_l^j}{x_l^{\mathrm{u}}-x_l^{\mathrm{d}}}\right)^2} \tag{4-5}$$

其中，$L$ 为问题空间的变量个数，$x_l^{\mathrm{u}}$、$x_l^{\mathrm{d}}$ 分别为 $x_l$ 的上、下界。

（2）用共享函数计算个体 $x_l$ 和群体中其他个体的关系，如下：

$$sh(d_{i,j})=\begin{cases}1-\left(\dfrac{d_{i,j}}{\sigma_{\mathrm{share}}}\right)^{\alpha}, & d_{i,j}<\sigma_{\mathrm{share}}\\ 0, & d_{i,j}\geqslant\sigma_{\mathrm{share}}\end{cases} \tag{4-6}$$

其中，$\alpha$ 是常数。$\sigma_{\mathrm{share}}$ 是小生境半径，由用户根据所期望的个体之间最小分离程度事先估计出来。在共享半径距离之内的个体将相互影响适应值的降低程度。

（3）$j=j+1$，如果 $j\leqslant n_m$，转到步骤（1），否则计算出个体 $x^i$ 的小生境数量，即在整个种群中对共享函数进行求和得到：

$$c_i=\sum_{j=1}^{n_m}sh(d_{i,j}) \tag{4-7}$$

（4）计算出个体 $x_i$ 的共享适应度值，如下：

$$f_m^i=\frac{f_m}{c_i} \tag{4-8}$$

非支配排序遗传算法流程如图 4-2 所示。

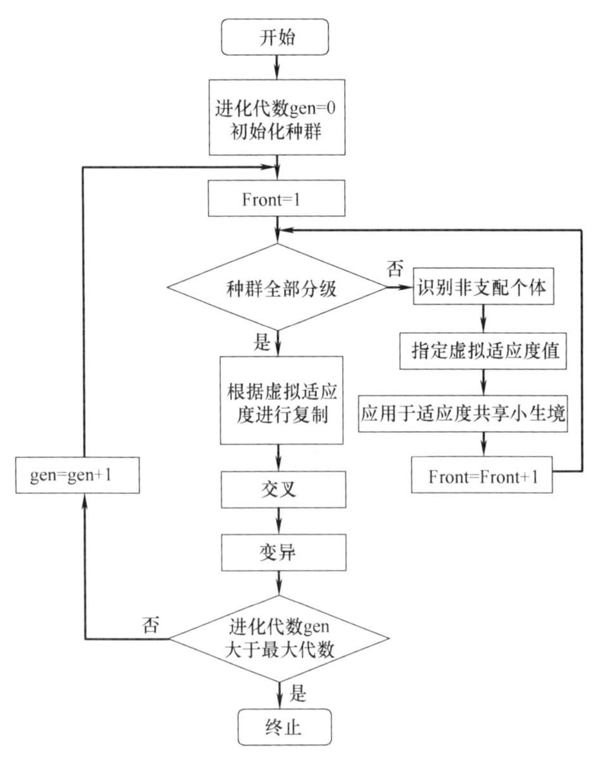


图 4-2　非支配排序遗传算法的基本流程

### 4.3.3　带精英策略的非支配排序遗传算法（NSGA-Ⅱ）

**1. NSGA-Ⅱ与 NSGA 的区别**

NSGA 算法通过非支配排序算法保留了优良的个体，并且利用适应度共享函数的方法保持了群体的多样性。但是实际应用中发现还是存在着明显的不足，这主要体现在如下三个方面：

（1）算法的计算复杂度比较高，当种群规模较大、进化代数较多时，进行一次优化可能需要比较多的时间，显得效率不足。

（2）缺乏精英策略，在进化算法中这样的策略往往不但可提高运算速度，还能确保已找到的最优解不被丢弃。

（3）需要人为指定共享半径，试验证明此参数比较重要，对优化结果影响较大。

为克服 NSGA 算法的缺陷，Deb 等人于 2000 年对 NSGA 进行有针对性的改进，提出了带精英策略的非劣分层遗传算法（NSGA-Ⅱ算法）。其改进相应地表现在三个方面：

（1）提出一种基于分级的快速非支配排序法，使得算法的复杂度大大降低。

（2）提出拥挤度和拥挤度比较算子，其适应度共享策略不需要指定共享半径，并且作为排序后同级间的胜出标准，使准域中的元素能扩展到整个域，并均匀分布，保持种群的多样性。

（3）引入精英策略，将父代种群与其子代种群竞争得到下一代种群，增大采样的空间，容易得到更为优良的下一代。

**2. 快速非支配排序方法原理**

NSGA-Ⅱ对第一代算法中的非支配排序方法进行了改进：对于每个个体 $i$ 都设有以

下两个参数$n_i$和$S_i$，$n_i$为在种群中支配个体$i$的解个体的数量，$S_i$为被个体$i$所支配的解个体的集合。首先，找到种群中所有$n_i=0$的个体，将它们存入当前集合$F_1$，然后对于当前集合$F_1$中的每个个体$j$，考察它所支配的个体集$S_j$，将集合$S_j$中的每个个体$k$的$n_k$减去1，即支配个体$k$的解个体数减1（因为支配个体$k$的个体$j$已经存入当前集$F_1$），如果$n_k-1=0$则将个体$k$存入另一个集$H$。最后，将$F_1$作为第一级非支配个体集合，并赋予该集合内个体一个相同的非支配序$i_{\text{rank}}$，然后继续对$H$作上述分级操作并赋予相应的非支配序，直到所有的个体都被分级。

上述非支配排序伪代码为：

函数 $sort(P)$

对每一个 $i \in P$

　　$S_i=\varnothing$；$n_i=0$；

　对每一个 $j \in P$

　　若 $i$ 支配 $j$，则 $S_j=S_j \cup \{j\}$

　　否则　　$n_i=n_i+1$

　若 $n_i=0$，则 $i_{\text{rank}}=1$；$F_1=F_1 \cup \{i\}$；

$P=1$　　　　\\ $P$ 为非支配层数，初始值为1

当 $F_P \neq \varnothing$ 时

　　　$H=\varnothing$

　对每个 $i \in F_P$

　　对每个 $j \in S_i$

　　　$n_j=n_j-1$

　　　若 $n_j=0$，则 $i_{\text{rank}}=P+1$；$H=H \cup \{j\}$

$P=P+1$

$F_P=H$

**3. 拥挤度和拥挤度比较算子**

拥挤度是指种群中给定个体的周围个体的密度，直观上可表示为个体$n$周围仅仅包含个体$n$本身的最大长方形的长，用$n_{\text{d}}$表示，在带精英策略的非支配排序遗传算法中，拥挤度的计算是保证种群多样性的一个重要环节，计算方法如下：

令 $n_{\text{d}}=0$，$n=1, 2, \cdots, N$。

对每个目标函数：

（1）基于该目标函数对该种群进行排序。

（2）令边界的两个个体拥挤度为无穷。

（3）计算 $n_{\text{d}}=n_{\text{d}}+[f_m(i+1)-f_m(i-1)]$，$n=2, 3, \cdots, N-1$。

通过快速非支配排序以及拥挤度计算之后，种群中的每个个体$n$都得到两个属性：非支配排序$n_{\text{rank}}$和拥挤度$n_{\text{d}}$。利用这两个属性，可以区分种群中任意两个个体的支配和非支配关系。定义拥挤度比较算子为$\geqslant n$。个体优劣的比较依据为：$i \geqslant nj$，即个体$i$优于个体$j$，当且仅当$i_{\text{rank}}<j_{\text{rank}}$或$i_{\text{rank}}=j_{\text{rank}}$，且$i_{\text{d}}>j_{\text{d}}$。

**4. NSGA-Ⅱ基本流程**

首先，随机初始化一个父代种群$P_0$，并将所有个体按非支配关系排序且指定一个适应度值，如可以指定适应度值等于其非支配序 $i_{\text{rank}}$，则 1 是最佳适应度值。然后，采用选择、交叉、变异算子产生下一代种群 $Q_0$，大小为 $N$。

NSGA-Ⅱ算法主流程如下：

$R_t = P_t \cup U_t$

$F = sort(R_t)$

$P_{t+1} = \varnothing$

从 $i=1$ 开始

计算 $F_i$ 中个体的拥挤度

$P_{t+1} = P_{t+1} \cup F_i$

$i = i+1$

直到 $|P_{t+1}| + |F_i| \leqslant N$

$sort(F_i, \leqslant n)$

$P_{t+1} = P_{t+1} \cup F_i[1:(N-|P_{t+1}|)]$

$Q_{t+1} = new(P_{t+1})$ \\ 通过遗传算子产生新种群

$t = t+1$

如图 4-3 所示，第 $t$ 产生的种群 $Q_t$ 与父代 $P_t$ 合并组成 $R_t$，此时种群规模为 $2N$。然后对 $R_t$ 进行非支配排序，产生一系列非支配集 $F_i$ 并计算拥挤度。由于子代和父代个体都包含在 $R_t$ 中，则经过非支配排序以后的非支配集墨中包含的个体是 $R_t$ 中最好的，所以先将 $F_1$ 放入新的父代种群 $P_{t+1}$ 中。如果 $F_1$ 中的个体数小于 $N$，则继续向 $P_{t+1}$ 中填充下一级非支配集 $F_2$，直到添加 $F_3$ 时，种群的大小超出 $N$，对 $F_3$ 中的个体进行拥挤度排序 [$sort(F_3, \leqslant n)$]，取前 $N-|P_{t+1}|$ 个个体，使 $P_{t+1}$ 个体数量达到 $N$。然后通过遗传算子（选择、交叉、变异）产生新的子代种群 $Q_{t+1}$。

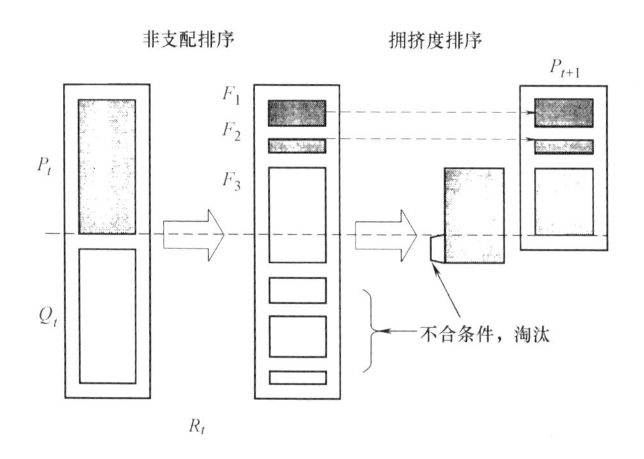


图 4-3 带精英策略的非支配排序遗传算法的基本流程

## 4.4 NLPQL 算法

结构优化常用到的另外一种方法即数学规划法，数学规划法中最常遇到的问题是线性规划问题和非线性规划问题。线性规划指的是目标函数和约束方程都是设计变量的线性函数，这类问题的解法已经比较成熟。非线性规划指的是目标函数或约束方程为设计变量的非线性函数。结构优化设计问题多为有约束的非线性规划问题，这类问题比线性规划问题复杂得多，难度较大，目前采用的方法大致有以下几种类型：

（1）问题不作转换但需求导数的分析方法，如梯度投影法、可行方向法。

（2）问题不作转换也不需求导数的直接搜索方法，如网格法、复形法等。

（3）采用线性规划和二次规划来逐次逼近。

（4）转换为无约束极值问题来求解，如罚函数法、乘子法等。

将非线性规划问题转化为线性规划的近似子问题，以逐步逼近的方法来求解称为序列线性规划法（Sequential Linear Programming，SLP）。如果将目标函数转化为二次型而约束条件为线性式的近似子问题，以逐步逼近的方法来求解，这种方法则称为序列二次规划法（Sequential Quadratic Programming，SQP）。NLPQL（Non-linear Programming by Quadratic Lagrangian）算法是一种序列二次规划法，它将目标函数和约束条件按泰勒级数展开，目标函数取前二阶，约束条件则取一阶，以此来构造二次规划子问题，以这个子问题的解作为迭代的搜索方向并沿该方向作一维搜索，最终逼近原问题的近似约束最优点。序列二次规划算法在迭代的过程中不仅利用了目标函数和约束函数的函数值信息及一阶导数信息，还利用目标函数和约束函数的二阶导数信息，因而其收敛速度快、效率高，被认为是最优秀的非线性约束优化算法。

下面分别介绍 NLPQL 算法的基本思想、迭代步骤和计算框图。

### 4.4.1 NLPQL 算法的基本思想

目标函数为二次函数、约束条件为线性函数的二次规划问题

$$\left.\begin{aligned} & F(X) \\ \text{s.t.}\quad & \sum^{n} a_{iv}x_i = 0(v=1,2,\cdots,p<n) \\ & \sum^{n} b_{iu}x_i \leqslant 0(u=1,2,\cdots,m) \end{aligned}\right\} \tag{4-9}$$

是较早、求解方法较成熟的非线性规划问题之一。序列二次规划算法则是将二次规划问题的求解方法推广应用于求解一般非线性约束优化问题的一种序列寻优方法，它所求解的非线性约束优化问题，可一般表示为

$$\left.\begin{aligned} & \min F(X) \\ \text{s.t.}\quad & h_v(X) = 0(v=1,2,\cdots,p<n) \\ & g_u(X) \leqslant 0(u=1,2,\cdots,m) \end{aligned}\right\} \tag{4-10}$$

序列二次规划算法的基本思想是：在每个迭代点 $X^{(k)}$ 构造成式（4-10）的一个二次规划子问题，以这个子问题的解，作为迭代的搜索方向 $S^{(k)}$ 并沿该方向作一维搜索，即

$$X^{(k+1)} = X^{(k)} + \alpha^{(k)} S^{(k)} \tag{4-11}$$

得 $X^{(k+1)}$，令 $k=k+1$，重复上述迭代过程，直至点列 $X^{(k)}$（$k=0, 1, 2, \cdots$）最终逼近原问题式（4-10）的近似约束最优点 $X^*$。

从上述基本思想可知，序列二次规划算法的关键，是构造并求解原非线性约束优化问题的一系列二次规划子问题。

若目标函数 $F(X)$在某一迭代点 $X^{(k)}$作 Taylor 展开，对其截断到二阶，得：

$$F(X)=F(X^{(k)})+\nabla F(X^{(k)})^{\mathrm{T}}(X-X^{(k)})+\frac{1}{2}(X-X^{(k)})^{\mathrm{T}}H^{(k)}(X-X^{(k)}) \tag{4-12}$$

其中 $H^{(k)}$为 $F(X)$在 $X^{(k)}$处的海森矩阵。

对式（4-10），序列二次规划算法在迭代点 $X^{(k)}$构造的二次规划子问题 QP(S）为：

$$\left.\begin{aligned} &\min \mathrm{QP}(S)=\nabla F(X^{(k)})^{\mathrm{T}}S+\frac{1}{2}S^{\mathrm{T}}H^{(k)}S \\ &\text{s. t.}\quad h_v(X^{(k)})+[\nabla h_v(X^{(k)})]^{\mathrm{T}}S=0(v=1,2,\cdots,p<n) \\ &g_u(X^{(k)})+[\nabla g_u(X^{(k)})]^{\mathrm{T}}S\leqslant 0(u=1,2,\cdots,m) \end{aligned}\right\} \tag{4-13}$$

其中，$S=[S_1S_2S_3\cdots S_n]^{\mathrm{T}}$ 为变量；$\nabla F(X^{(k)})$、$h_v(X^{(k)})$、$g_u(X^{(k)})$、$\nabla h_v(X^{(k)})$、$\nabla g_u(X^{(k)})$ 及 $H^{(k)}$ 为确定的量，所以式（4-13）是一个以 $S$ 为变量的二次规划问题。此时，$H^{(k)}$ 为拉格朗日函数：

$$L(X,\lambda)=F(X)+\sum_{v=1}^{p}\lambda_v h_v(X) \tag{4-14}$$

在点 $X^{(k)}$ 的海森矩阵，即：

$$H^{(k)}=\nabla_X^2 L(X^{(k)},\lambda)=\nabla^2 F(X^{(k)})+\sum_{v=1}^{p}\lambda_v\nabla^2 h_v(X^{(k)}) \tag{4-15}$$

在实际迭代计算中，序列二次规划算法并不是按式（4-15）计算 $H^{(k)}$，因为这样计算通常是非常困难的，而是采用了变尺度矩阵 $A^{(k)}$来逐步逼近海森矩阵 $H^{(k)}$，其迭代公式为：

$$A^{(k+1)}=A^{(k)}+E^{(k)} \tag{4-16}$$

其中，$E^{(k)}$称为校正矩阵，其作用应保证生成的 $A^{(k+1)}$对 $H^{(k+1)}$的逼近程度，超过 $A^{(k)}$对 $H^{(k)}$的逼近程度，并最终逼近对应的海森矩阵。校正矩阵 $E^{(k)}$可采用 DFP 法或 BFGS 法构造。由于本书中采用的是 BFGS 法，所以下面对 BFGS 进行阐述。

变尺度法采用尺度矩阵来代替牛顿法中海森矩阵的逆矩阵，其目的是避免计算二阶偏导数矩阵及其逆矩阵。为了构造 $A^{(k)}$，应先分析 $H^{-1}(X^{(k)})$与函数梯度之间的关系。式（4-12）的梯度为

$$g=\nabla F(X)=\nabla F(X^{(k)})+H^{(k)}(X-X^{(k)})=g^{(k)}+H^{(k)}(X-X^{(k)}) \tag{4-17}$$

如果取 $X=X^{(k+1)}$为极值点附近第 $k+1$ 次迭代点，则有

$$g^{(k+1)}=\nabla F(X^{(k+1)})=g^{(k)}+H^{(k)}(X^{(k+1)}-X^{(k)}) \tag{4-18}$$

令

$$\Delta g=g^{(k+1)}-g^{(k)} \tag{4-19}$$

$$\Delta X=X^{(k+1)}-X^{(k)} \tag{4-20}$$

则式（4-18）可写成：

$$\Delta g^{(k)}=H(X^{(k)})\Delta X^{(k)} \tag{4-21}$$

若矩阵 $H(X^{(k)})$为可逆矩阵，则用 $H^{-1}(X^{(k)})$左乘上式两边，得：

$$\Delta X^{(k)}=H^{-1}(X^{(k)})\Delta g^{(k)} \tag{4-22}$$

设已找到 $A^{(k+1)}$ 能用来代替 $H^{-1}(X^{(k)})$，则 $A^{(k+1)}$ 必须满足：

$$\Delta X^{(k)}=A(X^{(k+1)})\Delta g^{(k)} \tag{4-23}$$

式（4-23）中只含梯度，不含二阶偏导数，它表达了尺度矩阵必须满足的基本条件，称为拟牛顿条件或者变尺度条件。如式（4-16）所示，$A^{(k+1)}$ 是通过逐步递推产生的，其中 $A^{(k)}$ 和 $A^{(k+1)}$ 是对称正定矩阵。$A^{(k)}$ 是前一次迭代的已知矩阵，初始时可取 $A^{(0)}=\boldsymbol{I}$（单位矩阵）。

1970 年，Broyden、Fletcher、Goldstein、Shanno 等人导出了一种稳定的算法计算尺度矩阵，称为 BFGS 变尺度法。BFGS 变尺度法和 DFP 变尺度法的区别在于校正矩阵不同。

BFGS 法的校正矩阵为：

$$E^{(k)}=\frac{1}{(\Delta X^{(k)})^{\mathrm{T}}\Delta g^{(k)}}\left[1+\frac{(\Delta g^{(k)})^{\mathrm{T}}A^{(k)}\Delta g^{(k)}}{(\Delta X^{(k)})^{\mathrm{T}}\Delta g^{(k)}}\right]\Delta X^{(k)}(\Delta X^{(k)})^{\mathrm{T}}-A^{(k)}\Delta g^{(k)}(\Delta X^{(k)})^{\mathrm{T}}-\Delta X^{(k)}(\Delta g^{(k)})^{\mathrm{T}}A^{(k)} \tag{4-24}$$

BFGS 法所产生的矩阵 $A^{(k)}$ 不易变成奇异矩阵，故其具有良好的稳定性，被认为是目前最成功的一种变尺度法。在 SQP 算法中：

$$g^{(k+1)}=\nabla L(X^{(k+1)},\lambda_{k+1}) \tag{4-25}$$

$$\Delta g=g^{(k+1)}-g^{(k)}=\nabla L(X^{(k+1)},\lambda_{k+1})-\nabla L(X^{(k)},\lambda_k) \tag{4-26}$$

所以，NLPQL 算法迭代开始时，取 $A^{(0)}=I$，用矩阵 $A^{(k)}$ 替代式（4-13）中的海森矩阵 $H^{(k)}$，得

$$\begin{aligned}&\min \mathrm{QP}(S)=\nabla F(X^{(k)})^{\mathrm{T}}S+\frac{1}{2}S^{\mathrm{T}}A^{(k)}S\\&\text{s. t.}\quad h_v(X^{(k)})+[\nabla h_v(X^{(k)})]^{\mathrm{T}}S=0(v=1,2,\cdots,p<n)\\&g_u(X^{(k)})+[\nabla g_u(X^{(k)})]^{\mathrm{T}}S\leqslant 0(u=1,2,\cdots,m)\end{aligned} \tag{4-27}$$

求解式（4-27），得到 $S^{*}=S^{(k)}$ 即为本次迭代过程中的一维搜索方向。确定了一维搜索方向后还需确定搜索步长 $\alpha^{(k)}$ 已得到新的近似极小点 $X^{(k+1)}=X^{(k)}+\alpha^{(k)}S^{(k)}$。目前，求 $\alpha^{(k)}$ 的方法有精确线性搜索法、直接搜索法、插值法和不精确线性搜索法等。不精确线性搜索法放松了对 $\alpha^{(k)}$ 的要求，只要求对目标函数在迭代的每一步都有充分下降即可，不要求在每一步都精确计算 $\alpha^{(k)}$，这样可以大大减少求 $\alpha^{(k)}$ 的工作量。本书中采用的是 ANSYS WORKBENCH 自带的一种不精确线性搜索法——Armijo 准则，下面对 Armijo 准则进行阐述。

设 $d^{(k)}$ 是目标函数 $f(x)$ 在 $x^{(k)}$ 处的下降方向，给定 $\beta$、$\gamma$ 和 $\mu$，其中 $\beta\in(0,1)$，$\mu\in(0,1/2)$，$\gamma>0$。令 $m=0,1,2,\cdots$，检验不等式：

$$f(x^{(k)})-f(x^{(k)}+\beta^m\gamma d^{(k)})\geqslant-\mu\beta^m\gamma\nabla f(x^{(k)})^{\mathrm{T}}d^{(k)} \tag{4-28}$$

是否成立。记使得上面不等式成立的第一个 $m$ 为 $m_k$，则令

$$\alpha_k=\beta^{m_k}\gamma \tag{4-29}$$

因为 $d^{(k)}$ 是下降方向，当 $m$ 充分大时，不等式（4-28）总是成立的，因此上述 $m_k$ 是存在的。由于 $m_k$ 是使得不等式（4-28）成立的最小非负整数，因而 $\alpha^{(k)}$ 不会太小，从而保证了目标函数 $f(x)$ 的充分下降。

## 4.4.2 迭代步骤和计算框图

序列二次规划法的步骤如下：

（1）给定初始值 $X^{(0)}$、$\lambda^{(0)}$、ε，令 $A^{(0)}=I$。

（2）计算原问题的函数值、梯度值，构造二次规划子问题。

（3）求解二次规划子问题，确定新的乘子向量 $\lambda^{(k)}$ 和搜索方向 $S^{(k)}$。

（4）沿 $S^{(k)}$ 进行一维搜索，确定步长 $\alpha^{(k)}$，得到新的近似极小点：$X^{(k+1)}=X^{(k)}+\alpha^{(k)}S^{(k)}$。

（5）若满足收敛精度

$$\left|\frac{F[X^{(k+1)}-F(X^{(k)})]}{F(X^{(k)})}\right|\leqslant\varepsilon \tag{4-30}$$

则停止计算；否则，进行下步。

（6）采用 BFGS 法对 $A^{(k)}$ 进行修正，得到 $A^{(k+1)}$ 返回（2）。

其计算框图见图 4-4。

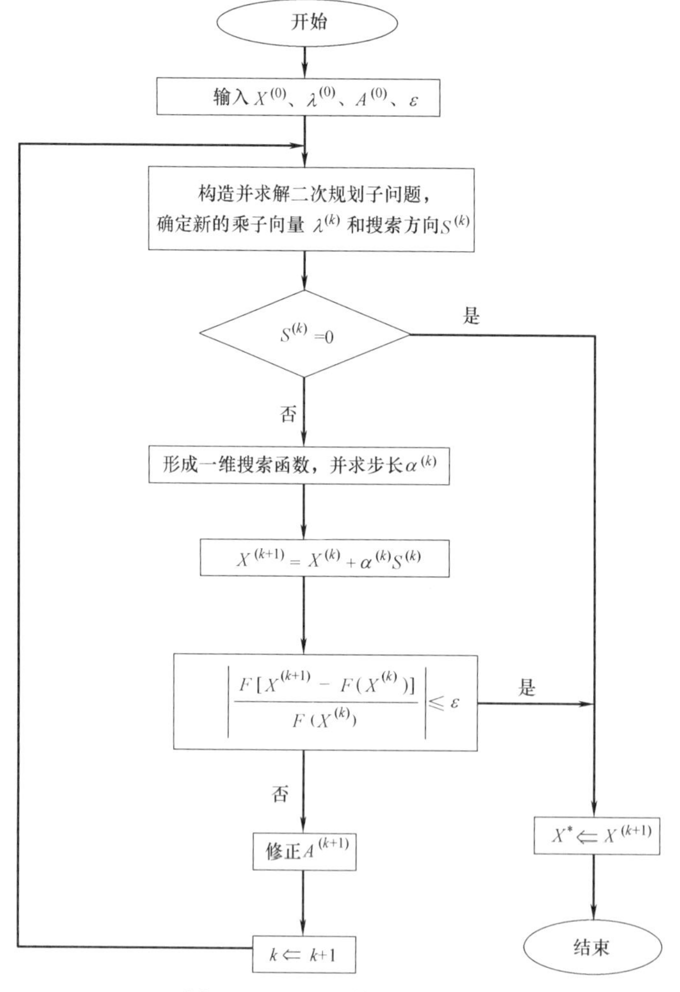


图 4-4　NLPQL 算法计算框图

## 4.5　基于形状优化的自由曲面结构形态生成

目前在自由曲面空间结构形态的创建中主要采用基于灵敏度的形状优化，基于响应曲面法的形状优化对自由曲面结构形态的生成尚不多见。本节对采用响应曲面法进行形状优化在自由曲面空间结构形态的生成进行了探索。

### 4.5.1　响应曲面法

目前，响应曲面法（Response Surface Method，RSM）在工程优化和可靠性分析中应用广泛。响应曲面法是试验设计与数理统计相结合的方法，基于响应面的形状优化，是以显式的响应面模型逼近特征量与设计参数间复杂的隐式函数关系，得到简化的代理模型(Meta-model)，然后在此代理模型的基础上进行优化。它与基于灵敏度优化方法的区别在于，只需在几个样本点处进行有限元分析，避开了每次迭代都进行有限元计算，大大提高计算效率，从而节省计算代价。基于响应面的形状优化，主要包括样本选取、响应面的拟合以及利用响应面进行形状优化。

**1. 基于试验设计的样本选取**

样本的选取关系到所回归响应面的精度以及成本。样本选取太少不能完全反映出系统的特征，而选取的样本过多，在一定程度上能得到较好的精度效果，但是又客观上提高了成本。实际应用中主要视所分析的对象、所感兴趣的特征量以及所选取的试验设计方法来确定样本。

试验设计方法是多学科设计优化代理模型的取样策略，决定了构造代理模型所需样本点的个数和这些点的空间分布情况。利用试验设计方法，可以用较少的样点数保证较高的响应面模型的精度。本书采用中心复合设计（CCD）的试验设计方法，它是根据二次多项式的特点来构造的，所取的样本为各个因子的端点和设计空间的中心点，因此特别适应于二次多项式响应面。CCD 应用十分广泛，但其缺点在于对于高阶响应曲面的拟合效果不佳。

中心复合试验是采取 CCD 和如下的二次多项式响应面模型：

$$y=\beta_0+\sum_{i=1}^{m}\beta_i x_i+\sum_{i=1}^{m}\sum_{j\geqslant 1}^{m}\beta_{ij}x_i x_j \tag{4-31}$$

进行分批试验的一种试验设计方法。

用中心复合试验设计来安排试验时，首先要根据每个因素的±1 两个水平值（分别代表该因素的最大和最小水平），利用正交表构造一个 $L_n(2^m)$的试验方案，进行 $n$ 次试验。在第一批试验结束之后，在中心点（0，0，…，0）作 $n_0$ 次重复试验，由于数值计算的结果不存在物理试验的不确定性，所以对数值试验来说，只作一次试验即可，即 $n_0=1$。第三批试验是在每个因素的坐标轴上，取臂长为 $\pm a$ 的两个对称点作为试验样本点，$m$ 个因素共有 $2m$ 个点。这样三次试验总共取了 $N=n+n_0+2m$ 个样本点。这 $N$ 个点分布在以中心点位于球心的两个同心球上，如图 4-5 所示。将这 $N$ 个样本点的试验结果代入式（4-31），应用回归便可求得式中的各项未知参数。

CCD 是超定设计，即其所需的点的个数超过待求模型函数中参数的个数。故有时

CCD中的正交表会采用部分析因设计，但是一定要注意样本数足够用于出推导响应曲面的方程。ANSYS WORKBENCH中的CCD设计方案如表4-1所示，此时采用的正交试验表为$L_n(2^{m-f})$，如当$m=5$时，试验点数为$N=n+n_0+2m=2^{5-1}+1+2\times5=27$。

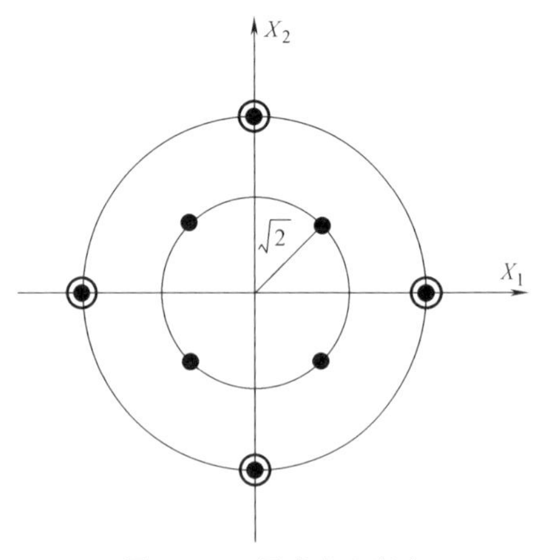


图4-5　二因素中心复合试验的试验点分布

**2. 响应面的拟合**

在选定一个适当的试验设计并进行必要的计算机运行后，接下来是选取适当的近似函数模型，并确定相应系数以得出响应函数。响应面函数模型的选取在响应面方法中处于中心地位。一旦给定了试验设计、函数模型和评价标准，则响应面的确定成为一个纯粹的数学问题。常见的响应面模型有一阶多项式、二阶完全和不完全多项式、非线性函数。二次多项式模型是研究和应用得最多的，许多的取样方法就是根据二次多项式模型的特点来设计的。

对于低曲度问题，可用一阶多项式作为响应函数，如式（4-32）所示。而对于曲度明显的问题，可用一个完全二次多项式作为响应函数，如式（4-33）所示。得到样本集之后，公式中的系数常常利用最小二乘回归分析来确定：

$$y=\beta_0+\sum_{i=1}^{k}\beta_i x_i \tag{4-32}$$

$$y=\beta_0+\sum_{i=1}^{k}\beta_i x_i+\sum\sum\beta_{ij}x_i x_j+\sum_{i=1}^{k}\beta_{ij}x_i^2 \tag{4-33}$$

本节中主要采用了ANSYS WORKBENCH提供的完全二次多项式响应曲面方程式进行拟合。

**ANSYS WORKBENCH中的CCD设计表**　　　　**表4-1**

| 输入参数 | 因子数 | 自动设计点 |
|---|---|---|
| 1 | 0 | 5 |
| 2 | 0 | 9 |
| 3 | 0 | 15 |
| 4 | 0 | 25 |
| 5 | 1 | 27 |
| 6 | 1 | 45 |
| 7 | 1 | 79 |
| 8 | 2 | 81 |
| 9 | 2 | 147 |
| 10 | 3 | 149 |
| 11 | 4 | 151 |
| 12 | 4 | 281 |

续表

| 输入参数 | 因子数 | 自动设计点 |
|---|---|---|
| 13 | 5 | 283 |
| 14 | 6 | 285 |
| 15 | 7 | 287 |
| 16 | 8 | 289 |
| 17 | 9 | 291 |
| 18 | 9 | 549 |
| 19 | 10 | 551 |
| 20 | 11 | 553 |

**3. 形状优化**

采用前面介绍的优化算法，在生成的响应曲面的基础上进行优化，优化流程如图 4-6 所示。与基于灵敏度的结构优化设计的不同在于，灵敏度的计算是基于生成的响应曲面的显示方程，不再需要采用差分法或者有限元解析法等。

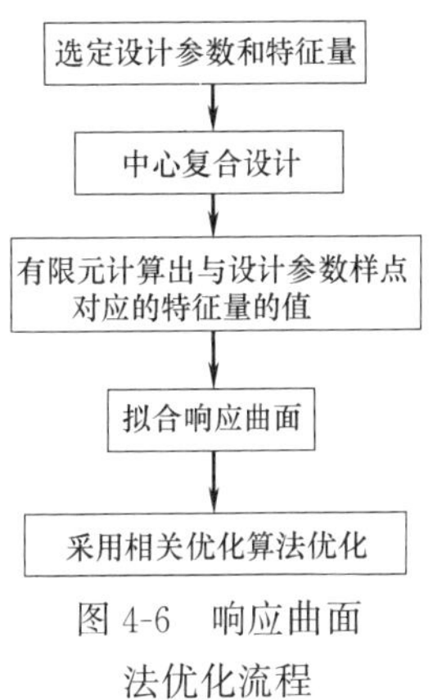


图 4-6 响应曲面法优化流程

## 4.5.2 算例

本节在第 3 章生成的自由曲面模型的基础上，采用响应曲面法对自由曲面进行优化，得到新型合理的自由曲面结构形态。利用 UG NX 与 ANSYS WORKBENCH 的模型参数化联动的功能，将第 3 章中建立的自由曲面模型导入 ANSYS WORKBENCH 进行曲面形状优化，从而创建出满足外形美观、力学性能合理的自由曲面结构形态。

### 4.5.2.1 算例一

以第 3 章中的图 3-3 作为初始曲面，设计变量取 $s_1$、$s_2$，两者的变化范围为 3～6m。目标函数取为曲面的总应变能，因为在相同的外荷载作用下生成的，总应变能越小，自由曲面越刚。除了要求变形后曲面在 $XY$ 平面内投影保持不变外，无其他状态变量的要求，优化算法采用 NLPQL 算法。

初始值 $s_1=s_2=3$m，弹性模量 $E=3\times10^4$MPa，泊松比 $\nu=0.2$，厚度 $h=50$mm，竖向均布荷载 $q=5$kN/m$^2$，支座条件为两短边固接。采用 Shell63 单元，考虑大变形。经过优化后，曲面由柱面形变成了鞍形，优化后得到 $s_1=5.881$m，$s_2=3.045$m，总应变能优化前为 $3.988\times10^6$MJ，优化后为 $5.728\times10^5$MJ。图 4-7 为优化前后的曲面形态的对比。图 4-8 为优化前后最大位移的对比，优化前为 88.921mm，优化后变为 16.198mm。图 4-9 为总应变能随 $s_1$、$s_2$ 变化的响应曲面。

### 4.5.2.2 算例 2

以第 3 章中的图 3-4 作为初始曲面，设计变量取 $r_1$、$r_2$、$r_3$，三者的变化范围为 0～5m。本算例目标函数取为曲面的总应变能和总体积两种情况，除了要求变形后曲面在 $XY$ 平面内投影保持不变外，无其他状态变量的要求。

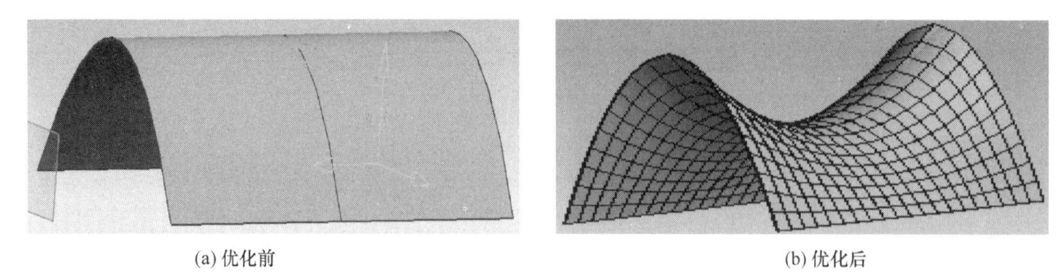

(a) 优化前　　(b) 优化后

图 4-7　优化前后曲面形态对比

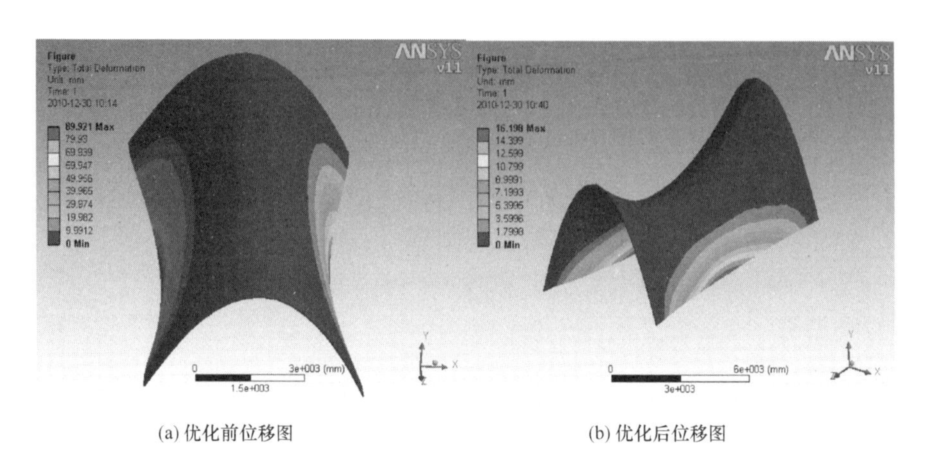


(a) 优化前位移图　　(b) 优化后位移图

图 4-8　优化前后最大位移对比

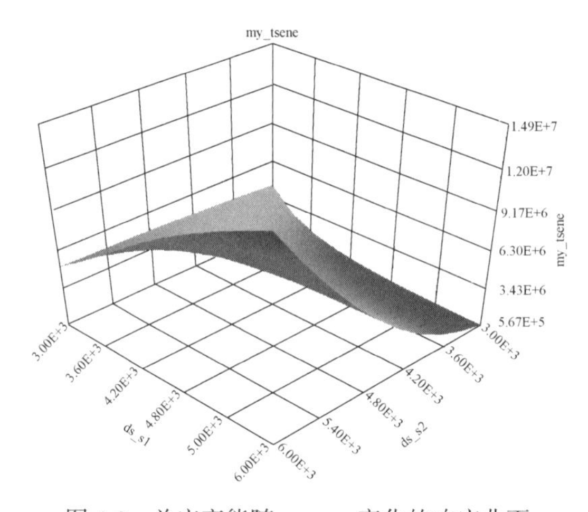


图 4-9　总应变能随 $s_1$、$s_2$ 变化的响应曲面

初始值 $s_1=3\text{m}$，$s_2=2\text{m}$，$s_3=3\text{m}$，弹性模量 $E=2.1\times10^5\text{MPa}$，泊松比 $\nu=0.3$，厚度 $h=15\text{mm}$，竖向均布荷载 $q=5\text{kN/m}^2$，支座条件为四边固接。采用 Shell63 单元，考虑大变形。

单目标优化时，以总应变能为目标，采用 NLPQL 算法，经过优化后，优化后得到 $r_1=4.998\text{m}$，$r_2=4.529\text{m}$，$r_3=0.073\text{m}$。总应变能优化前为 $2.67\times10^5\text{MJ}$，优化后为 $2.081\times10^5\text{MJ}$。图 4-10 为优化前后的曲面形态的对比。图 4-11 为优化前后最大位移的对比，优化前为 8.3434mm，优化后变为 5.4446mm。图 4-12 为总应变能随 $r_1$、$r_2$ 变化的

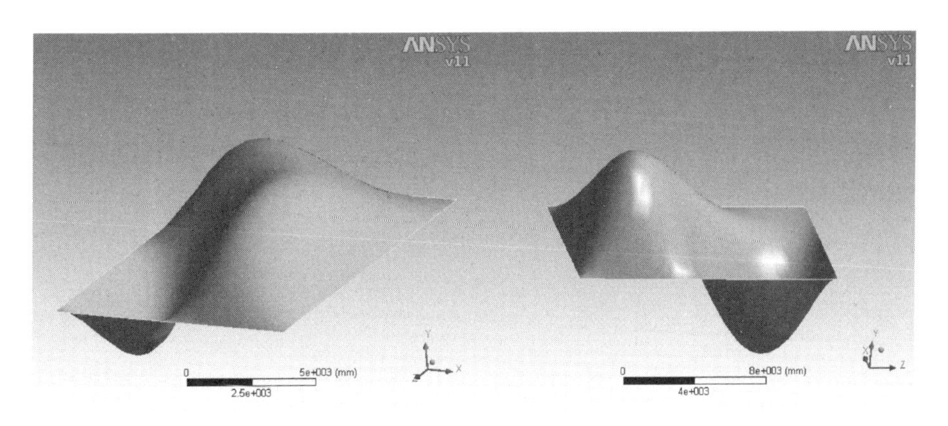


(a) 凹凸曲面优化前 (b) 凹凸曲面优化后

图 4-10 优化前后曲面形态对比

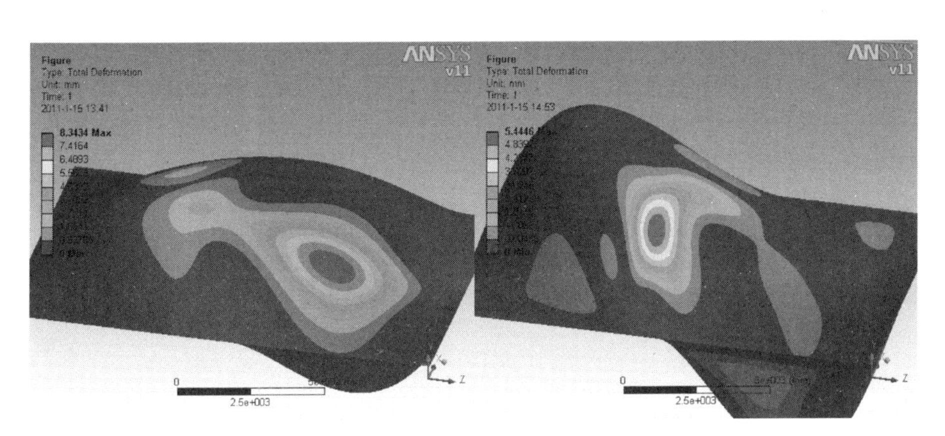


(a) 凹凸面优化前位移图 (b) 凹凸面优化后位移图

图 4-11 优化前后最大位移对比

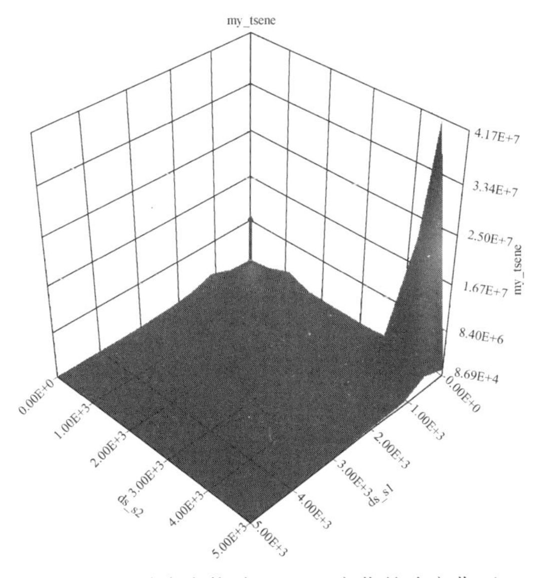


图 4-12 总应变能随 $r_1$、$r_2$ 变化的响应曲面

响应曲面，图 4-13 为总应变能随 $r_2$、$r_3$ 变化的响应曲面，图 4-14 为总应变能随 $r_1$、$r_3$ 变化的响应曲面。

多目标优化时，以曲面总应变能和总体积为目标，采用 NSGA-Ⅱ算法，经过优化后，优化后得到 $r_1=3.603$m，$r_2=0.222$m，$r_3=0.551$m。总应变能优化前为 $2.67\times10^5$MJ，优化后为 86661MJ，总体积优化前为 $3.088\times10^9$mm$^3$，优化后变为 $2.961\times10^9$mm$^3$。图 4-15 为优化前后的曲面形态的对比。图 4-16 为优化前后最大位移的对比，优化前为 8.3434mm，优化后变为 2.7396mm。图 4-17 为总体积随 $r_1$、$r_3$ 变化的响应曲面，图 4-18 为总体积随 $r_2$、$r_3$ 变化的响应曲面，图 4-19 为总体积随 $r_2$、$r_3$ 变化的响应曲面。

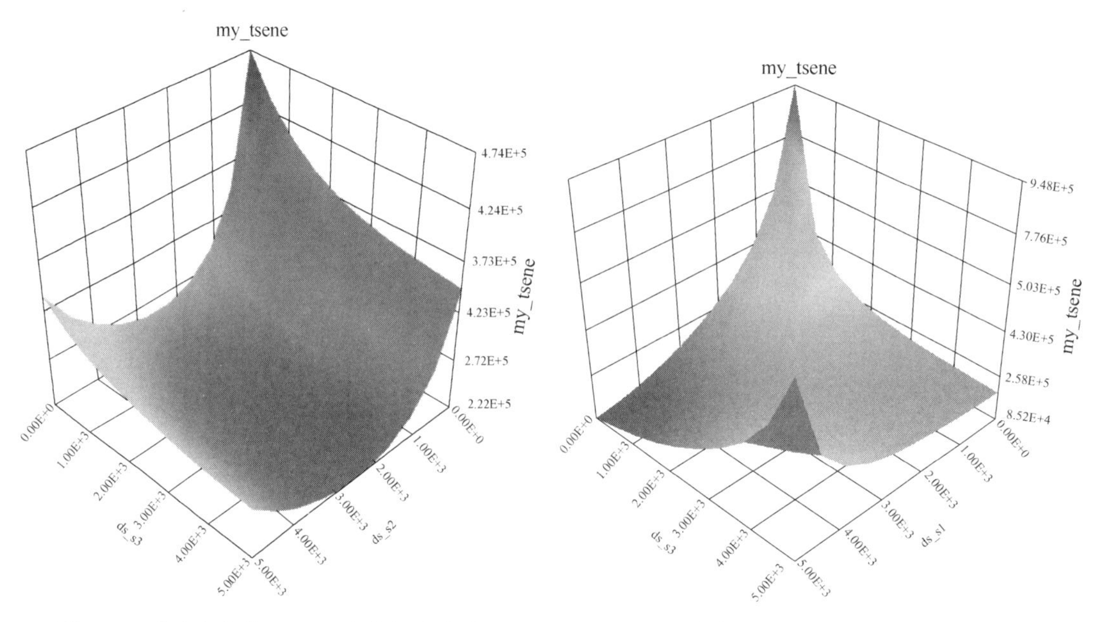


图 4-13　总应变能随 $r_2$、$r_3$ 变化的响应曲面　　图 4-14　总应变能随 $r_1$、$r_3$ 变化的响应曲面

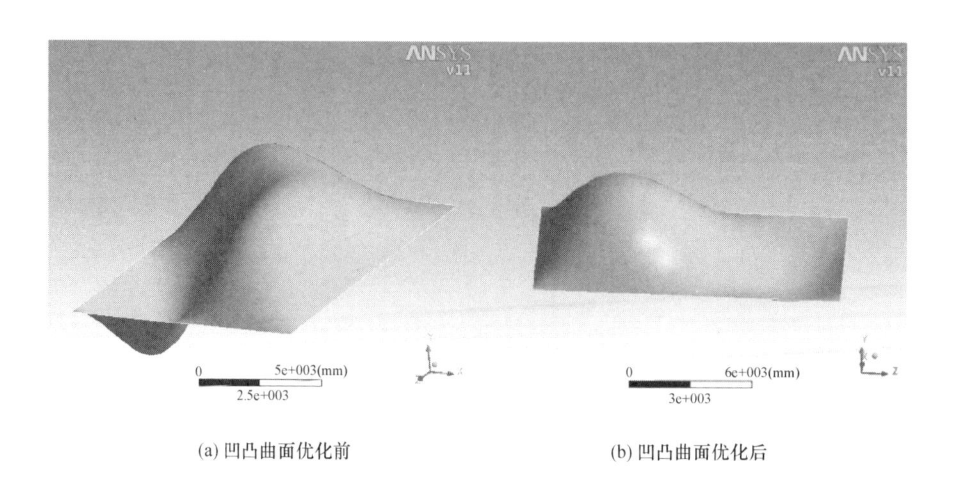


(a) 凹凸曲面优化前　　(b) 凹凸曲面优化后

图 4-15　多目标优化前后曲面形态对比

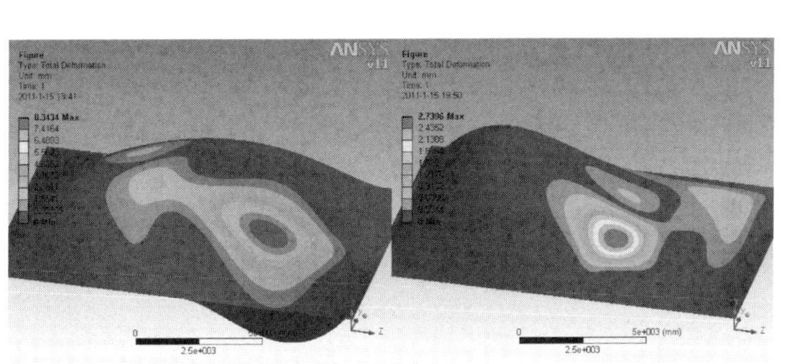

(a) 优化前位移图　　(b) 优化后位移图

图 4-16　凹凸面多目标优化前后最大位移对比

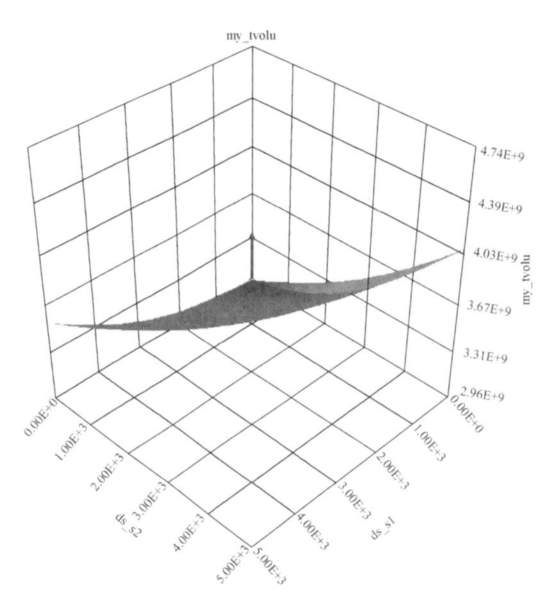


图 4-17　总体积随 $r_1$、$r_3$ 变化的响应曲面

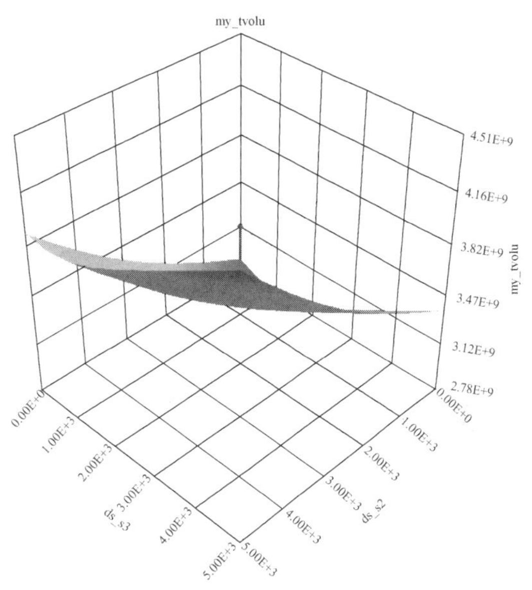


图 4-18　总体积随 $r_2$、$r_3$ 变化的响应曲面

采用基于响应曲面的凹凸曲面的优化结果与基于灵敏度的凹凸曲面的优化结果的趋势基本一致，即随着最凹点和最凸点的高度不断增大，曲面“变刚”。此外，单目标和多目标的优化结果对比后发现，单目标优化后的曲面总应变能比多目标优化后的总应变能要大，表明此时采用NLPQL算法优化时陷入了一个局部最小点——这恰恰是数学规划法的一个缺点，而采用智能优化算法能够比较容易地收敛于全局最优点。

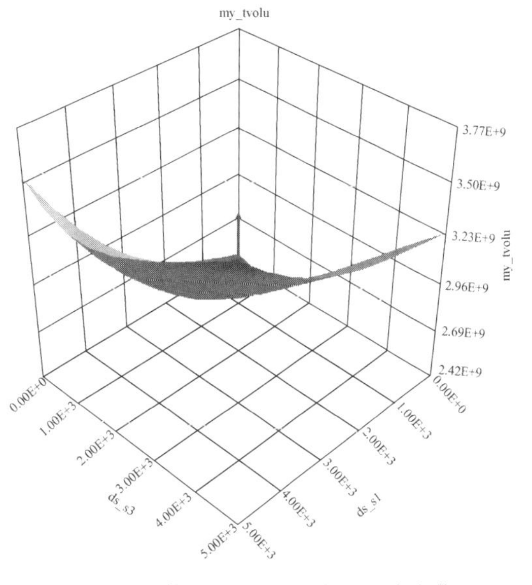


图 4-19　总体积随 $r_2$、$r_3$ 变化的响应曲面

#### 4.5.2.3　算例 3

以第 3 章中的图 3-5 作为初始曲面，设计变量取 $C_2$ 和 $C_3$ 的直径 $D_2$、$D_3$，两

者的变化范围为 5～20m。目标函数取为曲面的总应变能，除了要求变形后曲面在 $XY$ 平面内投影保持不变外，无其他状态变量的要求。

初始值 $D_2=10\text{m}$，$D_3=15\text{m}$，弹性模量 $E=3\times10^4\text{MPa}$，泊松比 $\nu=0.2$，厚度 $h=16\text{mm}$，曲面受法向均布荷载 $q=5\text{kN/m}^2$，方向为远离阳光谷。支座条件为底部固接。采用 Shell63 单元，考虑大变形。经过优化后，优化后得到 $D_2=8.923\text{m}$，$D_3=14.412\text{m}$，总应变能优化前为 $8.749\times10^5\text{MJ}$，优化后为 $8.73\times10^5\text{MJ}$。优化后外形变化不大，这主要与设计变量的选取有关。图 4-20 为优化前后的曲面形态的对比，优化后阳光谷自由曲面较优化前“变瘦”了一些。图 4-21 为总应变能随 $D_2$、$D_3$ 变化的响应曲面。

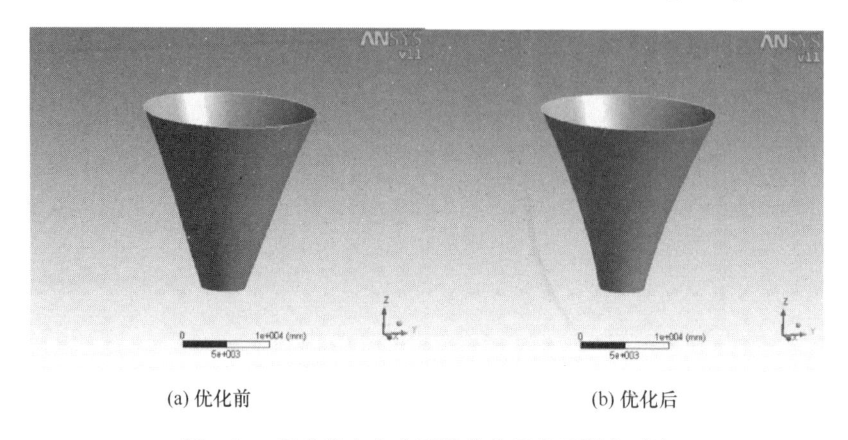


(a) 优化前　　(b) 优化后

图 4-20　阳光谷自由曲面优化前后曲面形态对比

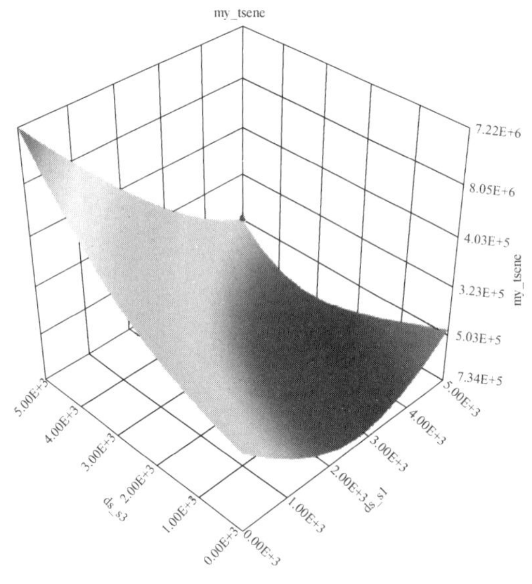


图 4-21　总应变能随 $D_2$、$D_3$ 变化的响应曲面

# 大跨空间结构形态的几何生成

## 5.1　导言

几何学与建筑学自古交织在一起，几何学在传统建筑设计与建造的完整周期中扮演着形式处理、比例尺度、审美法则、文化观念以及结构及构造处理等重要且关键的角色。欧氏几何在建筑长期的发展过程中经历了测量的建筑几何、人文的建筑几何、数学及抽象的建筑几何以及后人文的建筑几何几个阶段并发展到至臻至善。然而，伴随着复杂科学以及计算机技术的迅猛发展并融入建筑，自下而上的生成设计策略以及个性化定制的数控建造模式颠覆了以往的建筑观并随之涌现出大量复杂建筑实践。而欧氏几何之后的各种新兴几何学科，包括代数几何、微分几何、分形几何、拓扑几何以及计算几何等，不仅为新建筑形态的发生提供了合理的策略，同时又针对这些复杂形态在建造过程中的分析及优化给予了支持。建筑几何学作为一个新兴领域也应运而生。伴随着先锋建筑师的建筑设计实验和建造实践，几何学在建筑设计及建造过程中的角色正在走向复杂性与物质性。本章统计了数学中涉及的大部分曲面，涵盖了数学中大部分用直角坐标系、球坐标系、柱坐标系和复数坐标系表达的曲面。

## 5.2　二次曲面

### 5.2.1　球面与椭球面

球面方程为：

$$x^2+y^2+z^2=R^2 \tag{5-1}$$

其图形如图 5-1 所示。可以通过调整半径 $R$ 的大小，来调整球面的大小。

一般的情况就是椭球面，其方程为：

$$\frac{x^2}{a^2}+\frac{y^2}{b^2}+\frac{z^2}{c^2}=1 \tag{5-2}$$

椭球面完全包含在由平面 $x=\pm a$，$y=\pm b$，$z=\pm c$ 所围成的长方体内，$a$，$b$，$c$ 为任意正常数，分别称为椭圆的长半轴、中半轴和短半轴，通常假定 $a\geqslant b\geqslant c>0$。通过调整 $a$，$b$，$c$ 的值，来调整椭球面的形状，图 5-2 所示的是 $a=\sqrt{2}$，$b=1$，$c=1$ 的情形。

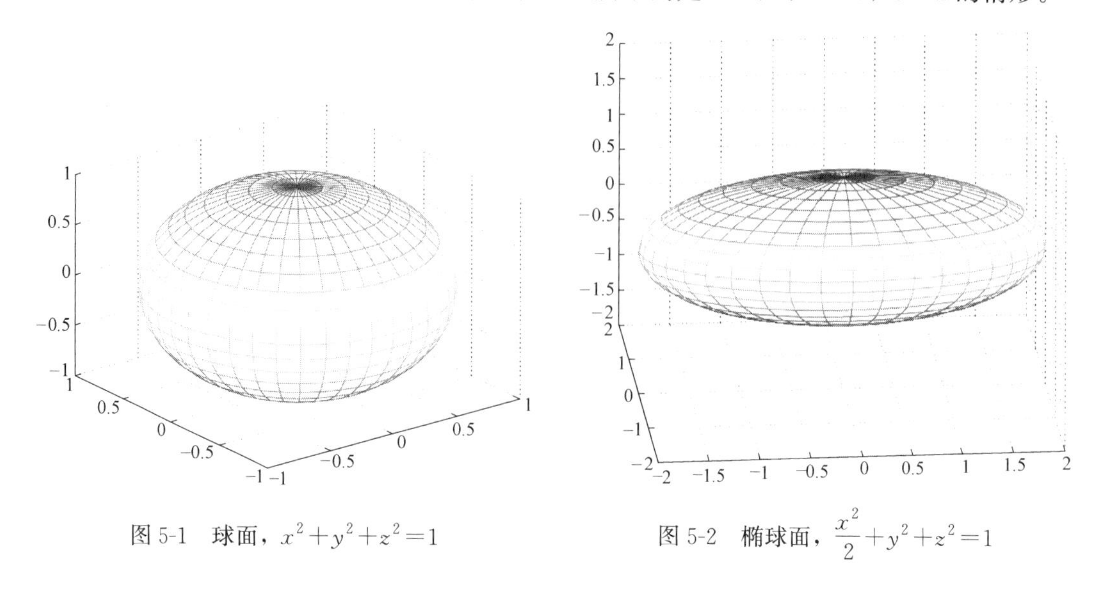


图 5-1　球面，$x^2+y^2+z^2=1$

图 5-2　椭球面，$\frac{x^2}{2}+y^2+z^2=1$

当然，对于椭球面还可以作各种旋转，图 5-3 所示的是旋转后的椭球面。

## 5.2.2　锥面

锥面方程为：

$$\frac{x^2}{a^2}+\frac{y^2}{b^2}-\frac{z^2}{c^2}=0 \tag{5-3}$$

可以通过调整 $a$，$b$，$c$ 的值，来调整锥面的图形。特别地，当 $a=b$ 为圆锥面，图 5-4 绘制的就是 $a=b=c=1$ 的圆锥面。也可以作类似于椭球面的旋转。

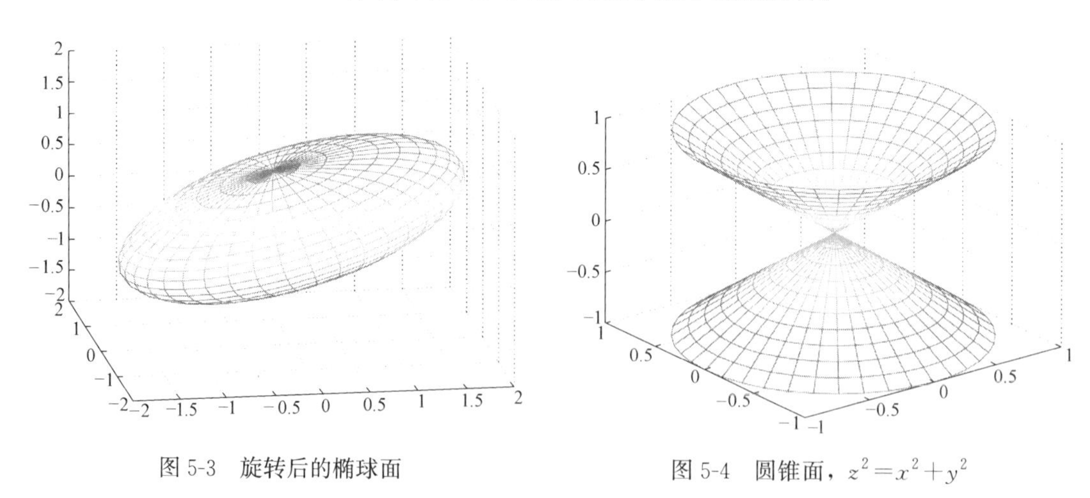


图 5-3　旋转后的椭球面

图 5-4　圆锥面，$z^2=x^2+y^2$

锥面是直纹面。事实上，圆锥面可以看成是直线绕 $Z$ 轴旋转得到的曲面。

### 5.2.3　单叶双曲面

单叶双曲面方程为：

$$\frac{x^2}{a^2}+\frac{y^2}{b^2}-\frac{z^2}{c^2}=1 \tag{5-4}$$

可以通过调整 $a$，$b$，$c$ 的值，来调整单叶双曲面的图形。特别地，当 $a=b$ 为旋转单叶双曲面，图 5-5 绘制的就是 $a=b=c=1$ 的旋转单叶双曲面。

单叶双曲面也是直纹面，也就是说它也可以由直线所得到。

### 5.2.4　双叶双曲面

双叶双曲面方程为：

$$\frac{x^2}{a^2}+\frac{y^2}{b^2}-\frac{z^2}{c^2}=-1 \tag{5-5}$$

可以通过调整 $a$，$b$，$c$ 的值，来调整双叶双曲面的图形。特别地，当 $a=b$ 为旋转双叶双曲面，图 5-6 绘制的就是 $a=b=c=1$ 的旋转双叶双曲面。

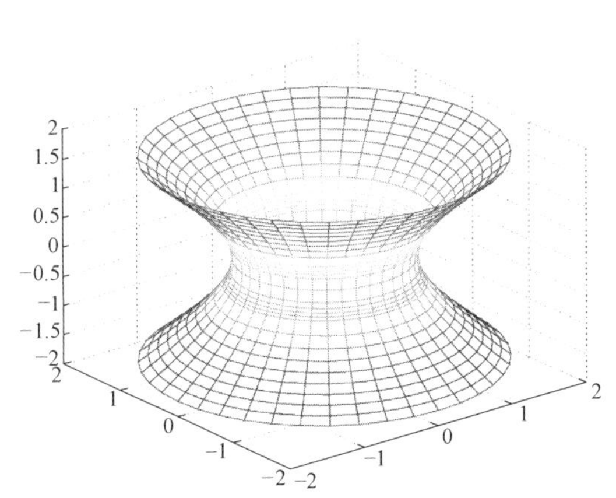


图 5-5　单叶双曲面，$x^2+y^2-z^2=1$

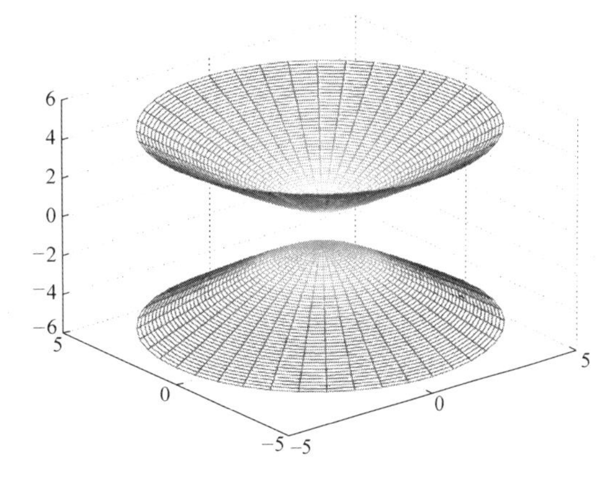


图 5-6　双叶双曲面，$x^2+y^2-z^2=-1$

### 5.2.5　椭球抛物面

椭球抛物面方程为：

$$z=\frac{x^2}{a^2}+\frac{y^2}{b^2} \tag{5-6}$$

可以通过调整 $a$，$b$ 的值，来调整椭球抛物面的图形。特别地，当 $a=b$ 为旋转抛物面，图 5-7 绘制的就是 $z=1-x^2-y^2$ 的旋转抛物面。

### 5.2.6　马鞍面

马鞍面，又称为双面抛物面，其方程为：

$$z=\frac{x^2}{a^2}-\frac{y^2}{b^2} \tag{5-7}$$

可以通过调整 $a$，$b$ 的值，来调整马鞍面的图形。图 5-8 绘制的是 $a=b=1$ 的情形。

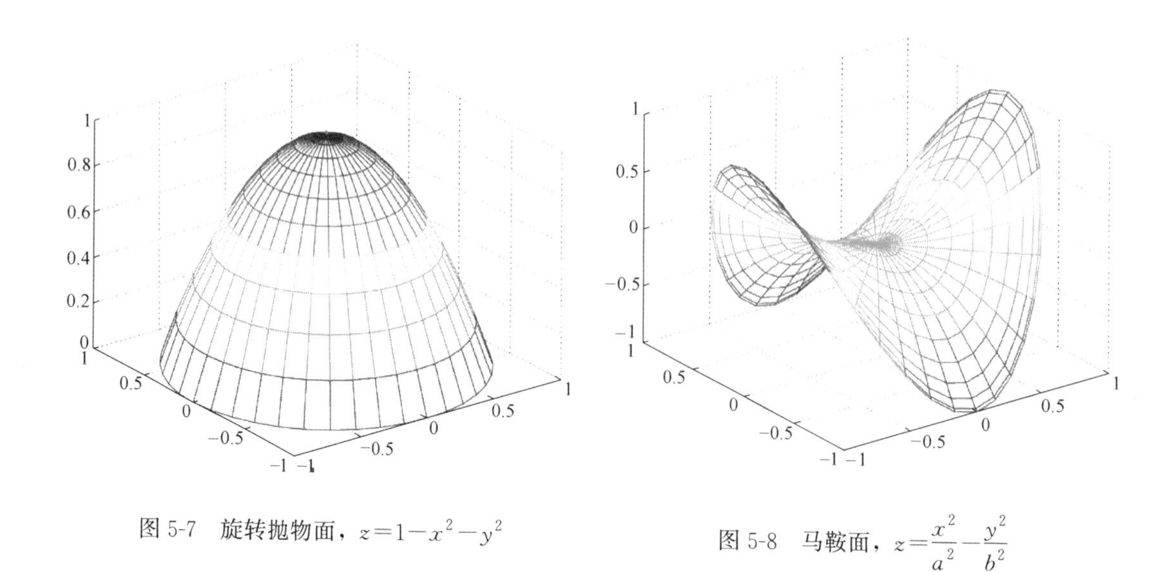

图 5-7　旋转抛物面，$z=1-x^2-y^2$

图 5-8　马鞍面，$z=\frac{x^2}{a^2}-\frac{y^2}{b^2}$

## 5.2.7　圆环

圆环可以看成是围绕 $z$ 轴旋转得到的，方程为：

$$\begin{cases} x=r\cos\theta, \\ y=r\sin\theta, \\ z=\pm\sqrt{\frac{1}{4}-(r-1)^2}, \end{cases} \quad r\in[0.5,1.5],\theta\in[0,2\pi] \tag{5-8}$$

其图形如图 5-9 所示。

可以根据需要对圆环作旋转，其图形如图 5-10 所示。

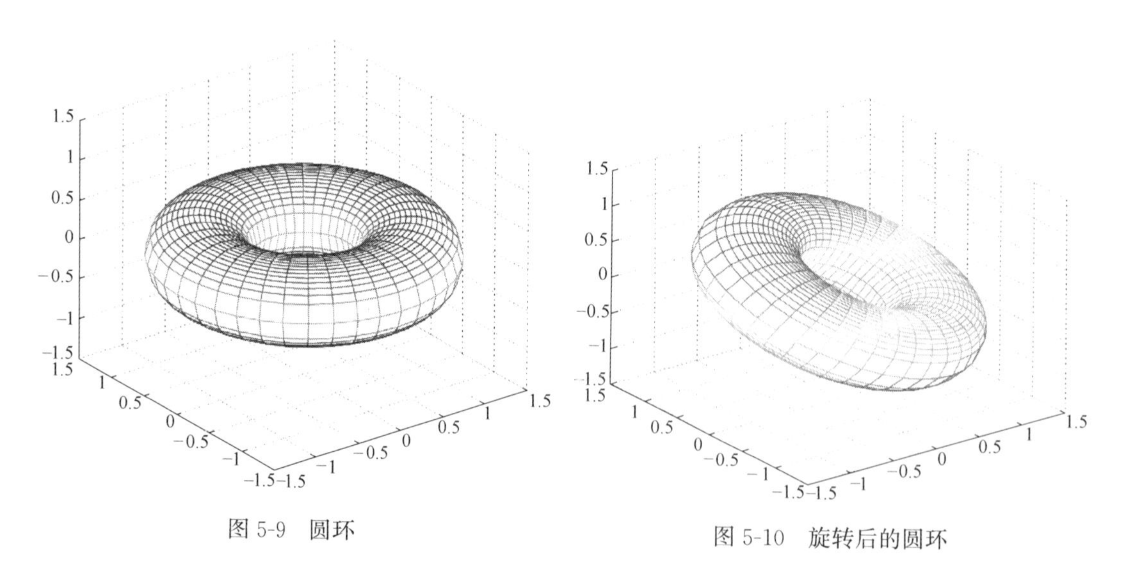

图 5-9　圆环

图 5-10　旋转后的圆环

## 5.3　直角坐标曲面

本节的曲面是由直角坐标系构造的。由方程绘出的曲面可以乘上适当的倍数作伸缩，或作适当的旋转。

### 5.3.1　三角函数曲面 1

曲面方程为：

$$z=\sin x\sin y, x\in[-\pi,\pi], y\in[-\pi,\pi] \tag{5-9}$$

其图形如图 5-11 所示。如果自变量的区间再长一些，这样的凸包和小凹会更多，有点像装鸡蛋的盒子，其图形如图 5-12 所示。

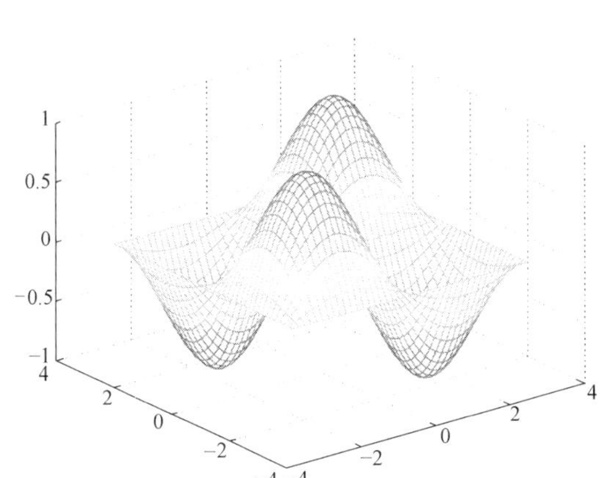

图 5-11　$z=\sin x\sin y$，$x\in[-\pi, \pi]$，$y\in[-\pi, \pi]$

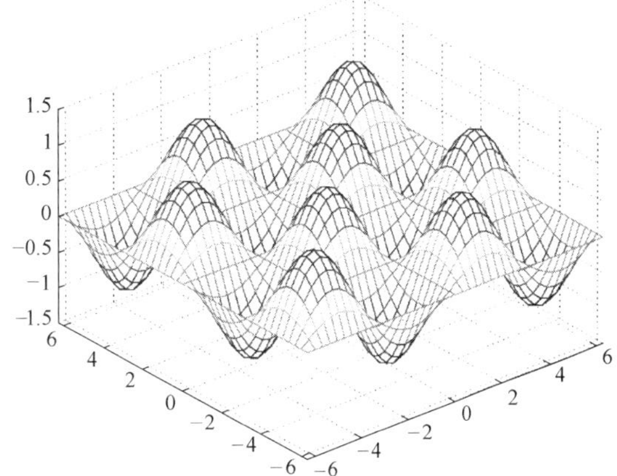

图 5-12　$z=\sin x\sin y$，$x\in[-2\pi, 2\pi]$，$y\in[-2\pi, 2\pi]$

### 5.3.2　三角函数曲面 2

曲面方程为：

$$z=\frac{\sin\sqrt{x^2+y^2}}{\sqrt{x^2+y^2}}, x\in[-7.5,7.5], y\in[-7.5,7.5] \tag{5-10}$$

其图形如图 5-13 所示，这是 MATLAB 的典型曲面之一。

### 5.3.3　正态曲面 1

曲面方程为：

$$z=\exp\left[-\frac{1}{2}(x^2+y^2)\right], x\in[-3,3], y\in[-3,3] \tag{5-11}$$

其图形如图 5-14 所示。

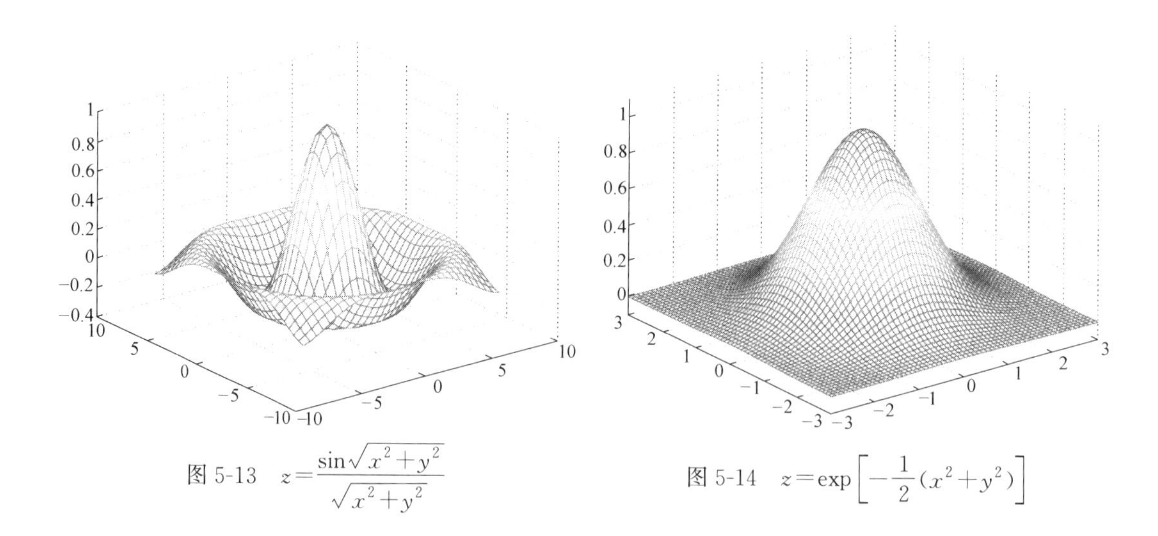


图 5-13　$z=\frac{\sin\sqrt{x^2+y^2}}{\sqrt{x^2+y^2}}$

图 5-14　$z=\exp\left[-\frac{1}{2}(x^2+y^2)\right]$

## 5.3.4　Peaks 曲面

曲面方程为：

$$z=3(1-x)^2\exp[-x^2-(y+1)^2]-10(0.2x-x^3-y^5)\exp(-x^2-y^2)$$
$$-\frac{1}{3}\exp[-(x+1)^2-y^2],x\in[-3,3],y\in[-3,3] \tag{5-12}$$

其图形如图 5-15 所示，这是 MATLAB 典型曲面之一。

## 5.3.5　三角函数曲面 3

曲面方程为：

$$z=\sin(y-x^2-1)+\cos(2y^2-x),x\in[-2,2],y\in[-2,2] \tag{5-13}$$

其图形如图 5-16 所示。

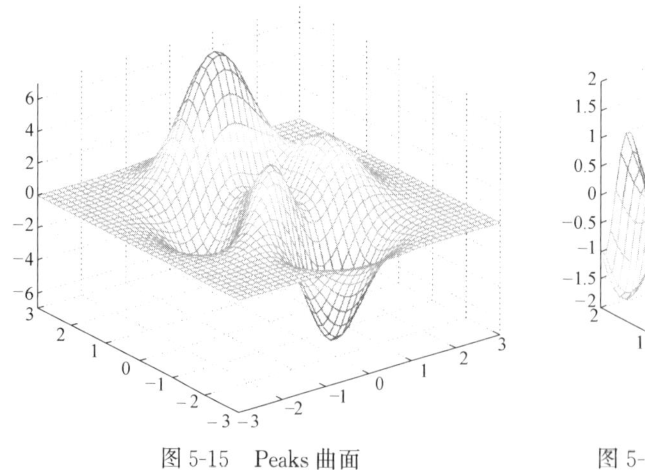


图 5-15　Peaks 曲面

图 5-16　$z=\sin(y-x^2-1)+\cos(2y^2-x)$

## 5.3.6　三角函数曲面 4

曲面方程为：

$$z=y+\sin\left(x^2y-\frac{1}{x+10^{-5}}\right),x\in[-\pi,\pi],y\in[-\pi,\pi] \quad (5\text{-}14)$$

其图形如图 5-17 所示。

### 5.3.7　猴鞍面

曲面方程为：

$$z=x^3-3xy^2,x\in[-1,1],y\in[-1,1] \quad (5\text{-}15)$$

其图形如图 5-18 所示。

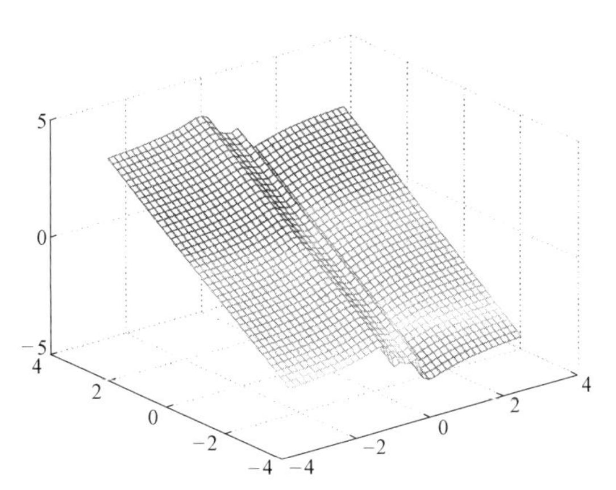

图 5-17　$z=y+\sin\left(x^2y-\frac{1}{x+10^{-5}}\right)$

### 5.3.8　两抛物面的交面

曲面方程为抛物面：

$$z=x^2+y^2,x\in[-3,3],y\in[-3,3] \quad (5\text{-}16)$$

与抛物面：

$$z=15-x^2-y^2,x\in[-3,3],y\in[-3,3] \quad (5\text{-}17)$$

的交面，其图形如图 5-19 所示。

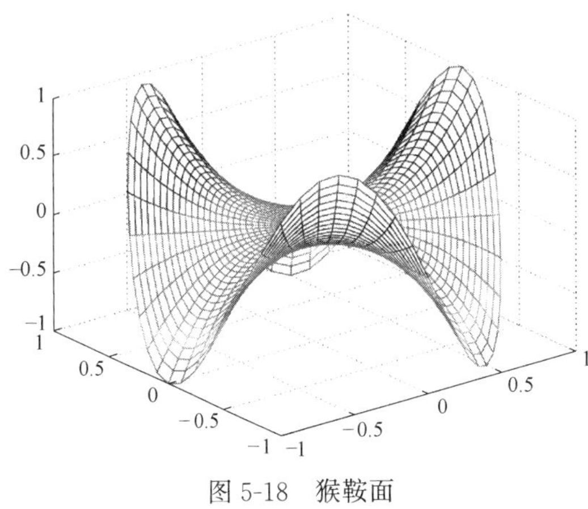

图 5-18　猴鞍面

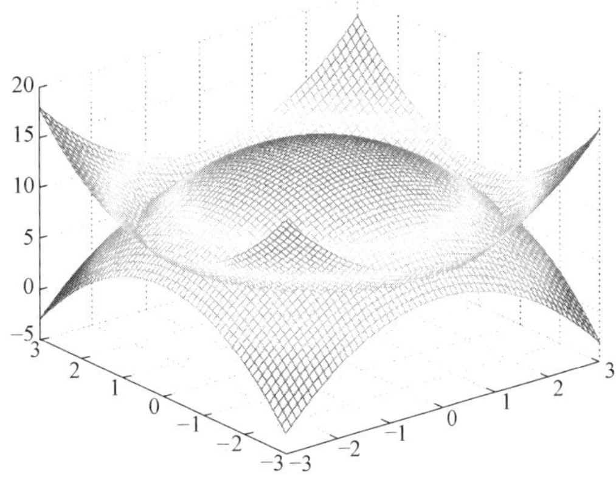

图 5-19　两抛物面的交面

### 5.3.9　曲面 1

曲面方程为：

$$z=(x^2+y^2)\exp(1-x^2-y^2),x\in[-2,2],y\in[-2,2] \quad (5\text{-}18)$$

其图形如图 5-20 所示。

### 5.3.10　三角函数曲面 5

曲面方程为：

$$z=\sin x\cos(2y),x\in[-3,3],y\in[-2,2] \quad (5\text{-}19)$$

其图形如图 5-21 所示。

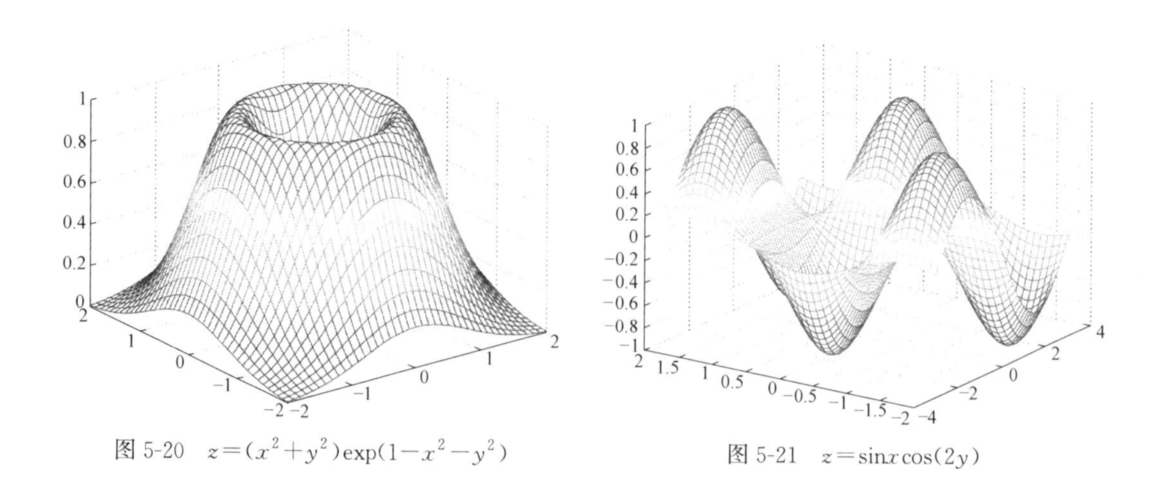


图 5-20　$z=(x^2+y^2)\exp(1-x^2-y^2)$　　图 5-21　$z=\sin x\cos(2y)$

## 5.4　球坐标曲面

本节的曲面是由球坐标系构造的，这里的主要变化在于球坐标的半径 $r$。

### 5.4.1　球面方程曲面 1

曲面的参数方程为：

$$\begin{cases} r=\sin(2\phi), \\ x=r\cos\phi\cos\theta, \\ y=r\cos\phi\sin\theta, \\ z=r\sin\phi, \end{cases} \phi\in\left[0,\frac{\pi}{2}\right],\theta\in\left[0,\frac{\pi}{2}\right] \tag{5-20}$$

其图形如图 5-22 所示。

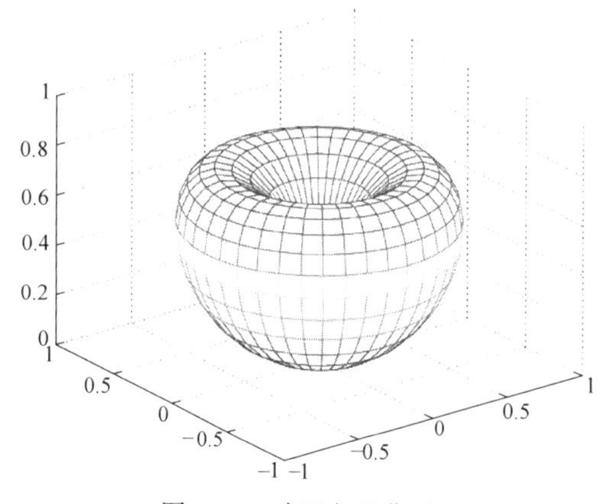


图 5-22　球面方程曲面 1

### 5.4.2　球面方程曲面 2

曲面的参数方程为：

$$\begin{cases} r=\sin(3\phi), \\ x=r\cos\phi\cos\theta, \\ y=r\cos\phi\sin\theta, \\ z=r\sin\phi, \end{cases} \phi\in\left[0,\frac{\pi}{3}\right],\theta\in[0,2\pi] \tag{5-21}$$

其图形如图 5-23 所示。

### 5.4.3　球面方程曲面 3

曲面的参数方程为：

$$\begin{cases} r=\phi, \\ x=r\cos\phi\cos\theta, \\ y=r\cos\phi\sin\theta, \\ z=r\sin\phi, \end{cases} \phi\in[-\pi,2\pi],\theta\in[0,2\pi] \tag{5-22}$$

其图形如图 5-24 所示。

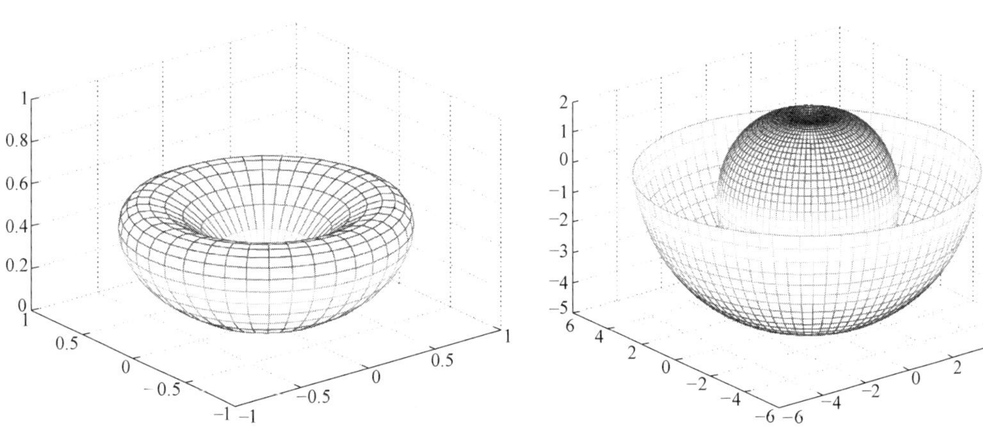


图 5-23　球面方程曲面 2　　　　图 5-24　球面方程曲面 3

## 5.4.4　球面方程曲面 4

曲面的参数方程为：

$$\begin{cases} r=\phi, \\ x=r\cos\phi\cos\theta, \\ y=r\cos\phi\sin\theta, \\ z=1-r\sin\phi, \end{cases} \phi\in\left[0,\frac{2\pi}{3}\right],\theta\in[0,2\pi] \tag{5-23}$$

其图形如图 5-25 所示。

## 5.4.5　球面方程曲面 5

曲面的参数方程为：

$$\begin{cases} r=\dfrac{4\cos\phi+\cos(3\phi)}{\cos\phi}, \\ x=r\cos\phi\cos\theta, \\ y=r\cos\phi\sin\theta, \\ z=r\cos\phi, \end{cases} \phi\in[0,2\pi],\theta\in[0,\pi] \tag{5-24}$$

其图形如图 5-26 所示。

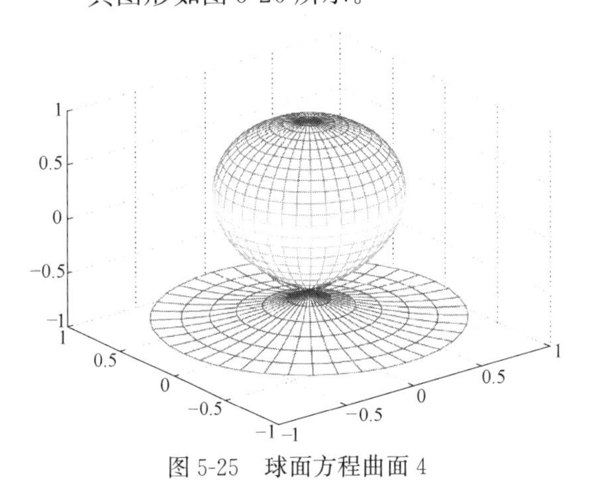


图 5-25　球面方程曲面 4

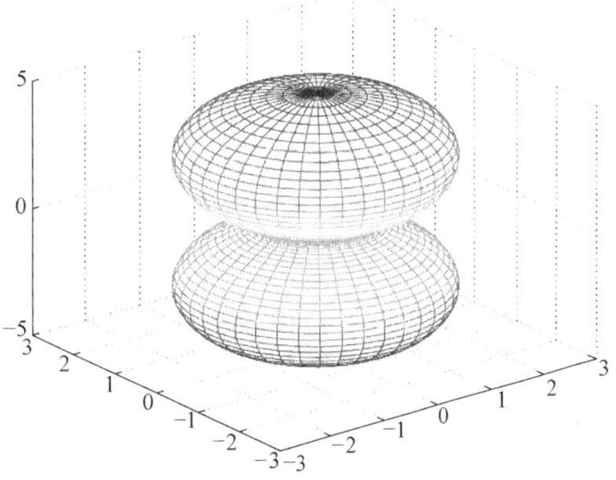

图 5-26　球面方程曲面 5

## 5.5 柱坐标曲面

本节的曲面是由柱坐标系构造的，这里的主要变化在于纵坐标 $z$。

### 5.5.1 贝壳曲面1

曲面的参数方程为：

$$\begin{cases} x=r\cos\theta, \\ y=r\sin\theta, \\ z=(1+\sin\theta)r^2, \end{cases} \quad r\in[0,1],\theta\in[0,2\pi] \tag{5-25}$$

其图形如图5-27所示。

### 5.5.2 贝壳曲面2

曲面的参数方程为：

$$\begin{cases} x=r\cos\theta, \\ y=r\sin\theta, \\ z=(1+\cos\theta)r^2, \end{cases} \quad r\in[0,1],\theta\in[0,2\pi] \tag{5-26}$$

其图形如图5-28所示。

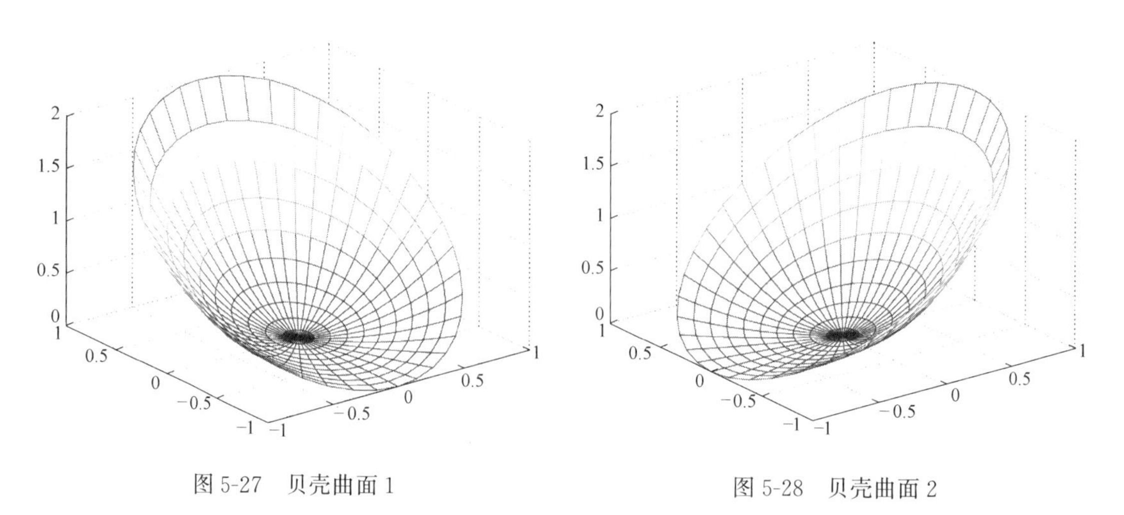


图5-27　贝壳曲面1　　图5-28　贝壳曲面2

### 5.5.3 圆盘1

曲面的参数方程为：

$$\begin{cases} x=r\cos\theta, \\ y=r\sin\theta, r\in[0,2\pi],\theta\in[0,2\pi] \\ z=\sin r, \end{cases} \tag{5-27}$$

其图形如图5-29所示。

### 5.5.4 圆盘 2

曲面的参数方程为：

$$\begin{cases} x = r\cos\theta, \\ y = r\sin\theta, \ r\in[0,2\pi], \theta\in[0,2\pi] \\ z = \cos r, \end{cases} \tag{5-28}$$

其图形如图 5-30 所示。

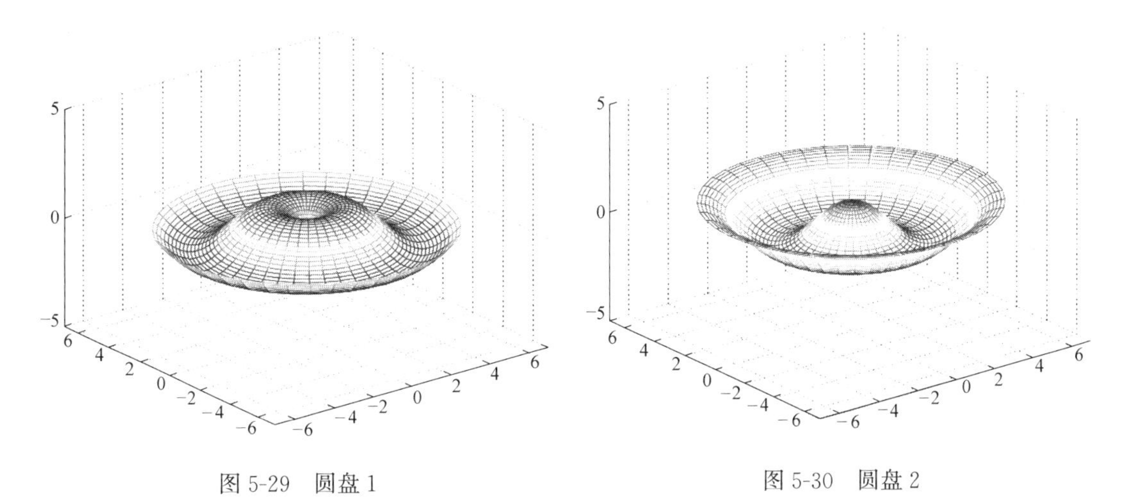


图 5-29 圆盘 1　　图 5-30 圆盘 2

### 5.5.5 双曲正切曲面

曲面的参数方程为：

$$\begin{cases} x = r\cos\theta, \\ y = r\sin\theta, \\ z = \dfrac{\tanh r}{r}, \end{cases} r\in[0,\pi], \theta\in[0,2\pi] \tag{5-29}$$

其图形如图 5-31 所示。

### 5.5.6 正态曲面 2

曲面的参数方程为：

$$\begin{cases} x = r\cos\theta, \\ y = r\sin\theta, \\ z = \exp\left(-\dfrac{1}{2}r^2\right), \end{cases} r\in[0,3], \theta\in[0,2\pi] \tag{5-30}$$

其图形如图 5-32 所示，本图形实际上与图 5-14 完全相同，只不过这里是用柱面坐标系给出的方程。

### 5.5.7 柱面方程曲面 1

曲面的参数方程为：

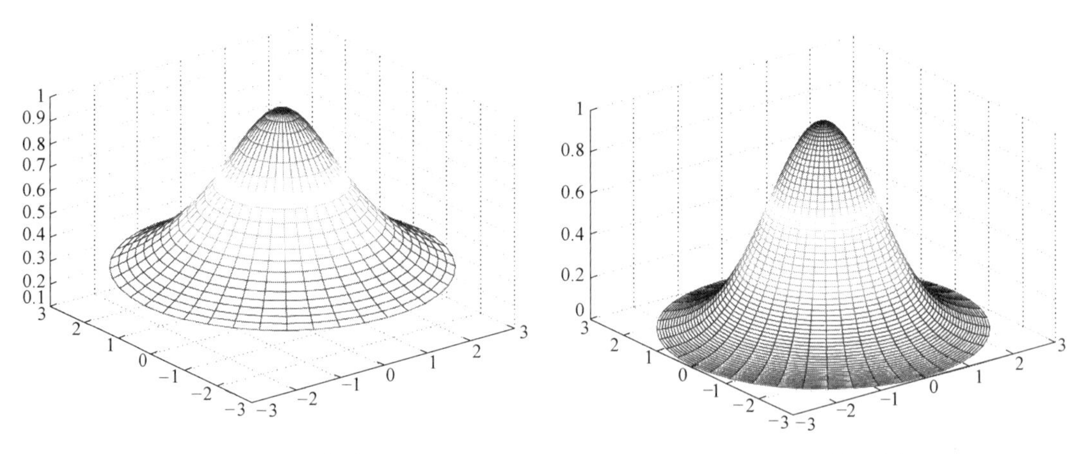


图 5-31　双曲正切曲面　　　　图 5-32　正态曲面 2

$$\begin{cases} x = r\cos\theta, \\ y = r\sin\theta, \\ z = \dfrac{1}{2} - \dfrac{1}{r} + \dfrac{1}{r^2}, \end{cases} r \in [1,5], \theta \in [0, 2\pi] \tag{5-31}$$

其图形如图 5-33 所示。

### 5.5.8　倒数柱面方程曲面

曲面的参数方程为：

$$\begin{cases} x = r\cos\theta, \\ y = r\sin\theta, \\ z = 1 - \dfrac{1}{r}, \end{cases} r \in [1,5], \theta \in [0, 2\pi] \tag{5-32}$$

其图形如图 5-34 所示。

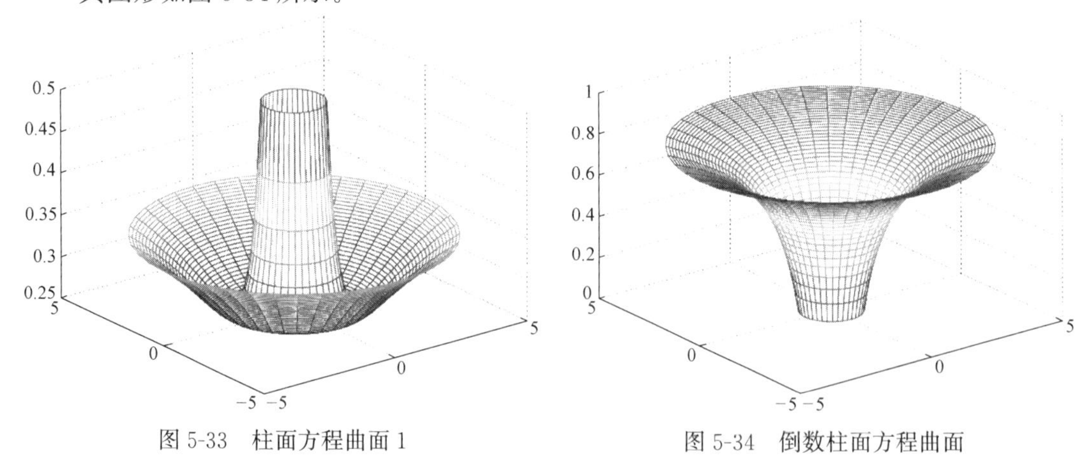


图 5-33　柱面方程曲面 1　　　　图 5-34　倒数柱面方程曲面

### 5.5.9　柱面方程曲面 2

曲面的参数方程为：

$$\begin{cases}x=r\cos\theta,\\ y=r\sin\theta, \qquad r\in[0,1],\theta\in[0,2\pi]\\ z=x^2-|y|,\end{cases} \tag{5-33}$$

其图形如图 5-35 所示。

### 5.5.10　柱面方程曲面 3

曲面的参数方程为：

$$\begin{cases}x=r\cos\theta,\\ y=r\sin\theta, \qquad r\in[0,1],\theta\in[0,2\pi]\\ z=x^3-3xy^2,\end{cases} \tag{5-34}$$

其图形如图 5-36 所示。

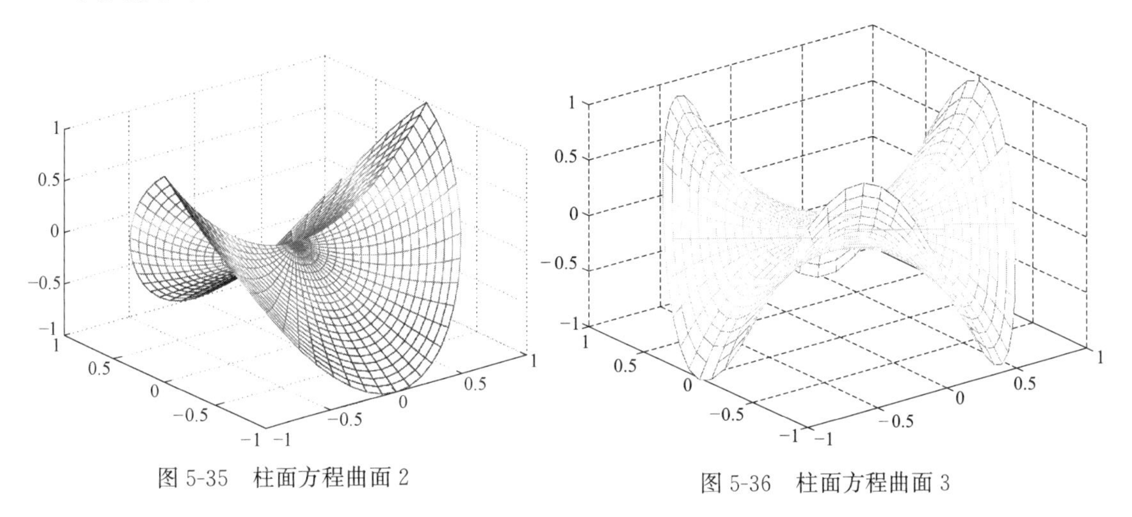


图 5-35　柱面方程曲面 2　　图 5-36　柱面方程曲面 3

### 5.5.11　柱面方程曲面 4

曲面的参数方程为：

$$\begin{cases}x=r\cos\theta,\\ y=r\sin\theta, \qquad r\in[0,1],\theta\in[0,2\pi]\\ z=x^4-6x^2y^2+y^4,\end{cases} \tag{5-35}$$

其图形如图 5-37 所示。

### 5.5.12　柱面方程曲面 5

曲面的参数方程为：

$$\begin{cases}x=0.1\cosh t\cos\theta,\\ y=0.1\cosh t\sin\theta,\ t\in[-3.5,3.5],\theta\in[0,2\pi]\\ z=t,\end{cases} \tag{5-36}$$

其图形如图 5-38 所示。

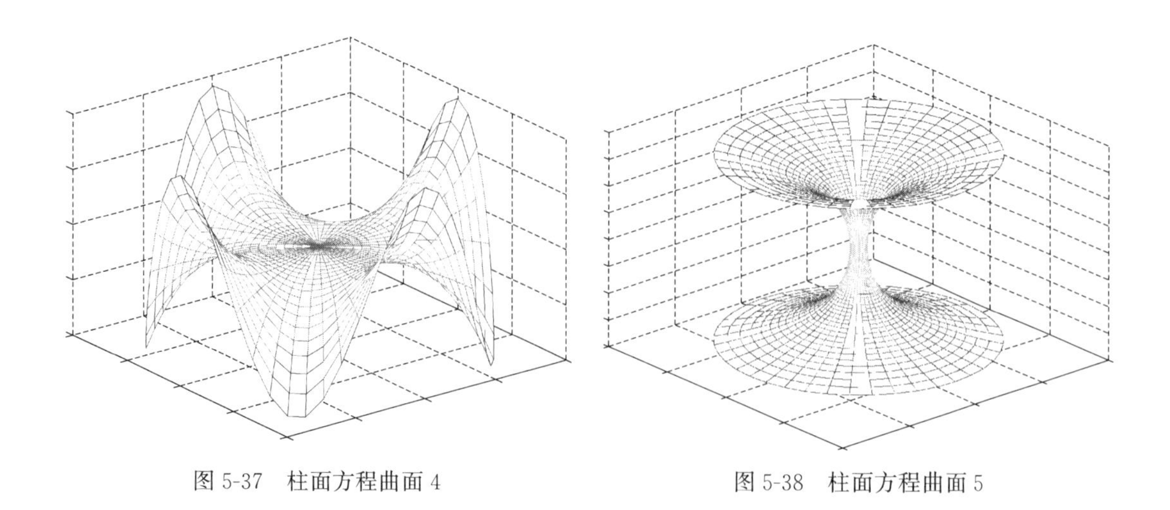

图 5-37 柱面方程曲面 4　　图 5-38 柱面方程曲面 5

## 5.6 参数方程曲面

本节的曲面由参数方程构造。

### 5.6.1 参数方程曲面 1

曲面的参数方程为：

$$\begin{cases} x=\sin(2\phi)\sin\theta, \\ y=\sin(2\phi)\cos\theta, \phi\in\left[-\frac{\pi}{2},\frac{\pi}{2}\right], \theta\in[0,2\pi] \\ z=\sin\phi, \end{cases} \quad (5\text{-}37)$$

其图形如图 5-39 所示。

### 5.6.2 Mobius 带

曲面的参数方程为：

$$\begin{cases} x=(2-t)\sin\left(\frac{\pi}{4}+\frac{\theta}{2}\right)\cos\theta, \\ y=(2-t)\sin\left(\frac{\pi}{4}+\frac{\theta}{2}\right)\sin\theta, \theta\in[0,2\pi], t\in[-1,1] \\ z=t\cos\left(\frac{\pi}{4}+\frac{\theta}{2}\right), \end{cases} \quad (5\text{-}38)$$

其图形如图 5-40 所示。

### 5.6.3 参数方程曲面 2

曲面的参数方程为：

$$\begin{cases} x=u, \\ y=uv, \quad u\in[-2,2], v\in[-2,2] \\ z=u^2-v^2, \end{cases} \quad (5\text{-}39)$$

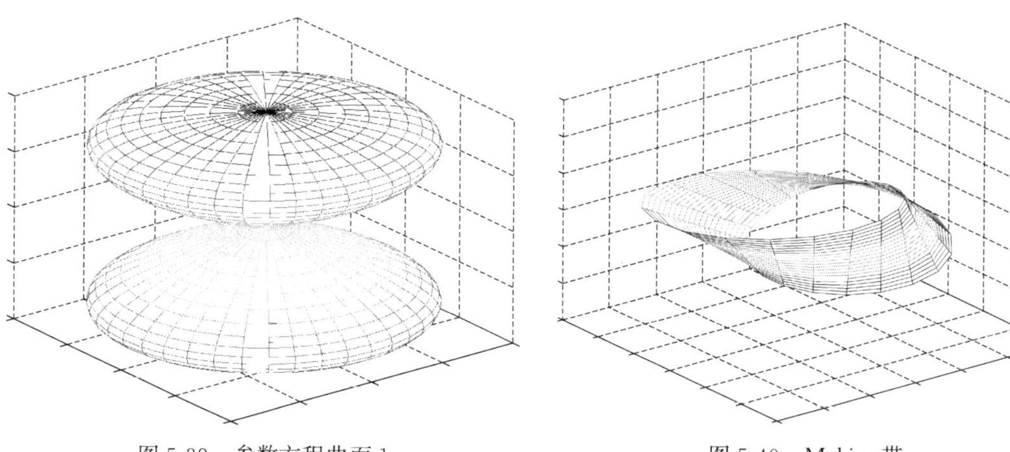

图 5-39 参数方程曲面 1　　图 5-40 Mobius 带

其图形如图 5-41 所示。

### 5.6.4 参数方程曲面 3

曲面的参数方程为：

$$\begin{cases} x=\left[\sin\left(\phi-\dfrac{\pi}{2}\right)+3\right]\cos\theta, \\ y=\left[\sin\left(\phi-\dfrac{\pi}{2}\right)+3\right]\sin\theta, \\ z=\phi, \end{cases} \phi\in\left[-\dfrac{\pi}{3},2\pi\right],\theta\in[0,2\pi] \tag{5-40}$$

其图形如图 5-42 所示。

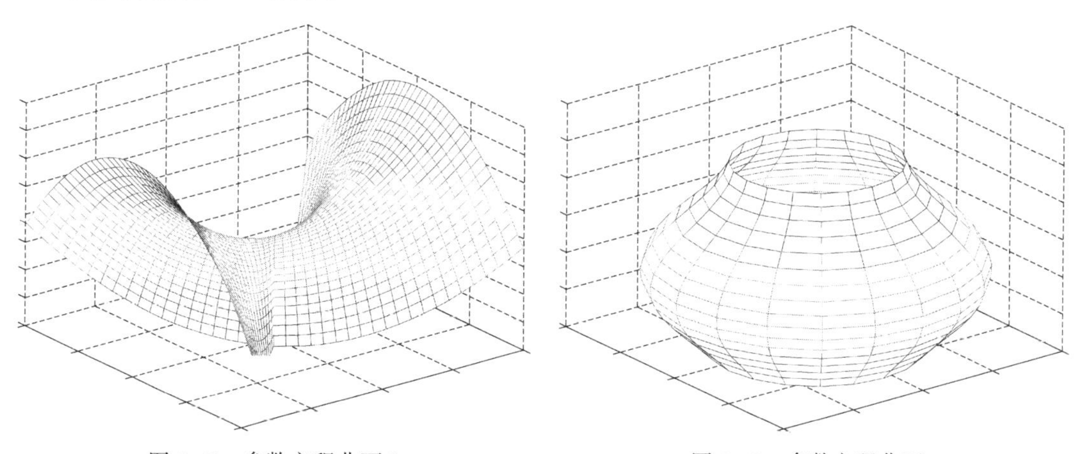

图 5-41 参数方程曲面 2　　图 5-42 参数方程曲面 3

### 5.6.5 参数方程曲面 4

曲面的参数方程为：

$$\begin{cases} x=\theta, \\ y=t, \\ z=\sin\theta+t\cos\theta, \end{cases} \theta\in[0,4\pi],t\in[-2,2] \tag{5-41}$$

其图形如图 5-43 所示。

### 5.6.6 参数方程曲面 5

曲面的参数方程为：

$$\begin{cases} x=\theta, \\ y=t\sin\theta, \\ z=\sin\theta+t\cos\theta, \end{cases} \quad \theta\in[0,4\pi], t\in[-2,2] \tag{5-42}$$

其图形如图 5-44 所示。

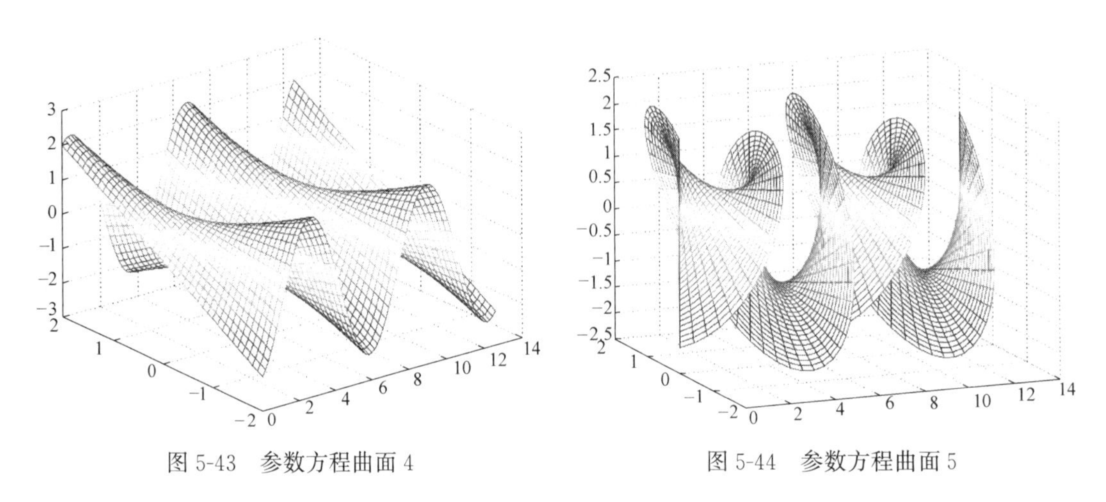


图 5-43 参数方程曲面 4　　图 5-44 参数方程曲面 5

## 5.7 螺旋曲面

本节的曲面基本上是螺旋曲面。

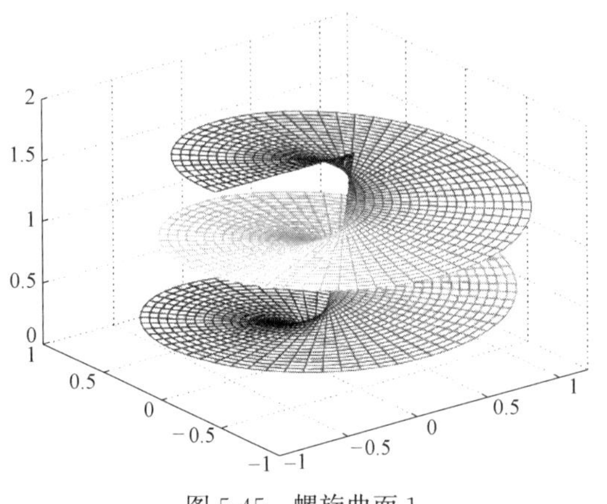


图 5-45 螺旋曲面 1

### 5.7.1 螺旋曲面 1

曲面的参数方程为：

$$\begin{cases} x=r\cos\theta+0.1\sqrt{\theta}, \\ y=r\sin\theta, \\ z=0.1\theta, \end{cases} \quad r\in[0,1], \theta\in[0,5\pi] \tag{5-43}$$

其图形如图 5-45 所示。

### 5.7.2 螺旋曲面 2

曲面的参数方程为：

$$\begin{cases} x=t\cos\theta, \\ y=t\sin\theta, \\ z=\theta, \end{cases} \quad t\in[-3,3], \theta\in[0,2\pi] \tag{5-44}$$

其图形如图 5-46 所示。

### 5.7.3　螺旋曲面 3

曲面的参数方程为：

$$\begin{cases} x=\sinh t\cos\theta, \\ y=\sinh t\sin\theta, \quad t\in[-3,3],\theta\in[0,2\pi] \\ z=\theta, \end{cases} \tag{5-45}$$

其图形如图 5-47 所示。

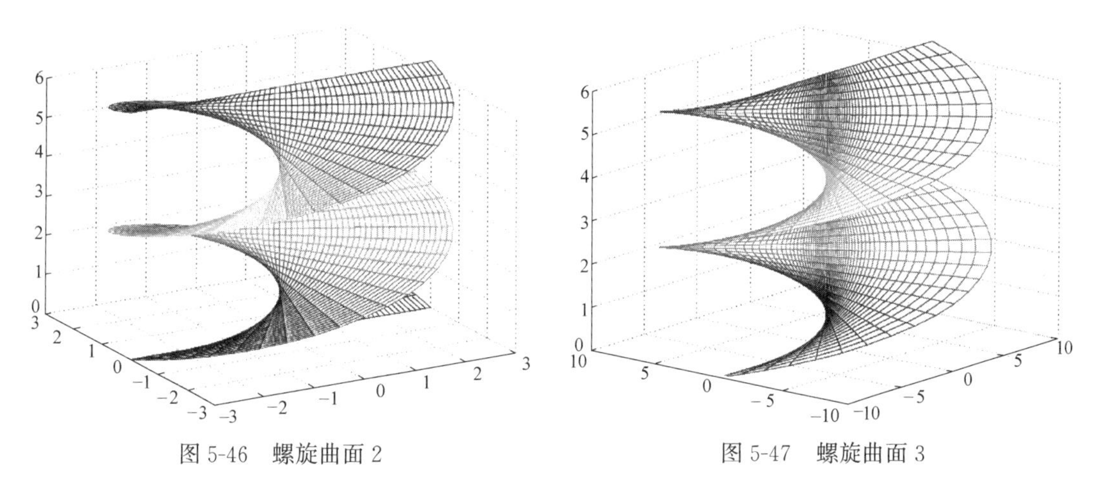


图 5-46　螺旋曲面 2　　图 5-47　螺旋曲面 3

## 5.8　旋转曲面

本节的曲面均为旋转面，是由旋转面的母线 $r=r(t)$ 绕水平轴旋转，再逆时针旋转 90°得到的。

### 5.8.1　旋转曲面 1

旋转曲面的母线为：

$$r=2+\cos^2 t, t\in[0,2\pi] \tag{5-46}$$

将其绕水平轴旋转一周，再逆时针旋转 90°，其图形如图 5-48 所示。

### 5.8.2　旋转曲面 2

旋转曲面的母线为：

$$r=\left|\exp\left(-\frac{t}{4}\right)\sin t\right|, t\in[0,3\pi] \tag{5-47}$$

将其绕坐标轴旋转得到的图形如图 5-49 所示。

### 5.8.3　旋转曲面 3

旋转曲面的母线为：

$$r=1.3^t\sin t, t\in\left[-\pi,\frac{5\pi}{2}\right] \tag{5-48}$$

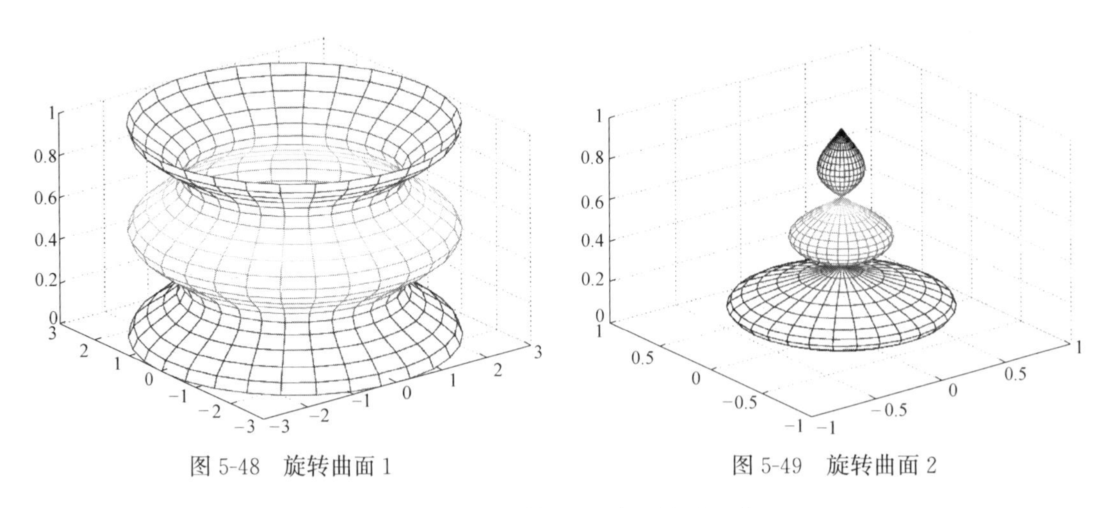


图 5-48 旋转曲面 1　　图 5-49 旋转曲面 2

将其绕坐标轴旋转得到的图形（中间做了平移和伸缩）如图 5-50 所示。

### 5.8.4 旋转曲面 4

旋转曲面的母线为：

$$r=1-\sqrt{|t-1|},t\in[0,2] \tag{5-49}$$

将其绕坐标轴旋转得到的图形（即星形线绕 $z$ 轴旋转）如图 5-51 所示。

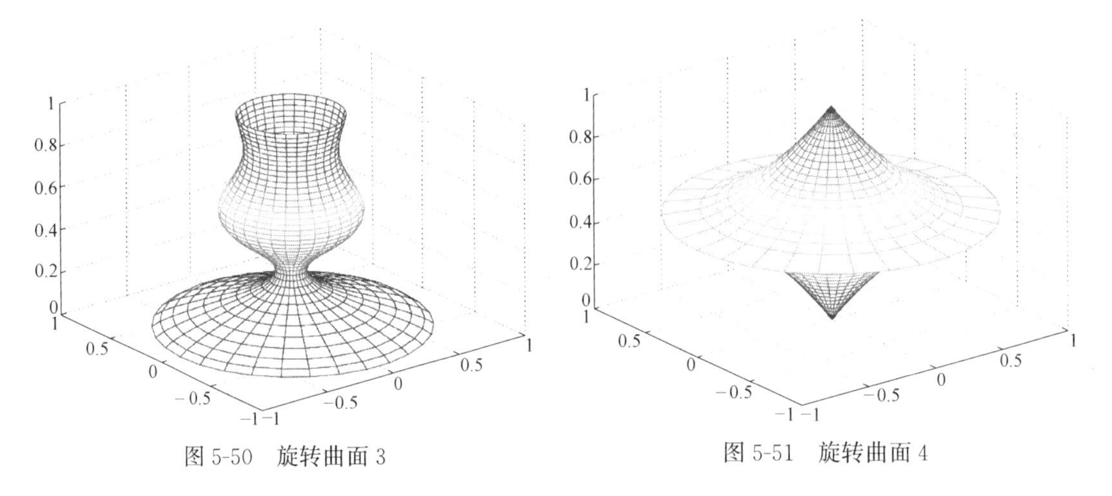


图 5-50 旋转曲面 3　　图 5-51 旋转曲面 4

## 5.9 复函数作图

本节的曲面是由复数 $f(z)$ 取实部得到的。

### 5.9.1 二次函数—马鞍面

曲面复数方程为：

$$f=z^2,z=x+iy,x\in[-1,1],\ y\in[-1,1] \tag{5-50}$$

其图形如图 5-52 所示。$z^2$ 的实部为 $x^2-y^2$，因此，它与图 5-8 完全相同。

如果需要调整马鞍面的形状，可令 $z=\frac{x}{a}+i\frac{y}{b}$，通过调整 $a$ 和 $b$ 的值来完成。

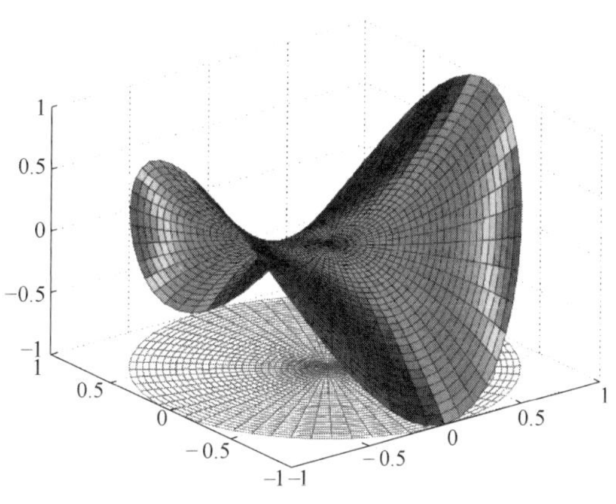

图 5-52　二次函数—马鞍面

### 5.9.2　三次函数

曲面复数方程为：

$$f=z^3, z=x+iy, x\in[-1,1], y\in[-1,1] \tag{5-51}$$

其图形如图 5-53 所示。$z^3$ 的实部为 $x^3-y^3$，因此，它与图 5-36 完全相同。

如果需要调整马鞍面的形状，可令 $z=\frac{x}{a}+i\frac{y}{b}$，通过调整 $a$ 和 $b$ 的值来完成。

### 5.9.3　四次函数

曲面复数方程为：

$$f=z^4, z=x+iy, x\in[-1,1], y\in[-1,1] \tag{5-52}$$

其图形如图 5-54 所示。$z^4$ 的实部为 $x^4-6x^2y^2+y^4$，因此，它与图 5-37 完全相同。

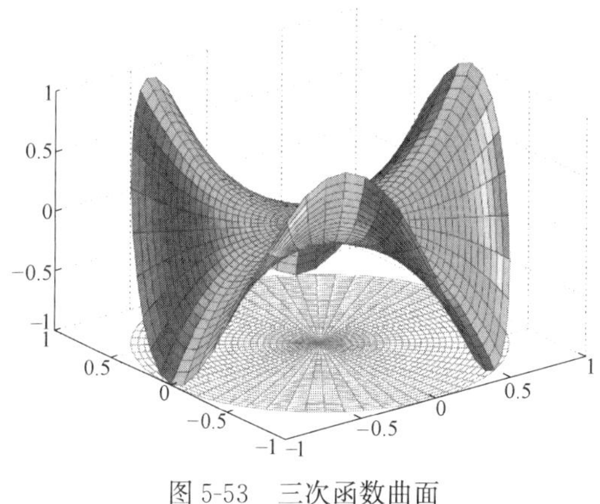

图 5-53　三次函数曲面

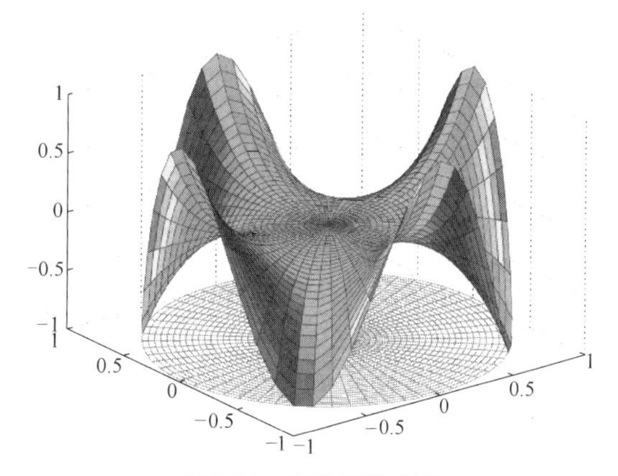

图 5-54　四次函数曲面

如果需要调整马鞍面的形状，可令 $z=\frac{x}{a}+i\frac{y}{b}$，通过调整 $a$ 和 $b$ 的值来完成。当然，还可以画出更高阶的情形。

### 5.9.4　倒数函数

曲面复数方程为：

$$f=\frac{1}{z}, z=x+iy, x\in[-1,1], y\in[-1,1] \tag{5-53}$$

其图形如图 5-55 所示。

### 5.9.5 Riemann 曲面（$n$=2）

Riemann 曲面是方程：

$$z^n=0 \tag{5-54}$$

解的实部，这里取 $n=2$，其中 $z=x+iy$，$x\in[-1, 1]$，$y\in[-1, 1]$，其图形如图 5-56 所示。

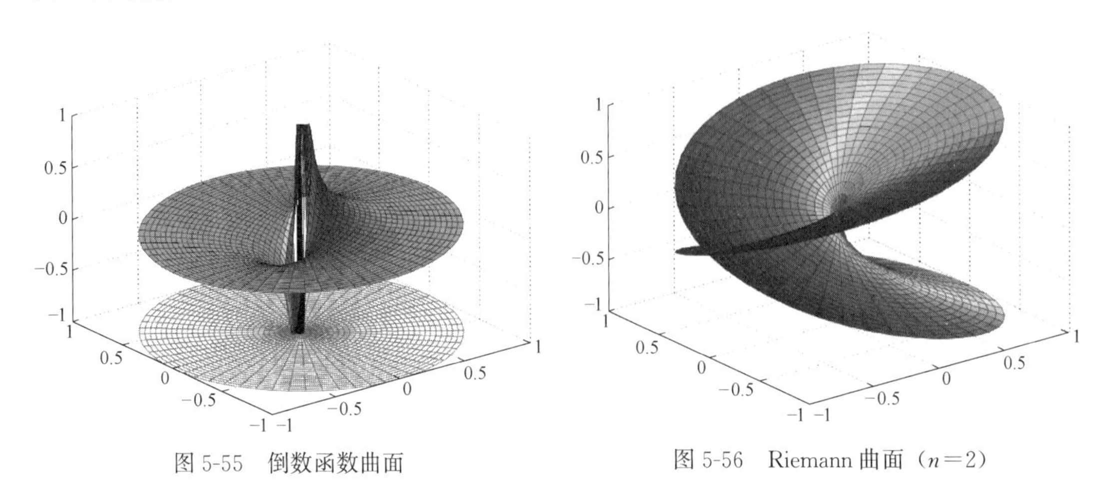

图 5-55　倒数函数曲面

图 5-56　Riemann 曲面（$n=2$）

### 5.9.6 Riemann 曲面（$n$=3）

复数方程 $z^3=0$ 解的实部，其中 $z=x+iy$，$x\in[-1, 1]$，$y\in[-1, 1]$，其图形如图 5-57 所示。

还可以取 $n=4$，5，6，…，图形略。

### 5.9.7 复数函数曲面 1

曲面的复数方程为：

$$f=\sqrt{z^2-1}, z=x+iy, x\in[-1,1], y\in[-1,1] \tag{5-55}$$

其图形如图 5-58 所示。

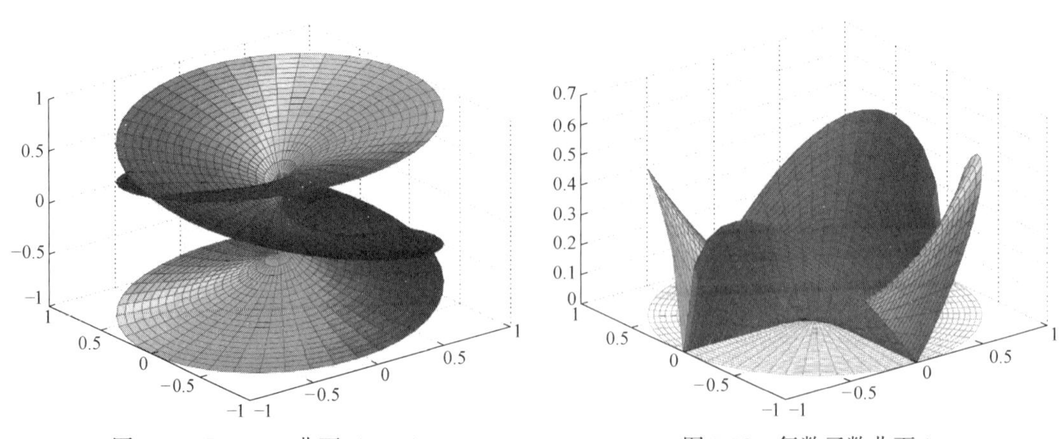

图 5-57　Riemann 曲面（$n=3$）

图 5-58　复数函数曲面 1

### 5.9.8 复数函数曲面 2

曲面的复数方程为：

$$f=\sqrt[4]{z^4-1},z=x+iy,x\in[-1,1],y\in[-1,1] \tag{5-56}$$

其图形如图 5-59 所示。

### 5.9.9 复数函数曲面 3

曲面的复数方程为：

$$f=\sqrt[3]{z^2-1},z=x+iy,x\in[-1,1],\ y\in[-1,1] \tag{5-57}$$

其图形如图 5-60 所示。

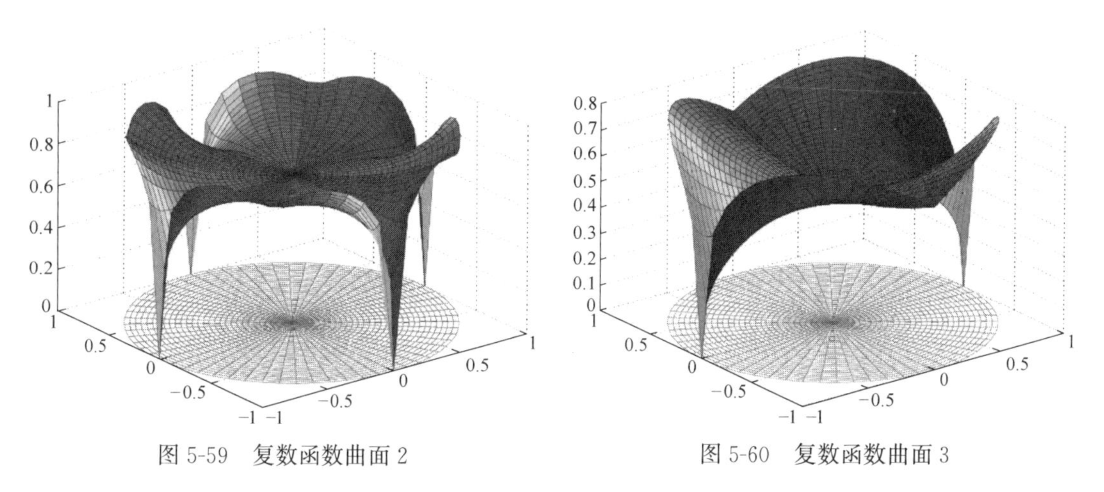


图 5-59 复数函数曲面 2　　图 5-60 复数函数曲面 3

### 5.9.10 复数函数曲面 4—反正切曲面

曲面的复数方程为：

$$f=\arctan(z^2),z=x+iy,x\in[-1,1],y\in[-1,1] \tag{5-58}$$

其图形如图 5-61 所示。

### 5.9.11 复数函数曲面 5—反正弦曲面

曲面的复数方程为：

$$f=\arcsin(z^2),z=x+iy,\ x\in[-1,1],\ y\in[-1,1] \tag{5-59}$$

其图形如图 5-62 所示。

### 5.9.12 复数函数曲面 6

曲面的复数方程为：

$$f=|\sec z|,z=x+iy,\ x\in[-3,3],\ y\in[-3,3] \tag{5-60}$$

其图形如图 5-63 所示。

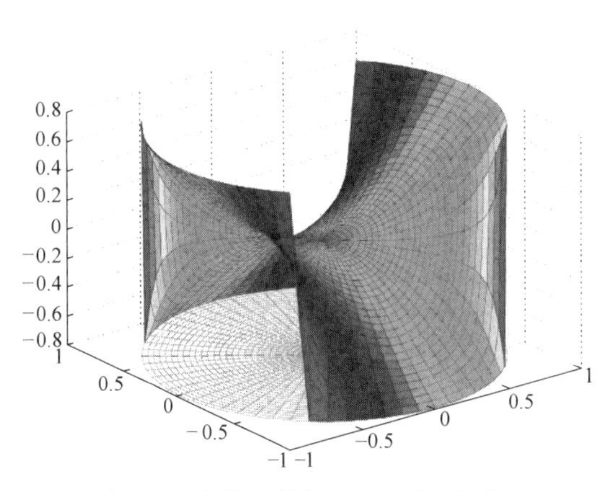


图 5-61　复数函数曲面 4—反正切曲面

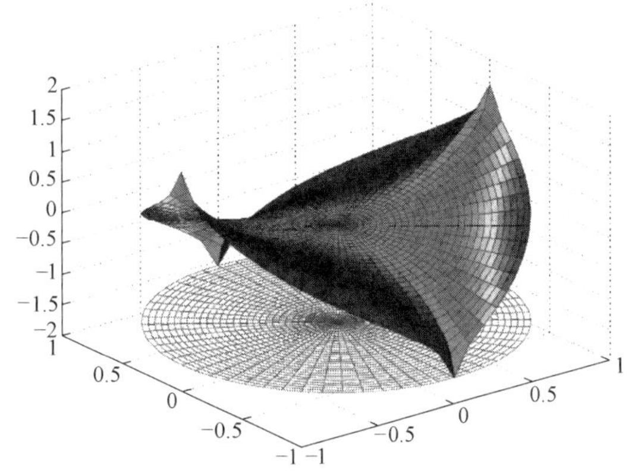


图 5-62　复数函数曲面 5—反正弦曲面

## 5.9.13　复数函数曲面 7

曲面的复数方程为：

$$f=|\coth z|, z=x+iy, x\in[-2,2], y\in[-2,2] \quad (5\text{-}61)$$

其图形如图 5-64 所示。

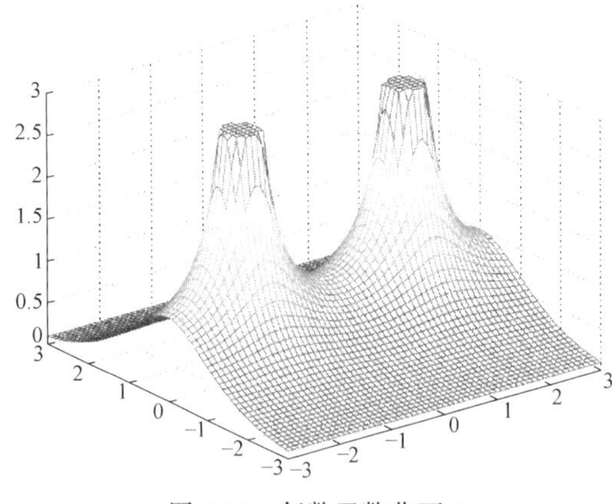


图 5-63　复数函数曲面 6

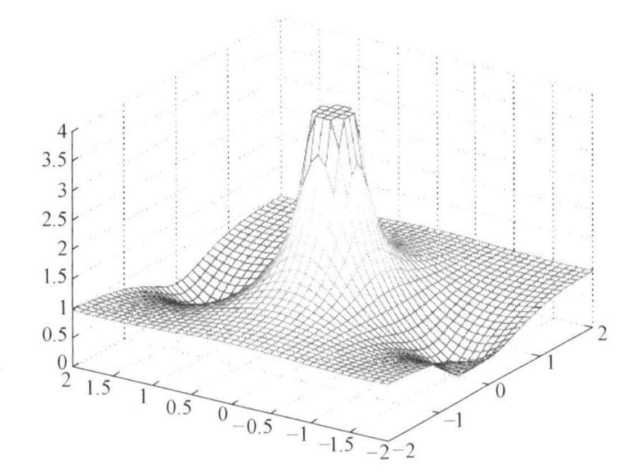


图 5-64　复数函数曲面

# 大跨空间结构形态构建的数学算法

## 6.1 导言

本章对大跨空间结构形态的几何生成研究与仿生生成系统的构建所涉及的逆向建模、由方程生成曲面、样条曲面，四边形网格的细分曲面造型等的算法给出了推导和解决方法。

## 6.2 逆向建模

### 6.2.1 显示点云

读取格式为 ASC 或 txt 的文件，根据文件中每个点的三维坐标描绘出点云，并且可以拖动、旋转、缩放图形（图 6-1）。

### 6.2.2 构造边界曲线

首先应用空间点云边界提取算法将带有边界特征的点云数据分离出来；然后，通过构造“树型特征链”的算法确定曲线上的主要特征点和次要特征点，并对提取出来的特征点通过累加弦长的方法进行参数化；最后应用三次 B 样条算法拟合曲线，并对曲线上的节点进行优化。

（1）法矢和曲率是曲面的基本特性，也是曲面特征识别的重要依据之一。方法是在得到数据点 $K$-Nearest Points 的基础上，利用不同的方法得到数据点的曲率值，把曲率极值点作为边界特征候选点。

算法步骤：

1）网格划分：

① 计算包含所有数据的最小长方体空间 $[X_{min}, X_{max}]$，$[Y_{min}, Y_{max}]$，$[Z_{min}, Z_{max}]$；

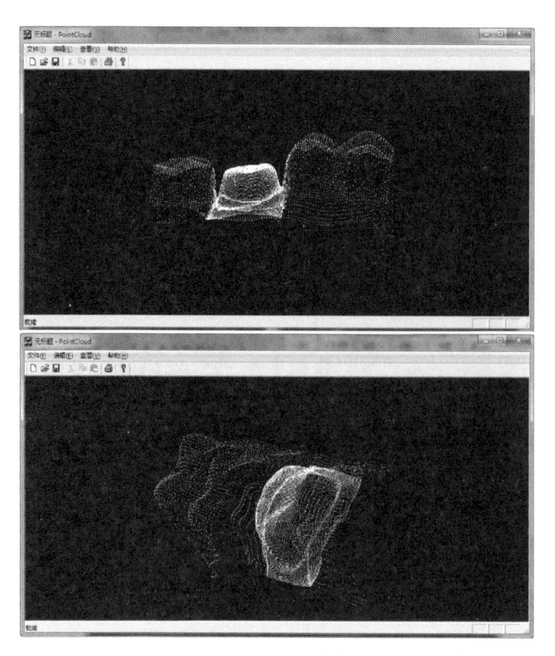
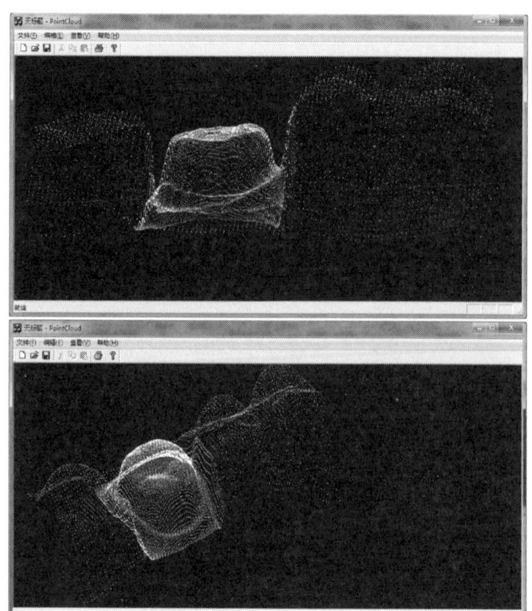

图 6-1　显示点云及拖动、旋转、缩放等效果

② 估算立方体子空间的边长 $L$；

③ 把数据点放入对应的网格单元内，并为同一网格内的数据点建立链表。

2）寻求边界网格。若当前网格中无点存在，则它必不是边界网格；若有点存在，且与其相邻的 8 个网格中至少存在一个虚孔，则当前栅格是边界网格。

3）搜索 $P_i$ 点的 $k$ 个最近邻域，以 $P_i$ 的 $K$-Nearest Points 拟合平面估算测量点法矢。

4）在点 $P$ 处建立局部坐标系（$u$，$v$，$h$），坐标原点为 $P_i$，坐标轴 $h$ 设为法矢 $n_i$，坐标轴 $u$ 和 $v$ 可在过点 $P_i$ 垂直于 $n_i$ 的平面内任意确定。

5）将点 $P$ 的 $k$ 近邻由全局坐标系（$x_i$，$y_i$，$z_i$）转化为局部坐标系（$u_i$，$v_i$，$h_i$），用转换后的数据拟合抛物面 $S(u,v)=au^2+buv+cv^2$。

6）计算抛物面 $S$ 在原点处的主曲率，获得点 $P$ 的主曲率。

7）计算抛物面 $S$ 在原点的最小及最大主曲率。

8）提取边界点。

9）以曲面的平均曲率 $H$ 为对象设定一个阈值 $r$，如果曲面的平均曲率大于阈值，则作为候选边界点。这样就得到一系列候选边界点，实际边界点在候选边界点内产生。对候选边界点进行操作，边界点即为曲率极值点。

10）边界特征点排序。在检测边界特征点后，得到无序的特征点。对无序的特征点进行排序，将无序的点排列成多边线的形式，这样才能对后续的实体造型具有实际意义。这里采用距离方式进行排序。

（2）3 次 B 样条曲线拟合算法。

给定 $N$ 的初值，在［$A$，$B$］上构造点列 $\{t_i\}N_i=0$，以 $\{t_i\}N_i=0$ 为节点，以累加弦长为参数，构造 3 次 B 样条。

具体步骤如下：

1）给定节点数 $N$ 的初值，在［$A$，$B$］上构造点列 $\{t_i\}N_i=0$，若 min$r$→0 或 max$r$→1，重新取值随机数（目的：保证节点均匀分布）。

2）用追赶法求解 3 对角线性方程组，得到内节点 $\{t_i\}N_i=1$。如果$|t_{i+1}-t_i|<\delta$，去掉一个节点。

3）构造 3 次 B 样条基函数。

4）对数据点进行累加弦长参数化，将参数值代入基函数，得到系数矩阵。

5）用最小二乘法求解方程，得到控制点。

6）判断拟合误差是否小于给定精度 $e$，若成立，执行步骤 9）；否则执行步骤 8）。

7）$num=num+1$，若 $num<Num$，执行步骤 1；否则，$N=N+1$，$num=1$。（$Num$ 为在相同节点数目下节点选取的最多次数）。

8）$matches=matches+1$；若 $matches<Matches$，执行步骤 1）；否则执行步骤 10）。（$Matches$ 为符合要求的节点组数）。

9）计算每个节点向量的相邻节点间距的最小值，取间距最小值最大的节点向量。

（3）曲线节点优化。

节点优化的原因：由于节点选取的随机性，有些节点是多余的，也就是去掉这些节点，样条也可以达到精度要求。我们希望节点的数目尽量少，所以要对得到的节点组进行优化。

思路：找到间距最小的点 $u_i$，$u_{i+1}$ 后，判断在保持其他节点不变的条件下，分别去掉 $u_i$，$u_{i+1}$ 后，节点向量是否可以保证精度。如果 2 个点都可以去掉，则比较 $u_i-u_{i-1}$ 和 $u_{i+2}-u_{i+1}$，若 $u_i-u_{i-1}<u_{i+2}-u_{i+1}$，优先去掉 $u_i$，反之去掉 $u_{i+1}$。如果 2 个点都不可以去掉，节点向量不变。若有一点可以去掉，则节点向量为去掉这一点后剩下的节点构成的向量。这样循环下去，直到不能保证精度为止。

### 6.2.3 曲面重构

算法基本流程如下：

1）构造四边形曲线网格。拟合边界上的采样点得到四边形区域的边界曲线，通过尽量构造跨顶点的曲线，使边界曲线在正则顶点处 $C^2$ 连续。

2）生成 $G^2$ 连续的曲面网格。对每块区域由四条边界曲线和内部的数据点拟合得到一张双三次 B 样条曲面。

3）调整曲面片间的连续性。在正则边界上通过调整相连两个曲面的一阶、二阶跨界导矢使两个曲面达到 $C^2$ 连续，在非正则边界上用数值逼近方法调整两个曲面的一阶跨界导矢使它们达到近似 $G^1$ 连续。

① 四边形区域边界曲线的生成

得到四边形拓扑网格后，每条边上都包含有边界上的采样点数据，用三次 B 样条曲线拟合这些采样点得到四边形区域的边界曲线。因为在带边界的 B 样条曲面拟合中，相对的两条边的节点向量要相容，为尽量减少整个曲面网格的控制顶点数目，对所有的边界曲线采用相同的节点向量。在生成曲线时，首先找出四边形网格上的长边，长边由依次相连的多条边组成，长边的首末端点为奇异顶点或网格边界上的正则顶点，当端点为边界上的正则顶点时，则在长边上与该端点相连的边为网格的内部边，长边上的内部顶点都为正则顶点。如图 6-2 所示，图中“1”为网格边界上的一条长边，“2 、3”为网格内部的长边，长边“2”的首末端点一个为奇异顶点，一个为边界上的正则顶点，长边“3”的首末端点都为奇异顶点。长曲线，该曲线插值长边上的顶点，逼近每条边上的采样点。再将长曲线在顶点处打断，得到每条边上对应的边界曲线，使边界曲线在正则顶点处 $C^2$ 连续，奇异顶点处 $G^0$ 连续。在图 6-3（a）中，$P$ 为网格内部的正则顶点，与它相连的 4 条边界曲线 $C_1$ 与 $C_3$、$C_2$ 与 $C_4$ 两两 $C^2$ 连续；在图 6-3（b）中，$P$ 为网格边界上的正则顶点，与它相连的 3 条边界曲线中 $C_2$ 与 $C_3$ 处 $C^2$ 连续。

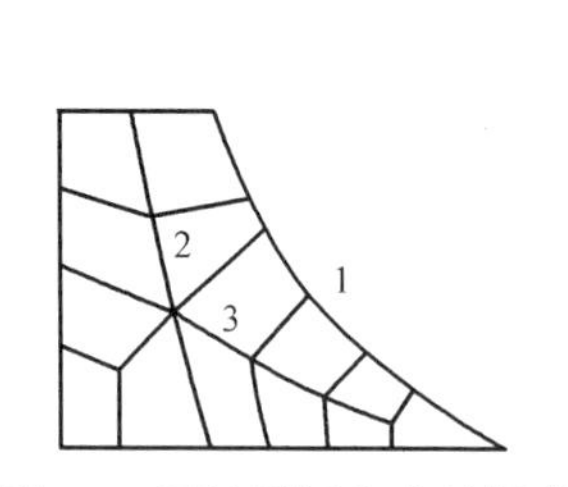

图 6-2 四边形网络上的长边

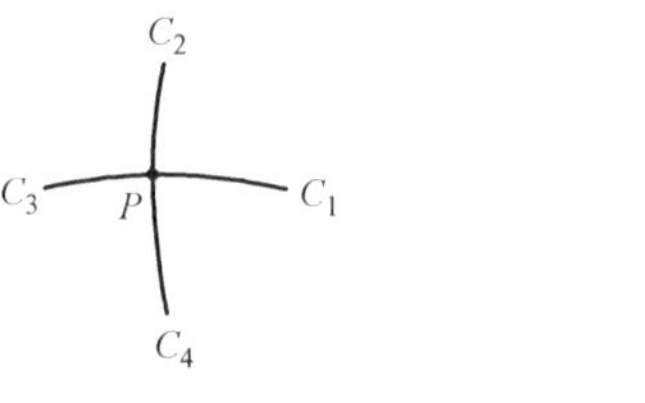

图 6-3 正则顶点处的 $C^2$ 连续曲线

② B 样条曲面片的生成

给定四边形区域的 4 条边界曲线 $\{C_i, i=1, 2, \cdots, 4\}$ 及内部数据点集 $\{P_k, k=1, \cdots, l\}$，通过最小二乘拟合重构一张双三次 B 样条曲面：

$$S(u,v)=\sum_{i=0}^{m}\sum_{j=0}^{n}B_{ij}N_{i3}(u)N_{j3}(v)$$

其中，$B_{ij}(i=0,\cdots,m;j=0,\cdots,n)$ 为曲面的控制顶点；$N_{i3}(u)$、$N_{j3}(v)$ 分别为 $u$、$v$ 方向的三次 B 样条基，使重构曲面在逼近$\{P_k,k=1,\cdots,l\}$的同时，插值 4 条边界曲线。首先由 4 条边界曲线$\{C_i,k=1,2,\cdots,4\}$创建一张双线性 Coons 曲面，然后将散乱点 $P_k$ 投影到该基曲面计算得到点 $P_k$ 的参数值（$u_k$，$v_k$）。曲面 $S(u, v)$ 的 $u$，$v$ 向的节点向量采用边界曲线的节点向量，这里所有的边界曲线采用相同的节点向量，因此曲面 $u$，$v$ 向的节点向量也相同。

曲面 $S(u, v)$ 边界上的控制顶点：

$\{B_{i0},i=0,\cdots,m\}$、$\{B_{in},i=0,\cdots,m\}$、$\{B_{0j},j=0,\cdots,n\}$、$\{B_{nj},j=0,\cdots,n\}$

由 4 条边界曲线的控制顶点确定，内部的控制顶点通过最小二乘拟合如下的目标函数 $F$ 得到：

$$F=F_{\text{isq}}+\lambda F_{\text{fair}}$$

其中，$F_{\text{isq}}$ 为最小二乘项；$F_{\text{fair}}$ 为光顺项；$\lambda$ 为光顺项系数。

$$F_{\text{isq}}=\sum_{k=1}^{l}[S(u_k,v_k)-P_k]^2$$

$$F_{\text{fair}}=\sum_{k=1}^{l}[S_{uu}(u_k,v_k)^2+2S_{uv}(u_k,v_k)^2+2S_{vv}(u_k,v_k)^2]$$

根据最优化理论，当$\frac{\partial F}{\partial B_{i,j}}=0(i=1,\cdots,m-1;j=1,\cdots,n-1)$时，目标函数 $F$ 值最

小。由此可以得到一个形如 $AX=B$ 的线性方程组，系数矩阵 $A$ 为非奇异矩阵，利用 $LU$ 分解法求解可以得到曲面的内部控制顶点。

③ 曲面片间的光滑拼接

至此，得到了一个 $G^0$ 拼接的曲面片网格，在正则顶点处边界曲线 $C^2$ 连续。在正则边界上通过对相连两个曲面的一阶、二阶跨界导矢曲线进行平均使两个曲面达到 $C^2$ 连续，在非正则边界上用数值逼近方法调整两个曲面的一阶跨界导矢曲线使它们达到近似的 $G^1$ 连续。

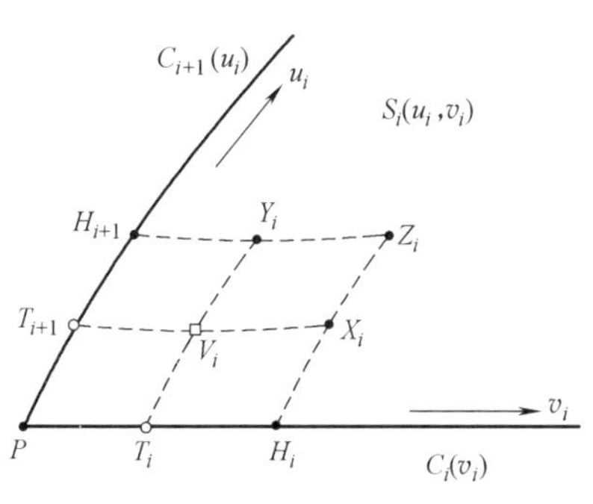

图 6-4　曲面片 $S_i$ 在顶点 $P$ 处的偏导矢

#### 6.2.3.1　定义

如图 6-4 所示，$n$ 张曲面片 $\{S_i(v_i,v_i),i=1,\cdots,n\}$ 有相同的公共顶点 $\{P=S_i(0,0),i=1,\cdots,n\}$，每张曲面 $S_i$ 与 $P$ 相连的边界曲线为 $C_{i+1}(u_i)=S_i(u_i,0)$ 和 $C_i(v_i)=S_i(0,v_i)$，曲面 $S_i$ 在顶点 $P$ 处的偏导矢记为式（6-1）：

$$\begin{cases} T_i=\dfrac{\partial S_i(u_i,v_i)}{\partial v_i}\Big|_{u_i=v_i=0}, H_i=\dfrac{\partial^2 S_i(u_i,v_i)}{\partial v_i^2}\Big|_{u_i=v_i=0} \\ V_i=\dfrac{\partial^2 S_i(u_i,v_i)}{\partial u_i\partial v_i}\Big|_{u_i=v_i=0}, X_i=\dfrac{\partial^3 S_i(u_i,v_i)}{\partial u_i^2\partial v_i}\Big|_{u_i=v_i=0} \\ Y_i=\dfrac{\partial^3 S_i(u_i,v_i)}{\partial u_i\partial v_i^2}\Big|_{u_i=v_i=0}, Z_i=\dfrac{\partial^4 S_i(u_i,v_i)}{\partial u_i^2\partial v_i^2}\Big|_{u_i=v_i=0} \end{cases} \tag{6-1}$$

两曲面片 $S_{i-1}$、$S_i$ 在公共边界 $C_i(v_i)$ 上的一阶、二阶跨界导矢记为式（6-2）：

$$\begin{cases} D_i^-(v_i=u_{i-1})=\dfrac{\partial S_{i-1}(u_{i-1},v_{i-1})}{\partial v_{i-1}}\Big| v_{i-1}=0 \\ E_i^-(v_i=u_{i-1})=\dfrac{\partial^2 S_{i-1}(u_{i-1},v_{i-1})}{\partial v_{i-1}^2}\Big| v_{i-1}=0 \\ D_i^+(v_i)=\dfrac{\partial S_i(u_i,v_i)}{\partial u_i}\Big| u_i=0 \\ E_i^+(v_i)=\dfrac{\partial^2 S_i(u_i,v_i)}{\partial u_i}\Big| u_i=0 \end{cases} \tag{6-2}$$

曲线 $C_i(v_i)$ 在参数 $v_i$ 处的一阶、二阶导矢记为：$C_i'(v_i)$、$C_i''(v_i)$。

#### 6.2.3.2　正则顶点处的 $C^2$ 相容性矫正

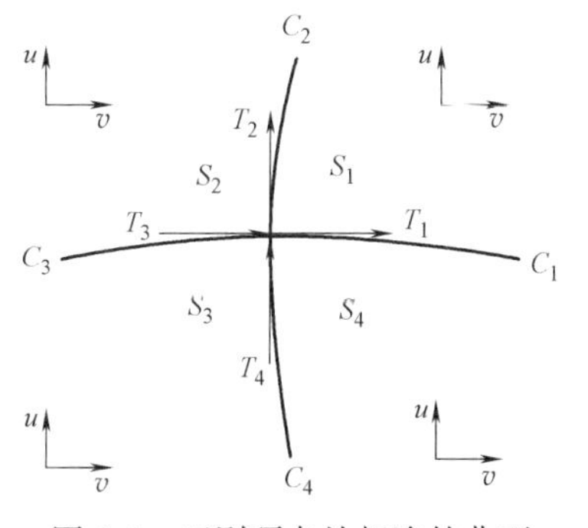

图 6-5　正则顶点处相连的曲面

如图 6-5 所示，$P$ 是正则顶点，与 $P$ 相连的 4 条边界曲线 $\{C_i,i=1,2,3,4\}$ 两两 $C^2$ 连续，与 $P$ 相连的 4 个曲面 $\{S_i,i=1,2,3,4\}$ 具有一致的 $u$，$v$ 方向。再进行边上的 $C^2$ 连续调整，首先正则顶点处的混合偏导 $V_i$、$X_i$、$Y_i$、$Z_i$，使它们在 $P$ 点相容。由式（6-1）计算 $S_i$ 在 $P$ 点处的混合偏导 $V_i$、$X_i$、

$Y_i$、$Z_i$，$i=1$，2，3，4；对它们进行平均，得到新的混合偏导 $V_i^*$、$X_i^*$、$Y_i^*$、$Z_i^*$，$i=1$，2，3，4。

$$V_1^* = V_2^* = V_3^* = V_4^* = \frac{1}{4}\sum_{i=1}^{4} V_i$$

$$X_1^* = X_2^* = X_3^* = X_4^* = \frac{1}{4}\sum_{i=1}^{4} X_i$$

$$Y_1^* = Y_2^* = Y_3^* = Y_4^* = \frac{1}{4}\sum_{i=1}^{4} Y_i$$

$$Z_1^* = Z_2^* = Z_3^* = Z_4^* = \frac{1}{4}\sum_{i=1}^{4} Z_i$$

#### 6.2.3.3 正则边界上的 $C^2$ 连续调整

如图 6-6 所示，$P_0$、$P_1$ 是两个正则顶点，曲面 $S_{i-1}$ 与 $S_i$ 的公共边界 $C_i(v)$ 是一条正则边，$S_{i-1}$、$S_i$ 沿着公共边界方向具有相同的节点向量。由式（6-2）计算 $S_{i-1}$、$S_i$ 的一阶、二阶跨界导矢曲线 $D_i^-(v)$、$E_i^-(v)$、$D_i^+(v)$、$E_i^+(v)$，对它们进行平均，得到新的跨界导矢曲线：

$$D_i^-(v) = D_i^+(v) = \frac{1}{2}(D_i^-(v) + D_i^+(v))$$

$$E_i^-(v) = E_i^+(v) = \frac{1}{2}(E_i^-(v) + E_i^+(v))$$

再由新的跨界导矢曲线调整曲面 $S_{i-1}$、$S_i$ 靠近边界 $C_i(v)$ 的第二、第三排控制顶点，使 $S_{i-1}$、$S_i$ 在边界 $C_i(v)$ 上 $C^2$ 连续。

#### 6.2.3.4 奇异顶点处的 $G^1$ 相容性调整

如图 6-7 所示，为奇异顶点，与 $P$ 相连的曲面片为 $\{S_i, i=1,\cdots,n\}$，边界曲线为 $\{C_i, i=1,\cdots,n\}$。要使 $G^1$ 连续的曲面片 $\{S_i\}$ 在顶点 $P$ 处扭矢相容，要求边界曲线 $\{C_i\}$ 在顶点 $P$ 处达到 $G^2$ 连续。

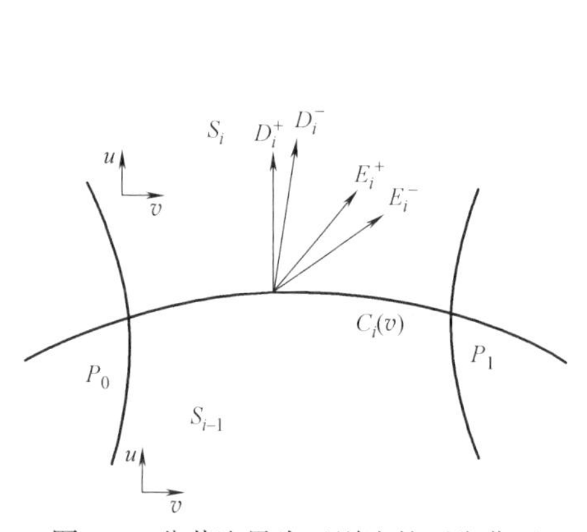

图 6-6 公共边界为正则边的两张曲面

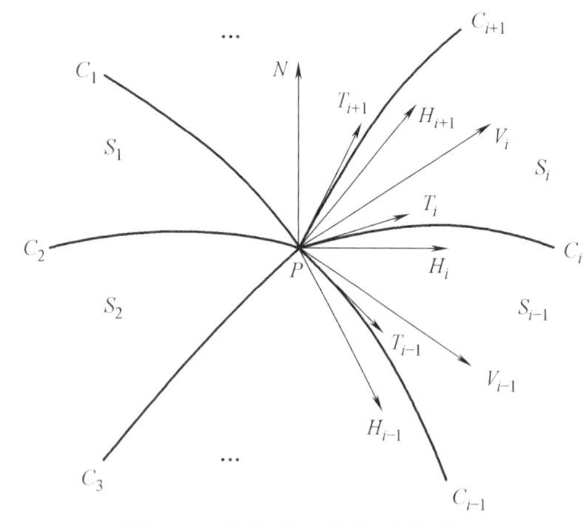

图 6-7 奇异顶点处相连的曲面

在顶点 $P$ 点处构造一张 $C^2$ 连续的基曲面 $S$，其中 $S$ 在 $P$ 点的一阶、二阶导数分别为 $S_u$，$S_v$，$S_{uu}$，$S_{vv}$。边界曲线 $\{C_i, i=1,\cdots,n\}$ 在 $P$ 点处 $G^2$ 连续，则 $P$ 点处新的切矢

$T_i^*$ 和曲率矢 $H_i^*$ 满足下述关系式：

$$T_i^* = \alpha_i S_u + \beta_i S_v \tag{6-3}$$

$$H_i^* = \alpha_i^2 S_{uu} + 2\alpha_i \beta_i S_{uv} + \beta_i^2 S_{vv} + \lambda_i S_u + \gamma_i S_v \tag{6-4}$$

其中 $\partial_i$、$\beta_i$、$\lambda_i$、$\gamma_i$ 为常数。如果曲面片 $\{S_i\}$ 在 $P$ 点处的扭矢 $\{V_i^*\}$ 取为

$$V_i^* = \alpha_{i-1}\alpha_i S_{uu} + (\alpha_{i-1}\beta_i + \alpha_i \beta_{i-1}) S_{uv} + \beta_{i-1}\beta_i S_{vv} + \xi_i S_u + \eta_i S_v \tag{6-5}$$

则 $\{S_i\}$ 在顶点 $P$ 处 $G^1$ 相容。

为使式（6-3）成立，首先调整切矢 $T_i$，使它们共面。每一块曲面片在 $P$ 点处的法向 $N_i = T_i \times T_{i+1}$，由 $\{N_i, i=1,\cdots,n\}$ 估算曲面片在 $P$ 点处的公共法向：

$$N = \sum_{i=1}^{n} N_i / \| \sum_{i=1}^{n} N_i \|$$

由 $P$ 和 $N$ 可以确定公共切平面 $\Pi$，将 $T_i$ 投影到 $\Pi$，得到新的切矢 $T_i^*$，

$$T_i^* = T_i - \langle T_i, N \rangle N; i=1,\cdots,n$$

再根据这些新的切矢 $\{T_i^*, i=1,\cdots,n\}$ 调整曲面片边界上对应的控制顶点。

不失一般性，取 $S_u = T_i^*$，$S_v = N \times T_i^*$，由下式求得式（6-3）中每个 $T_i^*$ 所对应的系数

$$\alpha_i = \frac{\langle T_i^*, S_u \rangle}{\| S_u \|^2}, \beta_i = \frac{\langle T_i^*, S_v \rangle}{\| S_v \|^2} \tag{6-6}$$

由式（6-4），$H_i^*$ 在法向 $N$ 的投影为：

$$\langle H_i^*, N \rangle = \alpha_i^2 \langle S_{uu}, N \rangle + 2\alpha_i \beta_i \langle S_{uv}, N \rangle + \beta_i^2 \langle S_{vv}, N \rangle$$

记

$$s_0 = \langle S_{uu}, N \rangle, s_1 = \langle S_{uv}, N \rangle, s_2 = \langle S_{vv}, N \rangle$$

则

$$\langle H_i^*, N \rangle = \alpha_i^2 s_0 + 2\alpha_i \beta_i s_1 + \beta_i^2 s_2 \tag{6-7}$$

用最小二乘法拟合求出（$s_0, s_1, s_2$），目标函数为：

$$\min\left(\sum_{i=1}^{n} (\langle H_i^*, N \rangle - \langle H_i, N \rangle)^2\right)$$

（$s_0, s_1, s_2$）为下面线性方程组的解：

$$\begin{bmatrix} a_{40} & a_{31} & a_{22} \\ a_{31} & a_{22} & a_{13} \\ a_{22} & a_{13} & a_{04} \end{bmatrix} \begin{bmatrix} s_0 \\ s_1 \\ s_2 \end{bmatrix} = \begin{bmatrix} b_{20} \\ b_{11} \\ b_{02} \end{bmatrix}$$

其中：

$$a_{ij} = \sum_{k=1}^{n} \alpha_k^i \beta_k^j; i+j=4$$

$$b_{ij} = \sum_{k=1}^{n} \alpha_k^i \beta_k^j \langle H_i, N \rangle; i+j=2$$

求得 $s_0$，$s_1$，$s_2$ 后，由式（6-7）可以算出 $\langle H_i^*, N \rangle$，调整后的 $H_i^*$ 由下式求出：

$$H_i^* = H_i + (\langle H_i^*, N \rangle - \langle H_i, N \rangle) N$$

同样的，有：

$$\langle V_i^*, N\rangle=\alpha_{i-1}\alpha_i s_0+(\alpha_{i-1}\beta_i+\alpha_i\beta_{i-1})s_1+\beta_{i-1}\beta_i s_2$$

新的扭矢 $V_i^*$ 为：

$$V_i^*=V_i+(\langle V_i^*, N\rangle-\langle V_i, N\rangle)N$$

最后根据这些新的曲率矢 $\{H_i^*, i=1,\cdots,n\}$ 和扭矢 $\{V_i^*, i=1,\cdots,n\}$ 调整曲面片的对应控制顶点，使 $\{S_i, i=1,\cdots,n\}$ 在顶点 $P$ 处 $G^2$ 连续并且 $G^1$ 相容。

#### 6.2.3.5 非正则边界上的 $G^1$ 连续调整

如图 6-8 所示，$S_{i-1}$、$S_i$ 是与非正则边界 $C_i(v)$ 相连的两张双三次 $B$ 样条曲面，沿着公共边界方向具有相同的节点向量，如不一样，也可通过节点插入使它们相同，记节点向量为：

$$V=\{0,0,0,0,v_4,\cdots,v_n,1,1,1,1\}$$

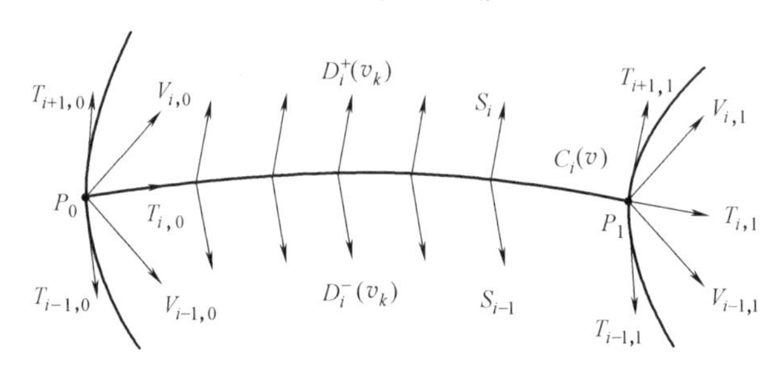


图 6-8　公共边界为非正则边界的两张曲面

其中 $v_k<v_{k+1}(k=3,\cdots,n)$，$n$ 为边界曲线 $C_i(v)$ 的控制顶点个数。$T_{i,j}$、$V_{i,j}(j=0, 1)$ 分别表示曲面在顶点 $P_0$、$P_1$ 处的切矢和扭矢。$S_{i-1}$、$S_i$ 在顶点 $P_0$、$P_1$ 处 $G^2$ 连续且 $G^1$ 相容，为使 $S_{i-1}$、$S_i$ 在公共边界 $C_i(v)$ 上 $G^1$ 连续，沿着 $C_i(v)$ 取一些采样点，算出两个曲面在这些点上的跨界切矢 $\{D_i^-(v_k)\}$、$\{D_i^+(v_k)\}$，根据切平面矫正调整这些跨界切矢，然后求出跨界切矢曲线 $D_i^-(v)$、$D_i^+(v)$，使 $D_i^-(v)$、$D_i^+(v)$ 插值 $\{D_i^-(v_k)\}$、$\{D_i^+(v_k)\}$，且满足如下端点条件：

$$D_i^-(0)=T_{i-1,0}, D_i^-(1)=T_{i-1,1}$$
$$D_i^{-\prime}(0)=V_{i-1,0}, D_i^{-\prime}(1)=V_{i-1,1}$$
$$D_i^+(0)=T_{i+1,0}, D_i^+(1)=T_{i+1,1}$$
$$D_i^{+\prime}(0)=V_{i,0}, D_i^{+\prime}(1)=V_{i,1}$$

最后由新的跨界切矢曲线调整两个曲面靠近公共边界的第二排控制顶点，使 $S_{i-1}$、$S_i$ 在边界 $C_i(v)$ 上达到近似的 $G^1$ 连续，顶点处 $G^2$ 连续且 $G^1$ 相容。

整个过程迭代进行，具体算法如下：

1）设定初始值。两个曲面在公共边界上法矢夹角 $\theta$ 的最大误差为 $\theta_{\max}$（比如 0.5°），在公共边界上允许插入的最大节点个数为 $N_{\max}$，当前插入的节点个数 $N_{inseart}=0$，边界曲线初始的节点向量为：

$$V=\{0,0,0,0,v_4,\cdots,v_n,1,1,1,1\}$$

2）在节点 $\{v_k, k=4,\cdots,n\}$ 处，计算曲线 $C_i(v)$ 的切矢 $\{C_i'(v_k), k=4,\cdots,n\}$，

$S_{i-1}$、$S_i$ 沿着边界 $C_i(v)$ 的跨界切矢 $\{D_i^-(v_k), k=4,\cdots,n\}$，$\{D_i^+(v_k), k=4,\cdots,n\}$；$S_{i-1}$、$S_i$ 在点 $C_i(v_k)$ 处的法矢为 $N_k^-$，$N_k^+$。

$$N_k^- = D_i^-(v_k) \times C_i'(v_k)$$
$$N_k^+ = C_i'(v_k) \times D_i^+(v_k); k=4,\cdots,n$$

3）矫正采样点 $C_i(v_k)$ 处的跨界切矢，使 $C_i'(v_k)$、$D_i^-(v_k)$、$D_i^+(v_k)$ 共面，满足 $G^1$ 连续条件。首先确定两个曲面在点 $C_i(v_k)$ 处的公共法向：

$$N_k = (N_k^- + N_k^+) / \| N_k^- + N_k^+ \|$$

矫正后的跨界切矢 $D_i^-(v_k)^*$、$D_i^+(v_k)^*$ 为：

$$D_i^-(v_k)^* = D_i^-(v_k) - \langle D_i^-(v_k), N_k \rangle N_k$$
$$D_i^+(v_k)^* = D_i^+(v_k) - \langle D_i^+(v_k), N_k \rangle N_k$$

4）以当前边界曲线 $C_i(v)$ 的节点向量 $V$ 作为跨界切矢曲线的节点向量，拟合新的跨界切矢曲线 $D_i^-(v_k)$、$D_i^+(v_k)$，使 $D_i^-(v_k)$ 插值。$D^- = \{T_{i-1,0}, D_i^-(v_4), \cdots, D_i^-(v_n), T_{i-1,1}\}$ 且 $D_i^{-\prime}(0) = V_{i-1,0}$、$D_i^{-\prime}(1) = V_{i-1,1}$、$D_i^+(v_k)$ 插值 $D^+ = \{T_{i-1,0}, D_i^+(v_4), \cdots, D_i^+(v_n), T_{i-1,1}\}$ 且 $D_i^{+\prime}(0) = V_{i,0}$、$D_i^{+\prime}(1) = V_{i,1}$。

5）根据矫正后的跨界切矢曲线 $D_i^-(v)$、$D_i^+(v)$ 调整 $S_{i-1}$、$S_i$ 靠近边界 $C_i(v)$ 的第二排控制顶点。

6）经过上面的调整 $S_{i-1}$、$S_i$ 在节点 $\{v_k, k=3,\cdots,n+1\}$ 处已经达到 $G^1$ 连续。在每个节点区间 $[v_k, v_{k+1}](k=3,\cdots,n)$ 内再取 $m$ 个采样点：

$$v_{k,j} = v_k + \frac{j}{m+1}(v_{k+1} - t_k); j=1,\cdots,m$$

计算 $S_{i-1}$、$S_i$ 节点 $v_{k,j}, k=3,\cdots,n+1, j=1,\cdots,m$ 处的跨界切矢 $\{D_i^-(v_{k,j})\}$、$\{D_i^+(v_{k,j})\}$，法矢 $\{N_{k,j}^-\}$，$\{N_{k,j}^+\}$，求出两个法向的夹角 $\{\theta_{k,j}\}$。

7）找出每个区间内夹角最大处的节点值 $\{v_{k,j}, k=3,\cdots,n+1, j=pk\}$，如果该处的夹角大于 $\theta_{\max}$，则将 $v_k$，$pk$ 加入到待插入的节点集合，记待插入节点集合 $V^* = \{v_i^*, j=0,\cdots,s\}$。

8）如果 $V^* \neq \varnothing$，将节点 $v_i^*(l=0, \cdots, s)$ 分别插入曲线 $C_i(v)$ 及曲面 $S_{i-1}$、$S_i$ 中去，得到新的节点向量 $V = V \cup V^*$，计算当前已插入的节点数 $N_{ins} = N_{ins} + s + 1$；矫 $\{v_l^*, l=0,\cdots,s\}$ 处的跨界切矢，得到新的跨界切矢：

$$D^{-*} = \{D_l^-(v_l^*), l=0,\cdots,s\}$$
$$D^{+*} = \{D_l^+(v_l^*), l=0,\cdots,s\}$$

新的待拟合跨界切矢集合为：

$$D^- = D^- \cup D^{-*}$$
$$D^+ = D^+ \cup D^{+*}$$

9）重复 4）～8），直到 $V^* \neq \varnothing$ 或者 $N_{ins} > N_{\max}$，算法结束。

至此，曲面 $S_{i-1}$、$S_i$ 沿着公共边界 $C_i(v)$ 在节点处达到精确的 $G^1$ 连续，在其他地方达到近似的 $G^1$ 连续，且在拟合跨界曲线时将矫正后的扭矢作为插值条件，解决了顶点处的相容，如图 6-9 所示。

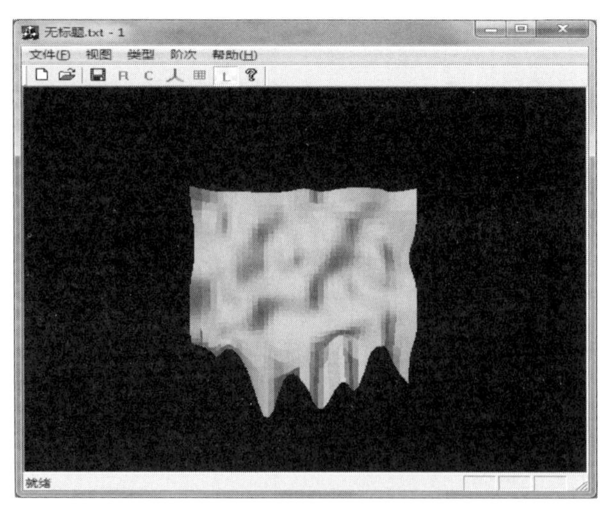


图 6-9　B样条曲面重构

## 6.2.4　网格划分

### 6.2.4.1　四边形网络划分

要对区域的边界进行离散，形成一个由节点组成的有向环。在生成四边形网格时，边界上节点的个数必须为偶数。为了满足这个条件，在离散过程中，总是取区域边界上最长的那一段作为调整节点数的边界。先离散除最长边界之外的其他边界段，然后按照已有节点数的奇偶性和用户确定的单元尺寸，对最长的一段边界进行离散。由区域外边界离散生成的环的正方向为逆时针方向，而内边界生成的环的正方向为顺时针方向。

区域边界上的节点在网格生成过程中不能随意移动，称为固定节点。而在区域内部生成的节点可以移动甚至删除，称为可动节点。四边形单元的最佳内角为 90°，取两个阈值 $\alpha$ 和 $\beta$，定义小于 $90°+\alpha$ 的内角为较小内角，大于 $90°+\alpha$ 而小于 $180°+\beta$ 的内角称为较大内角，大于 $180°+\beta$ 的内角称为大内角。根据边界上相邻两个节点内角之间的关系，可把这两个节点之间的边界段划分为以下几种类型。

第一种类型（相邻两节点内角都为较小内角），如图 6-10（a）所示。点 $A$ 和点 $B$ 处的内角均为较小内角，可以直接连接 $GC$ 生成单元 $GABC$。

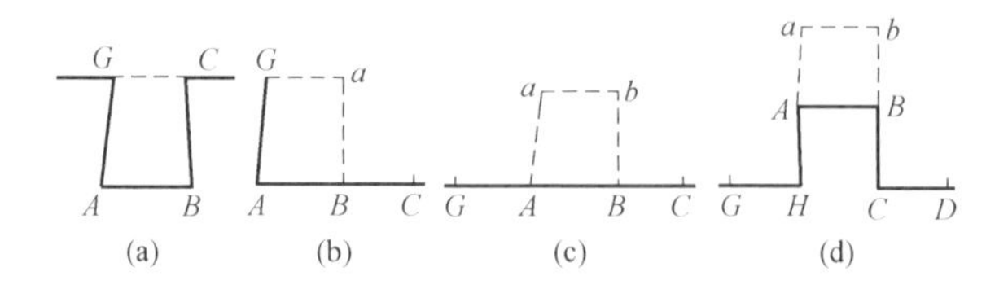


图 6-10　单元生成过程中的边界段类型

第二种类型（一节点处内角较小，另一节点处内角较大），如图 6-10（b）所示。点 $A$ 处的内角较小，其余相邻节点处的内角都为较大内角或大内角，则由矢量 $AB$ 和 $AG$ 可求得一个新节点 $a$ 生成单元 $GABa$。

第三种类型（相邻两节点内角较大），如图 6-10（c）所示。点 $A$ 和点 $B$ 处的内角都较大，可生成单元 $ABba$。

第四种类型（相邻两节点内角都为大内角），如图 6-10（d）所示。点 $A$ 和点 $B$ 处的内角都为大内角，可生成单元 $ABba$。

任何一个单元的生成总可归于上面的四种类型之一。但是在生成单元的过程中，这四种类型的地位不是平等的，而有优先级关系。其中第一种类型优先级最高，依次下来第四种优先级最低。在单元生成过程中，总是先在优先级高的地方生成单元，当没有优先级较高的边界段时，再在低的地方生成单元，直到网格生成结束。在生成单元时，总是从边界的某一节点开始生成单元，如果要遍历边界环上的所有节点，将它和它相邻的节点的内角比较，以确定每一节点处的优先级的话，必将耗费大量的时间。实际上，在生成单元的过程中，没有必要每生成一个单元，又重新寻找下一个生成单元的位置。任选一边界段，如图 6-11（a）所示，由 $AB$ 段生成单元 $ABbZ$ 时没有必要遍历整个边界环。

由四边形的特点，只要考察 $AB$ 的前三段 $XY$，$YZ$ 和 $ZA$ 以及后面两段 $BC$ 和 $CD$，分析这五段的优先级，如果都低于 $AB$ 段，则选择 $AB$ 段生成单元。如果有几段的优先级大于 $AB$ 段的优先级，如图 6-11（b）所示的 $BC$，$CD$，$ZA$ 和 $YZ$ 这几段的优先级都大于 $AB$ 段，且它们的优先级相等，则选择 $AB$ 段后面相邻的边界段 $BC$ 来生成网格，若它们的优先级不相等，则选择优先级最高的一段，生成网格。因此，生成一个单元只考察相邻六个边界段的优先级，按正方向依次生成下去，直到结束。

单元生成中有以下 2 个关键问题。

1）尖角的处理

当边界上出现内角很小的节点时，即出现尖角时，生成单元的质量会很差。为了减少尖角对单元质量的影响，必须对尖角进行特殊处理，如图 6-12（a），（b）所示。此时又分为两种情况，图 6-12（a）中的边界为固定边界，其上的节点不能移动。图 6-12（b）中的边界为活动边界，上面的节点可以移动。对于图 6-12（a）中的情况，可直接在角 $C$ 的平分线上取两个节点 $G$ 和 $F$，生成三个单元 $CDBF$，$BFGA$ 和 $DEGF$，使 $ZA$，$AG$，$GE$ 和 $EH$ 成为新的边界段，增大了节点 $G$ 的内角，使尖角只影响到刚生成的三个单元。对于图 6-12（b）中的情况，直接在 $B$ 和 $D$ 之间生成一合适的节点 $G$，并把节点 $B$ 和 $D$ 移动到 $G$ 点。当前边界变成 $ZA$，$AG$，$GE$ 和 $EH$。这样整个边界上节点数的奇偶性不变。

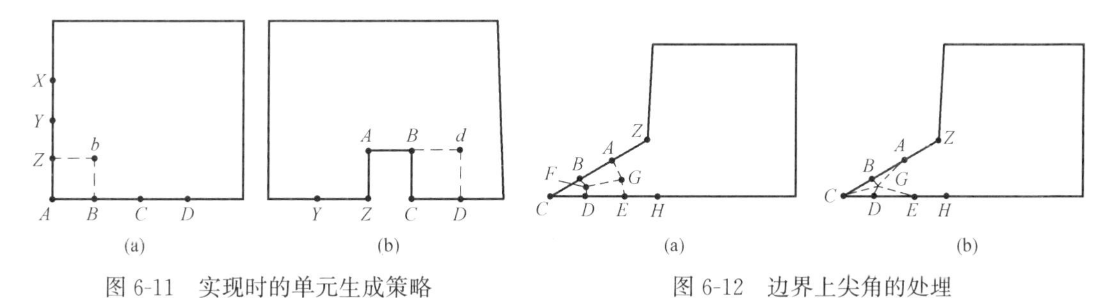


图 6-11 实现时的单元生成策略

图 6-12 边界上尖角的处理

2）边界节点距离的判定

使用这种方法生成网格时，最关键的是要确定新生成的节点既不能落到其他已生成的单元内，也不能落到区域之外。新节点落到其他单元内或区域之外时，不外乎两种情况：

一种情况是当前边界环自交，另一种情况是一个边界环和另一个边界环相交。实际上，在边界还没有自交之前就要判断边界上节点之间的距离。两种情况如图 6-13 所示。

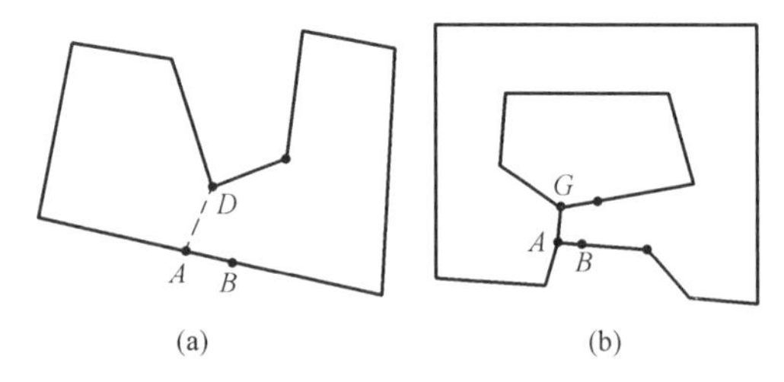

图 6-13 边界距离的两种情况

如果边界上两个节点之间的距离小于一规定的值时，则连接这两个节点生成一条“桥边”，同时把当前的边界环分割成两个新的边界环，或者把两个边界环合并为一个环。当两个边界环合并为一个环时，桥边上的节点在新环中使用两次，当一个边界环分为两个环时，桥边上的节点被两个环共享。当两个环合并为一个环时，环上节点数的奇偶性不变，而由一个边界环生成两个新环后，要对它们进行节点数的奇偶性检查。由于新生成的两个环上节点的奇偶性是一致的，如果环上的节点数为奇数，则可用两种方法改变两个环上节点的个数：这两个节点中有可以移动的节点，则把这两个节点合并，也可以在这两个节点之间，增加一个节点。如果两个节点都不可移动，则在这两个节点之间增加一个节点。

#### 6.2.4.2 三角形网络划分

**1. 三角网格初始化**

（1）封闭曲面的网格初始化。对于没有边界的封闭曲面，三角划分可以从曲面的任意部分开始，其初始化过程如下：①从点表 $PT$ 中取出两数据点 $P_1$，$P_2$，使 $P_2$ 与 $P_1$ 相距一定步长。步长是根据与数据点集所占的空间范围大小的比例来确定的，比例可由程序缺省设置，也可由程序用户手工设置，然后由 $P_1$，$P_2$ 生成边 $P_1P_2$；②从点表中寻找边 $P_1P_2$ 的最优顶点 $P_3$，与顶点 $P_1$，$P_2$ 连接生成边 $P_2P_3$，$P_3P_1$，由生成的三边构造初始三角形 $T_0$；③点表 $disposal$ 的初始值都为 0，将点 $P_1$，$P_2$、$P_3$ 的 $disposal$ 值置为 8，表示它们为网格结点；将三角形 $T_0$ 的所有内部点的 $disposal$ 置为 1，标记它们是已处理点；④将当前边表中的 3 条边放入边界边表 $BET$ 中；⑤将当前边界边表所构成的边界环 $R_0$ 放入边界环表 $BRT$。

（2）非封闭曲面的网格初始化。由于非封闭曲面有边界，因此其初始化过程可以从曲面边界开始。①从非封闭曲面边界选择任意一点 $P_1$，按顺时针或逆时针方向，与 $P_1$ 相距一定步长，选择另一边界点 $P_2$，连接生成边界边 $P_1P_2$。再沿相同方向，与 $P_2$ 相距相近步长，选择另一边界点 $P_3$，连接生成边界边 $P_2P_3$。以此类推，选择边界点 $P_4$～$PV_n$，并依次生成边界边 $P_3P_4,\cdots,P_{n-1}P_n$。直到 $P_{n+1}$ 点与 $P_1$ 重合，生成边界边 $P_nP_1$。标记所有边的顶点的 $disposal$ 为 1。②从初始边界边表中取出一条边界边 $P_1P_2$，从点表中未处理的点里找出边 $P_1P_2$ 的最优顶点 $V$。将 $V$ 分别与 $P_1$，$P_2$ 连接生成边 $VP_1$、$VP_2$。由顶点 $P_1$，$P_2$，$V$ 构成三角形 $T_0$。标记点 $P$ 及三角形 $T_0$ 的内部点为已处理点。三角形 $T_1$。再按照本步骤的方法判断点 $P$ 是否为边 $E_1$ 的相邻边 $E_2$ 的可见顶点；若为不可见点，则取出原边界边 $P_1P_2$ 的下一条边界边，返回步骤①，直到初始边界边表中的所有边都找到对应顶点生成三角形。③置新的边界边表为初始边界边表。此时初始边界边表中的边即构成边界环 $R_0$，将 $R_0$ 放入边界环表。如图 6-14 所示。

**2. 三角划分过程**

三角划分过程是通过边界环逐层推进收缩，最终封闭而实现的。

步骤如下：

(1) 从边界环表中取出一未处理的边界环 $R_0$。若 $R_0$ 的边界边的数量 $n \leqslant 4$，转到步骤(6)，否则标记 $R_0$ 对应边界边表的表头 Head 和表尾 Tail。

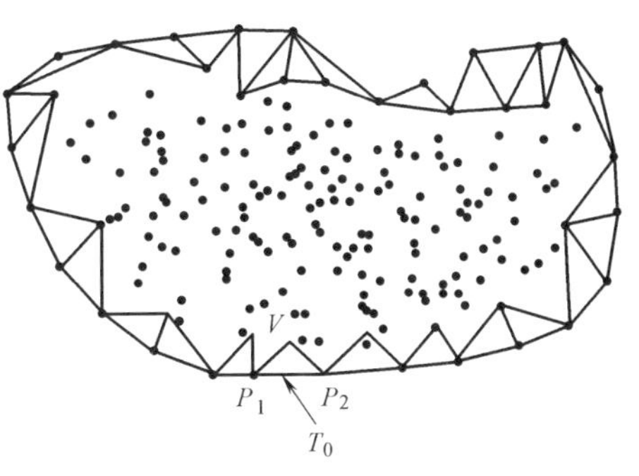


图 6-14 空间非封闭曲面的初始三角网格生成

(2) 从初始边界边表中取出边界边 $E_1$，从点表中未处理的点里找出边 $E_1$ 的最优顶点 $P$，将其与 $E_1$ 的两顶点分别连接生成边 $E_2E_3$。从边界边表中删除边界边 $E_1$，并将 $E_2$、$E_3$ 作为新的边界边插入 $E_1$ 所在位置。由 $E_1$、$E_2$、$E_3$ 三边构造三角形 $T_0$。标记点 $P$ 及三角形 $T_0$ 的内部点为已处理点。

(3) 判断点 $P$ 是否为边界边 $E_1$ 的下一条相邻边 $E_{\text{next}}$ 的可见顶点。若可见，则连接生成三角形 $T_1$，再判断点 $P$ 是否为 $E_{\text{next}}$ 的下一条边的可见顶点，重复本步骤；若不可见，则执行下一步。

(4) 判断点 $P$ 是否为边界边 $E_1$ 的上一条相邻边 $E_{\text{pre}}$ 的可见顶点。若可见，则连接生成三角形 $T_2$，再判断点 $P$ 是否为 $E_{\text{pre}}$ 的上条边的可见顶点，重复本步骤；若不可见，则执行下一步。

(5) 依次判断点 $P$ 是否为边界边表中与 $E_{\text{next}}$、$E_{\text{pre}}$ 不相邻的边界边的可见顶点。若可见，则连接生成三角形 $T_3$，此时原边界环 $R_0$ 被三角形 $T_3$ 分隔成两个边界环 $R_1$、$R_2$，可用 $R_1$ 代替 $R_0$，将 $R_2$ 放入边界环表的末尾，返回步骤 (1)；若不可见，且 $E_1 \neq Tail$，则取原边界边 $E$ 的下一条边界边，返回步骤 (2)，否则若 $E_1 = Tail$，则返回步骤 (1)。

(6) 若 $R_0$ 的 $n=4$，裂变后有边界环 $R_1$，则连接四边形的对角线生成两个三角形；若 $R_0$ 的 $n=3$，则由此三条边界边构成一个三角形。清空 $R_0$ 的边界边表，此时边界环 $R_0$ 封闭。返回步骤 (1)，直到边界环表为空。

## 6.3 由方程生成曲面

### 6.3.1 隐式曲面

隐式曲面三角化是隐式曲面绘制的常用算法。对于开区域上散乱点数据重建的隐式曲面，常用的隐式曲面三角化方法得到网格模型不能很好地保持散乱点数据的边界。针对该问题，提出了一种边界保持的隐式曲面三角化方法。根据散乱点数据的空间分布，控制等值面的抽取范围，实现了边界保持。

隐式曲面由于其光滑拼接的特征，可以很方便地应用于光滑物体建模和动画领域，也可以广泛地应用于医学图像处理、分子建模、计算机辅助设计和有限元分析等领域。当前隐式曲面主要有两类绘制方法：光线跟踪方法和多边形化方法。前者利用隐式曲面方程直接实现可视化，但在绘制过程中需要计算大量光线和曲面的交点，因而速度很慢，难于实现实时绘制；后者则先将曲面转化为多边形网格模型，再进行绘制。由于现有的大多数图形加速卡和商业动画软件包都支持高性能的、基于多边形的绘制，因而该方法成为隐式曲面实时绘制的主流方法。

下面讲述隐式曲面三角化方法，首先计算散乱数据的立方体包围盒，并将空间剖分为立方体体素（以下简称“体素”）；然后以包含散乱数据且与零值面相交的体素为种子，沿零值面进行扩张。在扩张过程中，根据隐函数估计与每个体素相交曲面的外法向，再由外法向确定体素的搜索方向，最后根据搜索结果对该体素内零值面进行三角化。

散乱数据的边界分为内边界和外边界，如图 6-15（a）所示。内边界大多是由于采样不充分和物体表面残缺造成的。在曲面重建过程中，一般需要进行修复。而外边界是曲面特征的表征，不仅界定曲面的范围，而且是与相邻曲面建立拓扑关系的重要依据。因此，本书中提到的边界保持是指对散乱数据内边界产生的空洞进行修复，同时保持其外边界，重建网格模型如图 6-15（b）所示。

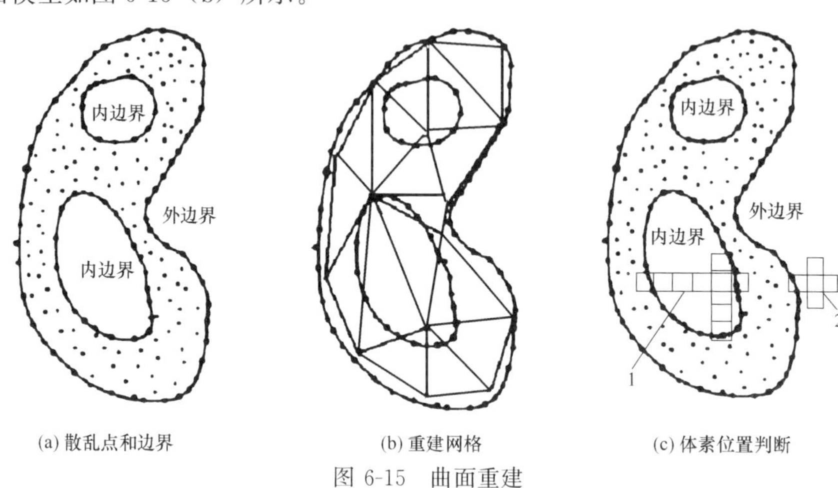


图 6-15　曲面重建

利用散乱数据中包含的几何特征实现边界保持的关键在于找到一种准则，该准则可以识别内边界和外边界，对内边界内部的隐式曲面进行三角化，而外边界以外的部分不进行三角化。在本书中，先对散乱数据的包围盒进行网格化，得到体素；然后以体素内部是否包含散乱数据为基础，利用隐函数估计与该体素相零值面的平均外法向；再选择体素的 4 个搜索方向，由于这 4 个方向都是沿着曲面延展的方向，因而，如果能够在 4 个方向上都找到包含散乱数据的体素，则该体素是与内边界内部的隐式曲面相交，如图 6-15（c）中体素 1，否则，该体素是与外边界外部的体素相交，如图 6-15（c）中体素 2。

#### 6.3.1.1　体素内零值面的平均外法向估计

在传统的 MC 算法中，由于每个体素有 8 个顶点，每个顶点有两种状态，所以体素共有 $2^8$ 种状态。根据对称性原理，可把 256 种状态简化为 15 种。图 6-16 给出了这 15 种状态对应零值面的三角化。在本算法中，需要估计零值面的平均外法向的体素不包含散乱点。为此，当体素足够小时，单个体素内不存在多个零值面，即体素中的零值面分布不存在图 6-16 中状态 3，4，6，7，10，12 和 13。为了估计曲面平均外法向，假定三角形的个数为 $N$，每个三角形 $T_i$ 的面法向为 $n_i$，三角形面外法向为 $n_{i0}$，面积为 $S_i$，则零值面的平均外法向 $g_c$ 可定义为：

$$g_c = \sum_{i=1}^{N} S_i n_{i0} / \sum_{i=1}^{N} S_i$$

其中，$n_i=a_i\times b_i$（$a_i$ 和 $b_i$ 为三角形 $T_i$ 的两条边），$n_{i0}$ 定义为：

$$n_{i0}=\begin{cases}n_i,[F(X)\text{在 } a_i \text{ 和 } b_i \text{ 的交点处沿着 } n_i \text{ 方向递增}]\\-n_i,[F(X)\text{在 } a_i \text{ 和 } b_i \text{ 的交点处沿着 } n_i \text{ 方向递减}]\end{cases}$$

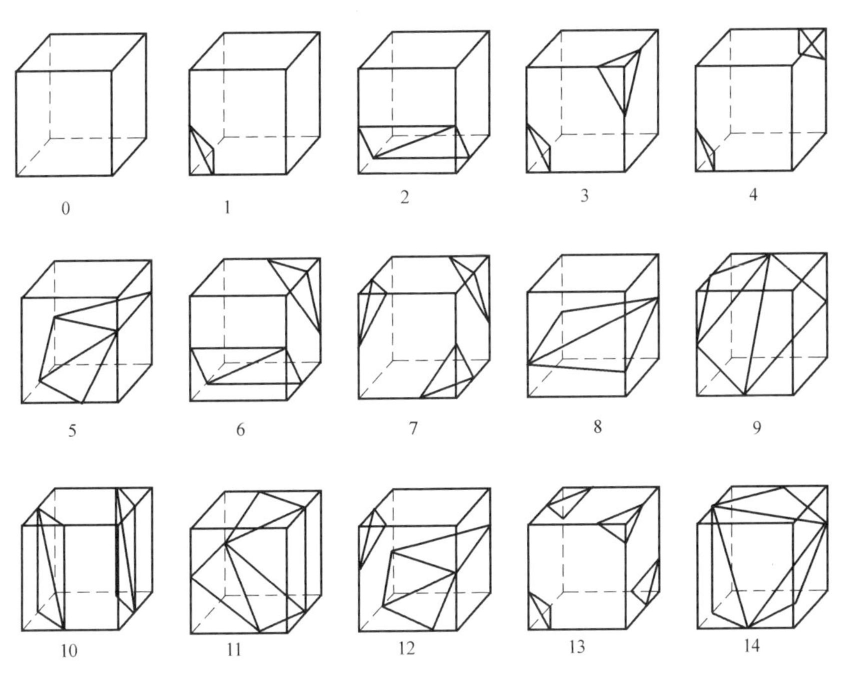


图 6-16　体素顶点不同取值组合对应零值面的三角化

#### 6.3.1.2　选择搜索方向

对于每个体素，可供选择的搜索方向为三维坐标轴的正负方向，如图 6-17 所示。在获取了零值面的平均外法向后，计算 $g_c$ 在坐标轴上的投影向量 $g_x$、$g_y$ 和 $g_z$：

$$g_x=\langle g_c\cdot n_{x+}\rangle n_{x+}$$

$$g_y=\langle g_c\cdot n_{y+}\rangle n_{y+}$$

$$g_z=\langle g_c\cdot n_{z+}\rangle n_{z+}$$

选取 $g_x$、$g_y$ 和 $g_z$ 中模最大的向量为投影主轴方向，与其垂直的坐标轴方向为搜索方向。假若向量 $g_y$ 的模最大，则选择 $g_y$ 为投影主轴方向，$n_{x+}$，$n_{x-}$，$n_{z+}$ 和 $n_{z-}$ 为搜索方向，如图 6-18 所示。当 $g_x$、$g_y$ 和 $g_z$ 的模相等时，可以从中任取一个向量为投影主轴方向。

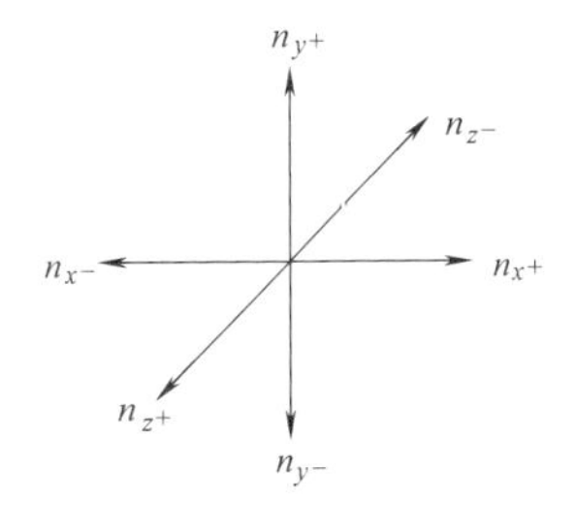


图 6-17　搜索的 6 个方向

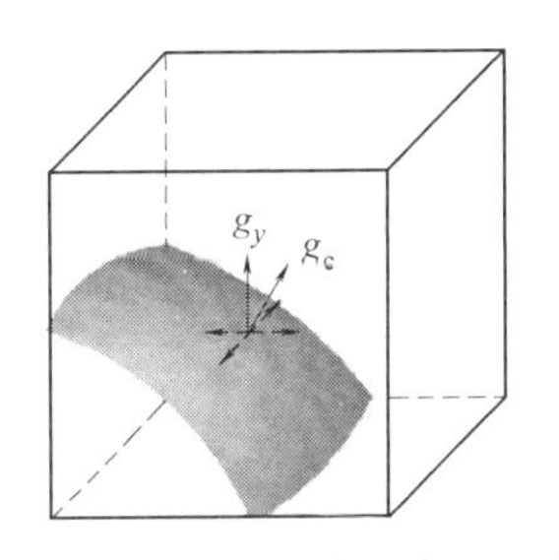


图 6-18　投影轴为 $g_y$ 时的搜索方向（用虚线向量表示）

#### 6.3.1.3 沿零值面搜索

对于每个体素而言，需要从4个方向沿零值面进行搜索。如果在每个方向上都可以找到包含散乱数据的体素，即搜索标志都为TURE，则对该体素内的零值面进行三角化；否则，取消对该体素内的零值面进行三角化。假定当前体素为$B_{i,j-k}$，投影主轴方向$D_p$为$n_{y+}$，则4个搜索方向分别为$n_{x^+}$，$n_{x^-}$，$n_{z^+}$和$n_{z^-}$。

#### 6.3.1.4 整个算法的过程

输入：散乱数据$P=\{P_i\}(i=1,2,\cdots,n)$和隐式曲面$F(X)$。

输出：三角网格曲面$M$。

(1) 初始化：给定散乱数据的包围盒$Box$和体素边长$l$，建立一个空队列$Q$，并初始为空。

(2) 选择种子体素：随机选取包围盒内的一点$q$，使其满足$F(q)=0$，并以$q$为中心，$l$为边长建立初始体素，如果该体素内包含散乱数据，则将该体素加入到$Q$中。

(3) 判断体素：从$Q$中取出一个体素$C$，判断该体素内是否包含散乱数据。如果包含散乱数据，则将该体素内的零值面进行三角化，并加入到$M$中。

(4) 体素内零值面平均外法向估计：据$F(X)$估计体素$C$内零值面的平均外法向。

(5) 选择搜索方向：根据投影主轴方向，选择体素$C$的4个搜索方向。

(6) 沿零值面搜索：在4个方向上沿零值面进行搜索，如果每个方向上都可以找到包含散乱数据的体素，即搜索标志都为TURE，则将该体素内零值面的三角化网格加入到$M$中。

(7) 添加体素：检测与$C$面相邻的体素，如果与零值面相交且位于$Box$内，则将其加入到队列$Q$中。

(8) 检查队列：若队列不为空，转步骤(3)。

(9) 输出网格：输出三角网格曲面$M$。

图6-19展示了本书算法重建隐式曲面的三角化结果。

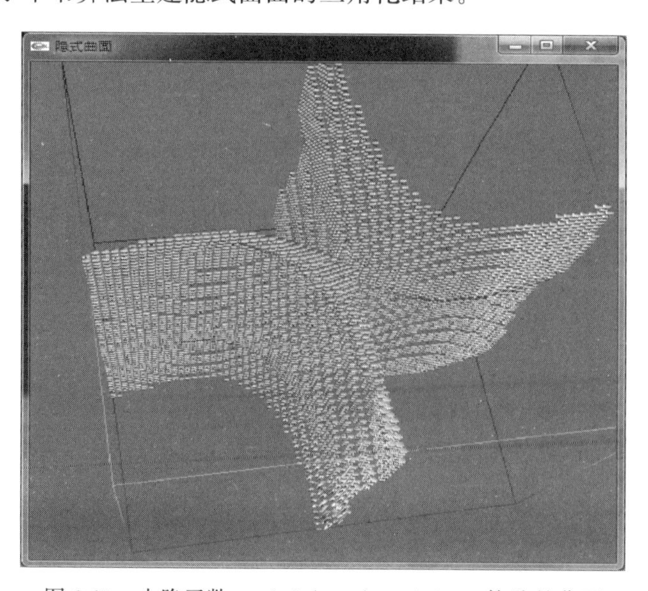


图6-19 由隐函数$\cos(x)+yz+\cos(z)=0$构造的曲面

### 6.3.2 偏微分方程（PDE）曲面

PDE 方法使用一组椭圆偏微分方程产生曲面，假设所求曲面 $X=X(u,v)$ 满足偏微分方程：

$$L_{u,v}^{m}(X)=F(u,v)$$

其中，$L_{u,v}^{m}(X)$ 表示 $u$，$v$ 为自变量的 $m$ 阶偏微分算子，$F$ 表示以 $u$，$v$ 为自变量的 $m$ 阶矢值函数。在几何造型中主要考虑椭圆形偏微分方程的边值问题。

对于类双调方程：

$$\left(\frac{\partial^2}{\partial u^2}+a^2\frac{\partial^2}{\partial v^2}\right)X(u,v)=0,\quad 其中(u,v)\in\Omega$$

为确定曲面 $X$，需先指定 $X$ 及其法矢$\dfrac{\partial X}{\partial n}$沿$\partial\Omega$的值。$X$ 的边界条件确定曲面片边界曲线的形状及其参数化过程；$\dfrac{\partial X}{\partial n}$的边界条件（称为导数边界条件）确定曲面离开边界曲线的方向和速度。值得指出的是：上述公式中的偏微分算子表示了一种光滑化过程，即曲面内任意点的函数值是其沿边界的某种意义下的平均，所得曲面是边界曲线之间的光滑过渡。参数 $a$ 控制着 $u$，$v$ 两个参数方向的相对光顺率。

#### 6.3.2.1 用偏微分方程构造一阶连续的过渡面

这种方法简单易行，只要选定原型曲面上的过渡线并计算出过渡线处原型曲面的跨界导矢，就可用偏微分方程方法构造出所要求的过渡面，同时可通过调整跨界导矢的长度（为保证 $G'$ 连续性，不能调整跨界导矢的方向）或者光滑参数 $a$ 来调整过渡面的形状。如果过渡线和跨界导矢可表示为一个参数的三角多项式（周期函数），则过渡面可用解析公式求出。与其他方法比较，这种方法简单而且生成的曲面光顺。用偏微分方程构造 $N(N>4)$ 边域曲面的方法，用一片四边域偏微分方程曲面来表示所要构造的一片 $N$ 边域曲面，用差分方法求解方程（*）得到 $N$ 边域曲面上的离散点，分析了用这种方法构造 $N$ 边域曲面可能产生的两类奇点。从表面上看这种方法简单易行，问题是如何将所给定的 $N$ 条边组合成与参数域所对应的四条边，以及如何处理奇点。并讨论了借边界条件和光滑参数 $a$ 来调整曲面形状的措施。

#### 6.3.2.2 用偏微分方程构造自由曲面的方法

通过选择曲面片边界曲线的形状和改变边界曲线处的导矢条件可构造形状各异的曲面。用此方法构造自由面时有两条途径：一是用单一曲面片（如船体），二是用曲面片拼合的方法（如电话听筒）。但与控制顶点的方法不同，偏微分方程方法拼合时直接使用跨界导矢。用这种方法在计算机上进行交互设计，对设计者的数学背景要求较低。这种方法的重要特点是：曲面形态完全由边界条件控制，而边界条件的几何意义非常直观，控制曲面形状所需的参量也较少。

#### 6.3.2.3 用 B 样条参数曲面表示偏微分方程曲面的方法

这种表示过程并不是首先求得偏微分方程的解，然后再用反插方法来得到解的 B 样条表示，而是首先将偏微分方程的解表示（近似）为 B 样条的形式，然后将其代入偏微分方程求得控制顶点。为求得控制顶点，可采用两种方法：一是配置法，即令 B

样条曲面在节点处满足偏微分方程，这时偏微分方程是四阶的，因此B样条曲面至少应为五次曲面；二是变分原理方法，将求解偏微分方程解的问题转化为等价的泛函极值问题，这时泛函中只出现未知函数的二阶偏导数，因此可采用三次B样条曲面来表示待求的偏微分方程曲面，将其代入泛函极值问题，对控制顶点求极值，可得到未知量为控制顶点的线性方程组。无论是配置法还是变分原理方法所得到的B样条曲面都是偏微分方程曲面的近似。他们在分析了配置法的误差后指出，当节点之间的最大距离逐渐变小时，其解将逐渐逼近于真正的偏微分方程曲面。采用B样条表示偏微分方程曲面的另一特点是：可通过调整控制顶点来修改曲面形状，但修改之后将不再是偏微分方程曲面。

#### 6.3.2.4 偏微分方程构造曲面特点

（1）构造过渡面简单易行，只需给出过渡线并计算过渡线处的跨界导矢。

（2）所得曲面自然光顺。曲面由曲面参数的超越函数表示，而不是简单的多项式。

（3）确定一张曲面只需少量的参数，并且对设计者的数学背景要求较少，用户只需给出边界曲线和跨界导矢即可产生一张光顺的曲面。

（4）可通过修改边界曲线和跨界导矢及方程中的一个物理参数来调整曲面形状，便于功能曲面设计。

### 6.3.3 参数曲面

近年来，由于网格剖分应用的广泛性，国内外学者对此进行了大量的研究。Delaunay三角剖分算法研究非常成熟，但仅适合于平面区域的网格剖分。推进波前法（Advancing Front Method）是当前网格生成技术的热门，但它不适合模具的网格剖分，因为模具含大量的裁剪曲面，不仅每个裁剪曲面复杂（曲面参数化不均匀，一般外边界被裁剪，内部也可能被裁剪，存在多岛屿），而且曲面数量多，曲面拓扑关系不易建立。另外，由于推进波前法每产生一个有效单元要进行全局比较，时间开销大。本书采用的是参数曲面的有限元混合网格剖分法。

#### 6.3.3.1 基本定义

在CAD/CAM应用中，曲面用参数方程表示，称为参数曲面。记为：

$$S(u,v)=\{x(u,v),y(u,v),z(u,v)\}$$
$$(u,v)\in[u_0,u_1]\times[v_0,v_1]$$

裁剪参数曲面即曲面的定义域被限制为矩形区域的子集，称之为裁剪区域。裁剪区域的边界曲线称为裁剪曲线，记为：

$$C(t)=\{u(t),v(t)\}\quad t\in[t_0,t_1]$$

曲面曲线记为：

$$P(t)=S[C(t)]\quad t\in[t_0,t_1]$$

裁剪区域的所有裁剪曲线围成了裁剪区域，这些裁剪曲线组成了裁剪区域的内环和外环，裁剪区域在外环之内、所有的内环之外。外环有且只有1个，内环可以有多个，也可以没有，内环在外环之内。如图6-20所示，裁剪区域是由裁剪曲线$c_1$、$c_2$和$c_3$组成的外环和由裁剪曲线$c_4$、$c_5$和$c_6$组成的内环围成，这些裁剪曲线都落在最外层矩形区域$ABCD$之内，裁剪参数曲面的定义域被限制在裁剪区域内。

#### 6.3.3.2　算法步骤

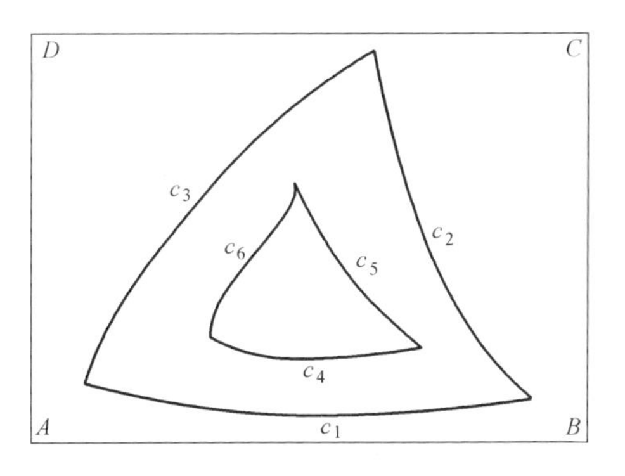

图 6-20　裁剪区域示意图

(1) 将所有裁剪参数曲面的所有裁剪曲线与曲面曲线用递归法离散，得到每条曲面边界曲线在参数空间和模型空间的有序离散点列 C[] 与 P[]。离散结果由曲面曲线形状决定，由 4 个离散参数控制，分别为最长边 $l_{max}$、最短边 $l_{min}$、距离误差 $d$、角度误差 $\alpha$。如图 6-21 所示，曲面曲线 $P(t)$ 在 $[s_0, s_1]$ 的一段在中间 $s=(s_0+s_1)/2$ 需加入 $P(s)$ 的条件是：

$$|AB|>l_{max} \text{ 或}[|AB|>l_{min} \text{ 且}(h>d \text{ 或}\angle AMB<\pi-\alpha)]$$

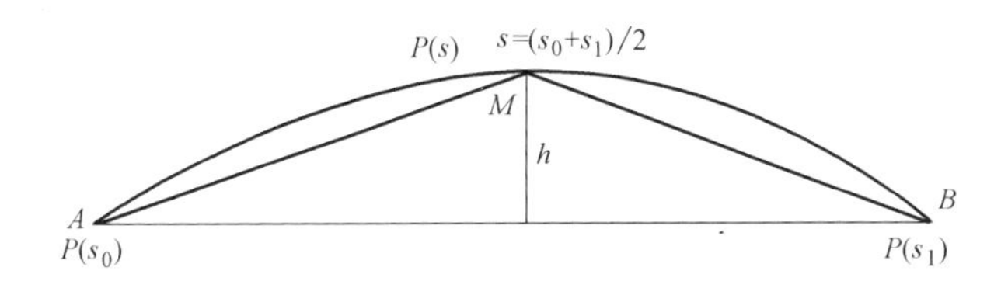

图 6-21　裁剪曲线与曲面曲线离散示意图

(2) 将所有曲面按离散控制参数离散成曲面片。在参数空间内得到 2 族网格线：$u=u_i(i=0,\cdots,m)$、$v=v_j(j=0,\cdots,n)$。用迭代法求出这 2 族网格线与此曲面所有裁剪曲线的交点，利用步骤 (1) 中求出的离散点组成的裁剪曲线分段弦作为是否相交的判据，并且交点的初值取为分段弦的线性插值点，交点及其在曲面的映射点插入曲面边界曲线在参数空间和模型空间的有序离散点列中，并在边界 B 的水平交点 H[][] 和垂直交点 V[][] 中记录求交信息。

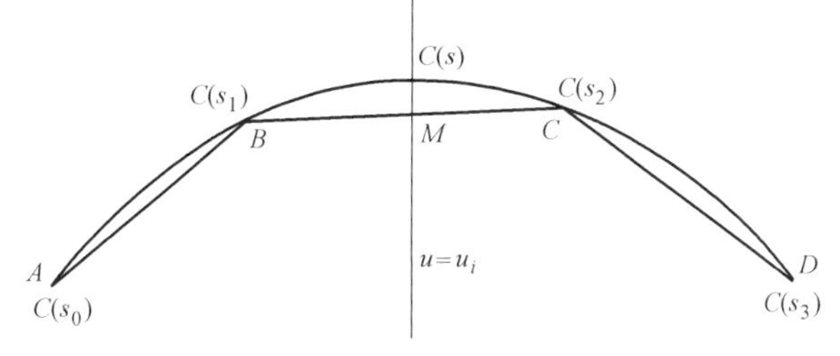

图 6-22　裁剪曲线与网格线求交示意图

如图 6-22 所示，裁剪曲线 $C(t)$ 已由步骤 (1) 离散到一定的精度，得到分段弦 $AB$、$BC$、$CD$。为了求 $C(t)$ 与 $u=u_i$ 的交点，检查分段弦 $AB$、$BC$、$CD$ 与 $u=u_i$ 是否相交，图 6-22 中只有弦 $BC$ 与 $u=u_i$ 相交，求出弦 $BC$ 与 $u=u_i$ 的交点 $M$，分弦 $BC$ 的分段比 $b=|BM|/|BC|$，以 $s=(1-b)s_1+s_2$ 为初值，迭代使得 $C(s)$ 的横坐标与 $u_i$ 足够近。

Piegl 用分段弦与每个局部矩形的四边交点作为边界多边形的边界点，即用相应图 6-22 中的 $M$ 作为边界多边形的边界点，可能是考虑到裁剪曲线已离散到一定的精度，由于 $M$ 不严格落在裁剪曲线上，其对应曲面点也不在曲面边界上，当曲面的参数化不好时，误差很大，在含有大量小曲面时，不能用较大的比较相邻参数，有可能在边界处产生裂缝与覆盖。因此，Piegl 中算法不适合多个裁剪曲面问题。本书 $C(s)$ 严格在裁剪曲线上，迭代法存在的误差只是使 $C(s)$ 偏离了网格线 $u=u_i$，网格线的采用避免了多次重复求交。

(3) 将裁剪区域的每个环(外环、内环)的每个裁剪曲线在参数空间的有序离散点列 $C[\,]$ 组成裁剪区域各个环多边形,按这些环多边形将 $(u_i, v_j)$ 分为3类,即内部点、边界点和外部点。$(u_i, v_j)$ 为内部点的条件是:$(u_i, v_j)$ 在外环的内部并且在所有的内环的外部;$(u_i, v_j)$ 为边界点的条件是:$(u_i, v_j)$ 在某环边界上;$(u_i, v_j)$ 为外部点的条件是:$(u_i, v_j)$ 在外环的外部或在某内环的内部。$(u_i, v_j)$ 与环的关系可如下计算:当 $(u_i, v_j)$ 在环的某边上即为在边界上,否则,如图6-23(a)所示,当

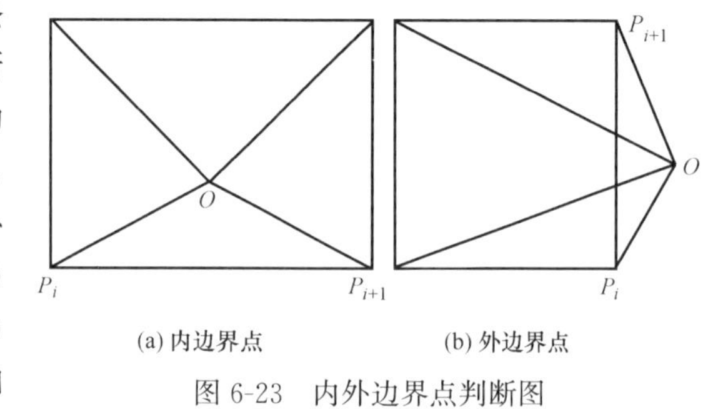

(a) 内边界点　　(b) 外边界点

图6-23　内外边界点判断图

$$\sum \angle P_i O P_{i+1} = 2\pi$$

时,$O(u_i, v_j)$ 在环 $P_0 \cdots P_i P_{i+1} \cdots P_n$ 的内部,如图6-23(b)所示,当

$$\sum \angle P_i O P_{i+1} = 0$$

时,$O(u_i, v_j)$ 在环 $P_0 \cdots P_i P_{i+1} \cdots P_n$ 的外部。

$\angle P_i O P_{i+1} = \mathrm{sgn}(OP_i \times OP_{i+1}) \arccos[(OP_i \times OP_{i+1})/(|OP_i| \times |OP_{i+1}|)]$,即夹角的正负符号用平面向量 $OP_i$ 与 $OP_{i+1}$ 的叉积确定。

计算每个内部点在曲面的映射点,将其按点 $(u_i, v_j)$ 的下标 $i$、$j$ 存储在每个裁剪曲面的 $N[\,][\,]$中,再利用步骤(2)求交结果得到各曲面的 $P[\,][\,]$。$P[\,][\,]$的结点包括 $N[\,][\,]$中内部点和步骤(2)求交结点。这需要利用曲面的 $N[\,][\,]$、边界 $B$ 的 $V[\,][\,]$和 $H[\,][\,]$的二维地址和 $P[\,][\,]$的二维地址关系。

$P[i][j]$ 的可能结点是:

$N[i][j]+H[2i][j]+H[2i+1][j]+N[i+1][j]+V[i+1][2j]+V[i+1][2j+1]+N[i+1][j+1]+H[2i+1][j+1]+H[2i][j+1]+N[i][j+1]+V[i][2j+1]+V[i][2j]$。

当 $N[\,][\,]$ 是内部点时被加入,当 $H[\,][\,]$、$V[\,][\,]$ 不空时被加入,每个结点加入多边形时,在结点中记录其所在的多边形。

(4) 适当加密曲面的每个 $P[i][j]$ 的边界边,用步骤(1)中同样的递归法检查裁剪曲线在模型空间的有序离散点列,步骤(1)中4个离散参数中最短边 $l_{\min}$ 在此改为圆角最短边 $r_{\min}$。如图6-21所示,曲面曲线 $P(t)$ 在 $[s_0, s_1]$ 的一段中间点 $M$ 被去掉的条件是:

$$|AB| < r_{\min} \text{ 或} (h < d \text{ 且} \angle AMB > \pi - \alpha)$$

(5) 去掉不在多边形上的曲线离散结点,更新曲面边界曲线在参数空间和模型空间的有序离散点列 $C[\,]$ 与 $P[\,]$。查找并缝合相邻的曲面曲线,使相邻曲面在相邻边界处多边形相容。为了方便查找相邻的曲面曲线,步骤(4)中不排除边界曲线端点,必要时打断曲面曲线。两曲面曲线相邻条件为两对端结点分别相同,中间结点接近对方的曲线边。

两曲面曲线 $p_1$、$p_2$ 缝合算法是:当 $p_1$、$p_2$ 都只有2个结点时返回。一曲面曲线 $p_1$ 只有2个结点 $n_1$、$n_2$,另一曲面曲线 $p_2$ 多于2个结点时,在以2个结点 $n_1$、$n_2$ 为相邻

结点的多边形内，在 2 个结点 $n_1$、$n_2$ 之间插入 $p_2$ 的所有中间结点。当 $p_1$、$p_2$ 都多于 2 个结点时，除 $p_1$、$p_2$ 的端结点外，查找 $p_1$ 的结点到 $p_2$ 的结点的最近一对结点 $n_1$、$n_2$，将结点 $n_1$ 的空间位置用 $n_1$、$n_2$ 的平均值代替，在 $n_2$ 所在的所有多边形和曲面曲线中，$n_1$ 代替 $n_2$，并把 $p_1$ 在 $n_1$ 分成 2 曲面曲线 $p_{11}$、$p_{12}$，把 $p_2$ 在 $n_2$ 分成 2 曲面曲线 $p_{21}$、$p_{22}$，递归缝合 $p_{11}$ 与 $p_{21}$，再递归缝合 $p_{12}$ 与 $p_{22}$。

如图 6-24 所示，曲面曲线 $BC$ 和 $BEC$ 的两端结点 $B$、$C$ 相同，在以 $B$、$C$ 为相邻结点的多边形 $ABCD$ 中 $B$、$C$ 之间插入 $E$ ，使两曲面在此缝合。

(6) 由多边形产生网格。由于步骤 (2) 按误差要求离散曲面，多边形可以认为足够平坦。由前 5 步产生的多边形除边界多边形外都是规则四边形，这些四边形直接生成四边形网格单元即可。边界多边形内角可能非凸，利用法矢求出边界多边形内角（凹角大于 $\pi$），当多边形结点数为 4 时，如果最大内角小于 $3\pi/4$ ，直接生成四边形网格单元，否则，在最大内角顶点及其对顶点处剖分四边形为 2 个三角形单元。当多边形结点数大于 4 时，连结最大内角顶点及其不相邻顶点，得多边形弦，此弦分 2 个内角为 4 个角，4 个角最大角最小的弦剖分这多边形为 2 个多边形，再递归剖分这 2 个多边形成网格单元。

如图 6-25 所示，多边形结点 $ABCDE$ 有 5 个，最大内角顶点为 $C$，弦 $AC$ 分 2 个内角为 $\angle EAC$、$\angle CAB$、$\angle BCA$、$\angle ACD$，此 4 个角最大角 $\angle BCA$ 在以 $C$ 为端点的弦分 2 个内角的 4 个角最大角中最小。因而转化为多边形 $ABC$ 及多边形 $ACDE$ 的剖分。弦分 2 个内角的 4 个角同样要区分凹角，需要利用多边形法矢，比如求 $\angle BCA$，当向量 $BC$、向量 $CA$ 与多边形法矢混和积小于零时，其角取为凹角。

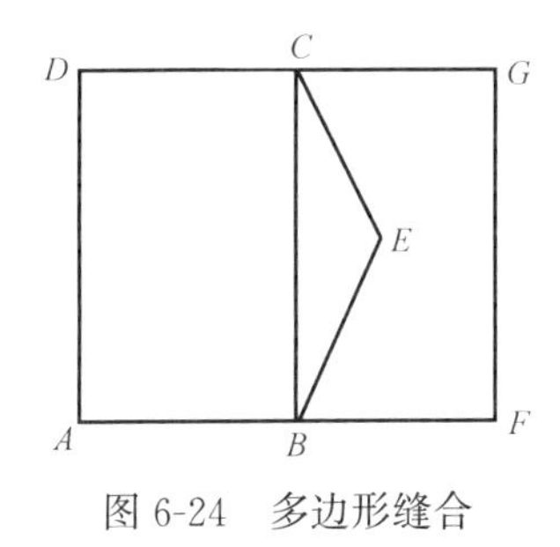


图 6-24　多边形缝合

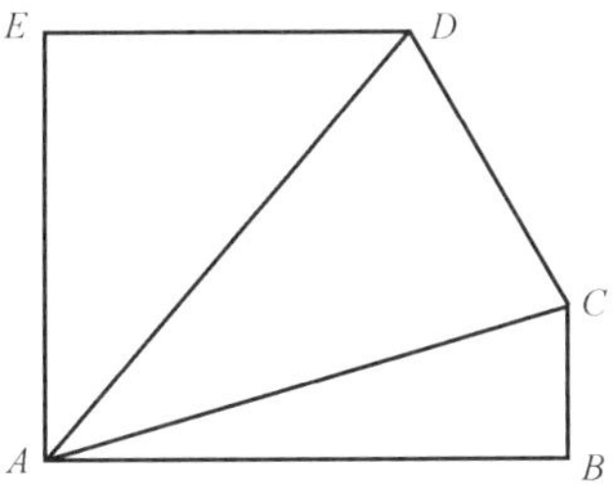

图 6-25　多边形产生网络

## 6.4　样条曲面

### 6.4.1　基本定义

为了叙述上的方便，对以下经常用到的记号作一些约定。

设有两邻接张量积双 $k$ 次 B 样条曲面 $B(u,v)$ 和 $C(s,v)$，其表达式为：

$$B(u,v)=\sum_{i=0}^{m_1}\sum_{j=0}^{n}p_{i,j}N_{i,k}(u)N_{j,k}(v),C(s,v)=\sum_{i=0}^{m_2}\sum_{j=0}^{n}q_{i,j}N_{i,k}(s)N_{j,k}(v)$$

其中，$N_{i,k}(u)$，$N_{i,k}(s)$，$N_{j,k}(v)$ 分别是定义在节点向量 $U$，$S$，$V$ 上的 B 样条基函数：

$$U=[0,\cdots,0,u_{k+1},\cdots,u_{m1},1,\cdots,1]$$
$$S=[0,\cdots,0,s_{k+1},\cdots,s_{m1},1,\cdots,1]$$
$$V=[0,\cdots,0,v_{k+1},\cdots,v_{m1},1,\cdots,1]$$

在本书中，总是假设同一节点向量中所有非退化节点区间的长度都相等。设两曲面的公共边界为 $\phi(v)=B(0,v)=C(0,v)$，则 $\phi(v)$ 是以 $V$ 为节点向量的 $k$ 次 B 样条曲线，具有下面的形式：

$$\phi(v)=\sum_{j=0}^{n}p_jN_{j,k}(v)=\sum_{j=0}^{n}q_jN_{j,k}(v)$$

其中，$N_{j,k}(v)$ 是定义在节点 $v$ 上的 B 样条基函数。

我们知道，通过节点插入算法，可以将 $\phi(v)$ 转化为由 $n+1-k$ 条 Bezier 曲线组合而成的形式，记其中的第 $j$ 条为 $\phi_j(v)$，$j=0$，1，…，$n-k$。$\phi_j(v)$ 和 $\phi_{j+1}(v)$ 之间的连续性由 $k$ 以及节点 $u_{k+j+1}$ 的重复度决定。通过节点插入算法，也可以将 $B(u,v)$ 和 $C(s,v)$ 分别转化为由 $(m_1+1-k)\times(n+1-k)$ 片和 $(m_2+1-k)\times(n+1-k)$ 片 Bezier 曲面组合而成的形式，记其中的每一片分别为 $B_{i,j}(u,v)$ 和 $C_{i,j}(s,v)$，则诸 $B_{i,j}(u,v)$ 之间以及诸 $C_{i,j}(s,v)$ 之间的连续性由 $k$ 以及节点向量 $U$，$S$，$V$ 决定。

容易知道，对每一个 $j$，有 $\phi_j(v)=B_{0,j}(0,v)=C_{0,j}(0,v)$，简记 $B_{0,j}(u,v)$ 为 $B^j(u,v)$，$C_{0,j}(s,v)$ 为 $C^j(s,v)$。在后续的讨论中，处理的主要对象是 $\phi_j(v)$ 以及 $B^j(u,v)$ 和 $C^j(s,v)$，因此不区分 B 样条曲线曲面的参数与其分片 Bezier 曲线曲面的参数，而统一用 $u$，$s$，$v$ 来表示，如图 6-26 所示。

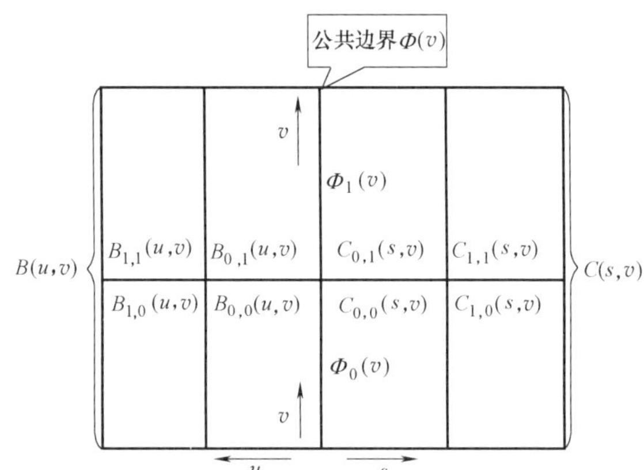

图 6-26 邻接 B 样条曲面的分片表示

$B(u,v)$ 和 $C(s,v)$ 在公共边界上的跨界导矢分别为 $\left.\frac{\partial B(u,v)}{\partial u}\right|_{u=0}$ 和 $\left.\frac{\partial C(s,v)}{\partial s}\right|_{s=0}$，$\left.\frac{\partial B(u,v)}{\partial u}\right|_{u=0}=0$ 和 $\left.\frac{\partial C(s,v)}{\partial s}\right|_{s=0}=0$ 都是以 $v$ 为节点向量的 $k$ 次 B 样条曲线。由节点插入算法，我们可以将 $\left.\frac{\partial B(u,v)}{\partial u}\right|_{u=0}=0$ 和 $\left.\frac{\partial C(s,v)}{\partial s}\right|_{s=0}=0$ 表示成分段 Bezier 曲线的形式，设它们的分段表达式分别为 $B_u^j(v)$ 和 $C_s^j(v)$，$j=0$，…，$n-k$。

我们知道，$B(u,v)$ 和 $C(s,v)$ 之间 $G^1$ 连续等价于两曲面的切平面沿公共边界处处重合（或者说两曲面在公共边界上的法向量处处共线）。用数学的语言描述就是存在分段多项式函数 $\alpha(v)$，$\beta(v)$，$\gamma(v)$ 使得下式成立：

$$\alpha(v)\left.\frac{\partial B(u,v)}{\partial u}\right|_{u=0}+\beta(v)\left.\frac{\partial C(s,v)}{\partial s}\right|_{s=0}+\gamma(v)\Phi'(v)=0$$

其中 $\alpha(v)$，$\beta(v)$，$\gamma(v)$ 称为拼接函数，$\Phi'(v)$ 是公共边界切矢。设 $\alpha(v)$，$\beta(v)$，$\gamma(v)$ 在第 $j$ 段上的表达式分别是 $\alpha_j(v)$，$\beta_j(v)$，$\gamma_j(v)$，则上式等价于在公共边界的每

一个段 $\Phi_j(v)$ 上，有下式成立：

$$\alpha_j(v)B_u^j(v)+\beta_j(v)C_s^j(v)+\gamma(v)\Phi_j'(v)=0$$

为了保持次数上的一致，我们将拼接函数 $\alpha(v)$ 和 $\beta(v)$ 的次数取为相同，$\gamma(v)$ 的次数比 $\alpha(v)$ 和 $\beta(v)$ 的次数大 1，即若 $\alpha(v)$、$\beta(v)$ 是 $k$ 次分段多项式，则 $\gamma(v)$ 应该是 $k+1$ 次分段多项式。为了以后讨论的方便，我们称拼接函数 $\alpha(v)$，$\beta(v)$，$\gamma(v)$ 分别是分段常数、分段常数、分段线性函数的拼接方式为 $(0,0,1)G^1$ 拼接模式，称拼接函数 $\alpha(v)$，$\beta(v)$，$\gamma(v)$ 分别是分段线性函数、分段线性函数、分段二次多项式函数的拼接方式为 $(1,1,2)G^1$ 拼接模式，以此类推。将 $(0,0,1)G^1$ 拼接模式简称为 (0,0,1) 模式，将 $(1,1,2)G^1$ 拼接模式简称为 (1,1,2) 模式，并且，将 (1,1,2) 模式称为比 (0,0,1) 模式高阶的模式。

实际上，对曲面 $B(u,v)$ 和 $C(s,v)$ 的拼接与对其分段形式 $B^j(u,v)$ 和 $C^j(s,v)$ 的拼接有直接的关系，但 $B(u,v)$ 和 $C(s,v)$ 之间的拼接又不能简单地看作是 $B^j(u,v)$ 和 $C^j(s,v)$ 之间的拼接，因为，我们不仅要考虑 $B^j(u,v)$ 和 $C^j(s,v)$ 之间的几何连续性，还必须考虑 $B^j(u,v)$ 和 $B^{j+1}(u,v)$ 之间以及 $C^j(s,v)$ 和 $C^{j+1}(s,v)$ 之间的参数连续性。实际上，B 样条曲面间的几何连续拼接问题与 Bezier 曲面间的几何连续拼接问题的本质区别也正是在这里。刚才已经指出，这种参数连续性同曲面的节点向量的重复度是息息相关的，因此，在本书中，我们不仅在内部单节点情况下考虑曲面间的几何连续性问题，而且对内部重节点情况下曲面间的几何连续性问题也进行了研究。

如图 6-27 所示，两邻接双三次 B 样条曲面的第 0 组 Bezier 曲面的公共边界为 $\Phi_0(v)$，第 1 组 Bezier 曲面的公共边界为 $\Phi_1(v)$。本书中，我们通过将第 0 组曲面以及第 1 组曲面的拼接条件同 B 样条曲面内在的参数连续性联系起来，得到原 B 样条曲面之间 $G^1$，$G^2$ 连续所必须满足的条件。对每一组这样的 Bezier 曲面实施拼接的时候，每个拼接方程中所涉及的控制顶点主要是以横向的（与公共边界相交的方向）形式组织，称每片 Bezier 曲面横向的一排顶点为一排，称每片 Bezier 曲面纵向的（与公共边界平行的方向）一列控制顶点为一列。在书中我们主要考虑顺次两组 Bezier 曲面间几何连续条件的相互影响，并从中找到原 B 样条曲面之间几何连续的条件。在讨论时，我们总是假设这两组曲面恰好是原来两曲面的第 0 组和第 1 组，即仅研究在公共边界的第 0 段和第 1 段两侧对两曲面进行几何连续拼接的条件。将如图 6-27 所示的两邻接双三次 B 样条曲面的第 0 段和第 1 段公共边界 $\Phi_0(v)$ 和 $\Phi_1(v)$ 的控制顶点统一编号为 $\varphi_0$，$\varphi_1$，$\varphi_2$，$\varphi_3$ 和 $\varphi_3$，$\varphi_4$，$\varphi_5$，$\varphi_6$，其中 $\varphi_0$，$\varphi_1$，$\varphi_2$，$\varphi_3$ 决定 $\Phi_0(v)$，$\varphi_3$，$\varphi_4$，$\varphi_5$，$\varphi_6$ 决定 $\Phi_1(v)$。记 $\{\varphi_i\}$ 左侧一列的控制顶点为 $b_0$，$b_1$，

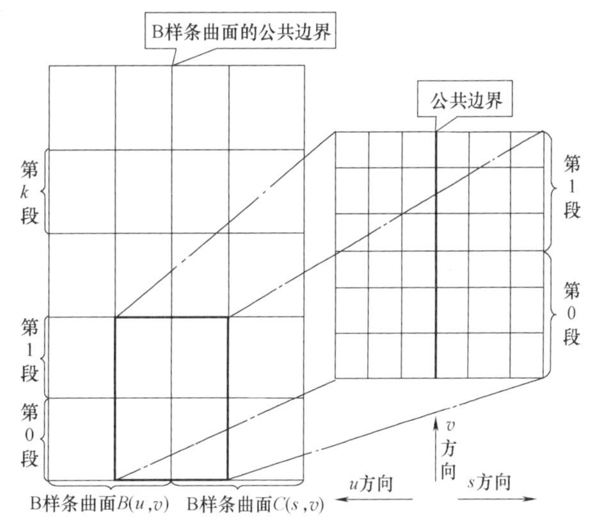

图 6-27　B 样条曲面与构成它的分片 Bezier 曲面片之间的关系

$b_2$，$b_3$ 和 $b_3$，$b_4$，$b_5$，$b_6$，其中，$b_0$，$b_1$，$b_2$，$b_3$（同 $\varphi_0$，$\varphi_1$，$\varphi_2$，$\varphi_3$ 一起）决定 $B(u,v)$ 在第 0 段的跨界导矢 $B_u^0(v)$，$b_3$，$b_4$，$b_5$，$b_6$（同 $\varphi_3$，$\varphi_4$，$\varphi_5$，$\varphi_6$ 一起）决定 $B(u,v)$ 在第 1 段的跨界导矢 $B_u^1(v)$。有时为了论述的方便，我们也称 $b_0$，$b_1$，$b_2$，$b_3$ 是 $B_u^0(v)$ 的控制顶点，以此类推。记 $\{b_i\}$ 左侧的一列控制顶点为 $e_0$，$e_1$，$e_2$，$e_3$ 和 $e_3$，$e_4$，$e_5$，$e_6$，其中 $e_0$，$e_1$，$e_2$，$e_3$（与 $\varphi_0$，$\varphi_1$，$\varphi_2$，$\varphi_3$ 和 $b_0$，$b_1$，$b_2$，$b_3$ 一起)，决定 $B(u,v)$ 在第 0 段的跨界二阶导矢 $B_{uu}^0(v)$，$e_3$，$e_4$，$e_5$，$e_6$（与 $\varphi_3$，$\varphi_4$，$\varphi_5$，$\varphi_6$ 和 $b_3$，$b_4$，$b_5$，$b_6$ 一起)，决定 $B(u,v)$ 在第 1 段的跨界二阶导矢 $B_{uu}^1(v)$。同样的，将 $\{\varphi_i\}$ 右侧一列的控制顶点记为 $c_0$，$c_1$，$c_2$，$c_3$ 和 $c_3$，$c_4$，$c_5$，$c_6$，它们（同 $\varphi_0$，$\varphi_1$，$\varphi_2$，$\varphi_3$ 和 $\varphi_3$，$\varphi_4$，$\varphi_5$，$\varphi_6$ 一起）分别决定 $C(s,v)$ 在第 0 段和第 1 段的跨界导矢 $C_s^0(v)$ 和 $C_s^1(v)$，$\{c_i\}$ 右侧的一列控制顶点记为 $f_0$，$f_1$，$f_2$，$f_3$ 和 $f_3$，$f_4$，$f_5$，$f_6$，它们决定了 $C(s,v)$ 在第 0 段和第 1 段的跨界二阶导矢 $C_{ss}^0(v)$ 和 $C_{ss}^1(v)$。

### 6.4.2 内部单节点 B 样条曲面间的 $G^1$ 连续条件

以内部单节点双三次以及双四次 B 样条曲面间 $G^1$ 连续条件的推导为例，阐述我们在本书中经常使用的方法和手段。

#### 6.4.2.1 研究过程

首先，在（0,0,1）模式下讨论两邻接内部单节点双三次 B 样条曲面间 $G^1$ 连续的必要条件。将结论延伸到双四次 B 样条曲面的情况上去之后，给出了在（0,0,1）模式下用双四次 B 样条曲面构造局部格式的算法。继而，推导了在（1,1,2）模式下两邻接双三次 B 样条曲面间 $G^1$ 连续的条件。最后，研究了对两邻接内部单节点 B 样条曲面进行 $G^1$ 连续拼接的最高可用模式，得出了最高可用模式是（1,1,2）模式的结论。用（2,2,3）模式及更高阶的模式不适合对内部单节点 B 样条曲面进行 $G^1$ 连续拼接，但若将节点重复度增加，这种限制将被削弱。

#### 6.4.2.2 (0,0,1)$G^1$ 拼接模式下的 $G^1$ 连续条件

设有两邻接张量积双 3 次 B 样条曲面 $B(u,v)$ 和 $C(s,v)$，其表达式为：

$$B(u,v)=\sum_{i=0}^{m_1}\sum_{j=0}^{n}p_{i,j}N_{i,3}(u)N_{j,3}(v),\quad C(s,v)=\sum_{i=0}^{m_2}\sum_{j=0}^{n}q_{i,j}N_{i,3}(s)N_{j,3}(v)$$

其中，$N_{i,3}(u)$，$N_{i,3}(s)$，$N_{j,3}(v)$分别是定义在节点向量 $U$，$S$，$V$ 上的三次 B 样条基函数。实际上，我们需要考虑的主要是 $V$ 这个向量。这里假设 $V$ 是准均匀的，如果 $V$ 不是准均匀的，最后的结论不会有本质上的改变。

曲面 $B(u,v)$ 和 $C(s,v)$ 之间 $G^1$ 连续等价于存在分段多项式函数 $\alpha(v)$，$\beta(v)$，$\gamma(v)$ 使得下式成立：

$$\alpha(v)\frac{\partial B(u,v)}{\partial u}\bigg|_{u=0}+\beta(v)\frac{\partial C(s,v)}{\partial s}\bigg|_{s=0}+\gamma(v)\Phi'(v)=0 \tag{6-8}$$

如图 6-27 所示，设拼接函数在第 0 段和第 1 段上的分段表达式分别为：$\alpha_i(v)$，$\beta_i(v)$，$\gamma_i(v)$，$i=0,1$。在本节中我们要讨论（0,0,1）模式下的拼接条件，因此设 $\alpha_i(v)=\alpha_i$，$\beta_i(v)=\beta_i$，$\gamma_i(v)=\gamma_i^0(1-v)+\gamma_i^1 v$，$i=0,1$。在上面的假设中，我们不区分整体参数和局部参数，统一用 $v$ 来表示。

设$\left.\frac{\partial B(u,v)}{\partial u}\right|_{u=0}=0$在第0段和第1段上的分段表达式分别是$B_u^0(v)$和$B_u^1(v)$，$\left.\frac{\partial C(s,v)}{\partial s}\right|_{s=0}=0$在第0段和第1段上的分段表达式分别是$C_s^0(v)$和$C_s^1(v)$，则可将式(6-8)分别在第0段和第1段上写成下面的形式：

第0段：$$\alpha_0 B_u^0(v)+\beta_0 C_s^0(v)+(\gamma_0^0(1-v)+\gamma_0^1 v)\Phi_0'(v)=0 \tag{6-9}$$

第1段：$$\alpha_1 B_u^1(v)+\beta_1 C_s^1(v)+(\gamma_1^0(1-v)+\gamma_1^1 v)\Phi_1'(v)=0 \tag{6-10}$$

观察式(6-9)，式(6-10)可知，方程左端的矢量函数中，$B_u^0(v)$和$B_u^1(v)$之间应该是$C^2$连续的，$C_s^0(v)$和$C_s^1(v)$之间也是$C^2$连续的，而$\Phi_0'(v)$与$\Phi_1'(v)$之间则是$C^1$连续的[因为$\Phi_0(v)$与$\Phi_1(v)$之间是$C^2$连续的]，从而，我们有下面的关系：

$$\begin{cases}B_u^0(1)=B_u^1(0)\\ C_s^0(1)=C_s^1(0)\\ \Phi_0'(1)=\Phi_1'(0)\end{cases} \tag{6-11}$$

$$\begin{cases}(B_u^0)'(1)=(B_u^1)'(0)\\ (C_s^0)'(1)=(C_s^1)'(0)\\ \Phi_0''(1)=\Phi_1''(0)\end{cases} \tag{6-12}$$

$$\begin{cases}(B_u^0)''(1)=(B_u^1)''(0)\\ (C_s^0)''(1)=(C_s^1)''(0)\end{cases} \tag{6-13}$$

分别计算式(6-9)，式(6-10)在$v=1$，$v=0$的值，可得：

$$\begin{cases}\alpha_0 B_u^0(1)+\beta_0 C_s^0(1)+\gamma_0^1\Phi_0'(1)=0\\ \alpha_0 B_u^1(0)+\beta_0 C_s^1(0)+\gamma_0^0\Phi_0'(0)=0\end{cases} \tag{6-14}$$

将式(6-11)代入式(6-14)中，可得：

$$\begin{cases}\alpha_1=k\alpha_0\\ \beta_1=k\beta_0\\ \gamma_1^0=k\gamma_0^1\end{cases} \tag{6-15}$$

其中，$k$是不为0的常数。

将式(6-9)和式(6-10)对$v$求一阶导之后分别在$v=1$和$v=0$取值，可得：

$$\begin{cases}\alpha_0(B_u^0)'(1)+\beta_0(C_s^0)'(1)+(\gamma_0^1-\gamma_0^0)\Phi_0'(1)+\gamma_0^1\Phi_0''(1)=0\\ \alpha_1(B_u^1)'(0)+\beta_1(C_s^1)'(0)+(\gamma_1^1-\gamma_1^0)\Phi_1'(0)+\gamma_1^0\Phi_1''(0)=0\end{cases} \tag{6-16}$$

将式(6-12)，式(6-15)代入式(6-16)中，可得：

$$\gamma_1^1-\gamma_1^0=k(\gamma_0^1-\gamma_0^0) \tag{6-17}$$

显然，如果令$k=1$，则式(6-17)恰好是“本征方程”条件以及“一致光滑”条件中对于拼接函数$\gamma_i(v)$的约束。

到这里并没有结束。注意到，我们只用到了跨界导矢$B_u^0(v)$和$B_u^1(v)$之间以及$C_s^0(v)$和$C_s^1(v)$之间的$C^1$连续性，尚未用到它们之间的$C^2$连续性。实际上，“本征方程”条件以及“一致光滑”条件中对于公共边界的约束恰好是应用这个$C^2$连续性得到的。我们得到了更为一般的结论。

将式（6-9），式（6-10）对 $v$ 求二阶导后分别在 $v=1$ 和 $v=0$ 取值，可得：

$$\begin{cases}\alpha_0(B_u^0)''(1)+\beta_0(C_s^0)''(1)+(\gamma_0^1-\gamma_0^0)\Phi_0''(1)+\gamma_0^1\Phi_0'''(1)=0\\ \alpha_1(B_u^1)''(0)+\beta_1(C_s^1)''(0)+(\gamma_1^1-\gamma_1^0)\Phi_1''(0)+\gamma_1^0\Phi_1'''(0)=0\end{cases}\tag{6-18}$$

将式（6-13），式（6-15），式（6-17）代入式（6-18）中，可得：

$$\gamma_1^0[\Phi_1'''(0)-\Phi_0'''(1)]=0$$

将其写成由公共边界控制顶点表示的等价形式：

$$\gamma_1^0(\Delta^3\varphi_3-\nabla^3\varphi_3)=0\tag{6-19}$$

综上可知，式（6-9），式（6-10）成立的必要条件是式（6-15），式（6-17），式（6-19）。对于其中的式（6-12），式（6-17），我们没有太多的说法，只需注意当 $k=1$ 时这两个式子恰好是“本征方程”条件以及“一致光滑”条件的前半部分。但是，对于式（6-19）我们需要进行仔细的讨论。

显然，式（6-19）成立等价于 $\gamma_1^0=0$ 或者 $\Delta^3\varphi_3=\nabla^3\varphi_3$。若取后者，则恰好对应“本征方程”条件以及“一致光滑”条件的另外一部分。注意，取后者的几何意义是要求公共边界第 0 段和第 1 段的控制顶点的三阶差分相等，也就是第 0 段和第 1 段之间保持 $C^3$ 连续。我们知道，公共边界是内部单节点的三次 B 样条曲线，在每两段之间应该是以 $C^2$ 连接的，如果想达到 $C^3$ 连续，公共边界只能是整体的三次多项式曲线，从而在整条公共边界上最多只能有 4 个控制顶点可独立调整。由于构造局部格式首要的一个条件是，公共边界上至少要有 6 个可独立调整的控制顶点，因此，在这种策略下用内部单节点双三次 B 样条曲面无法构造局部格式。如果我们取 $\gamma_0^1=\gamma_1^0=0$，则无需 $\Delta^3\varphi_3=\nabla^3\varphi_3$。也就是说，通过 $\gamma_0^1=\gamma_1^0=0$，我们可以增加公共边界的可调控制顶点的个数。

综上所述，我们有如下两个定理。

**定理 1**　在（0,0,1）模式下，两邻接内部单节点双三次 B 样条曲面间 $G^1$ 连续的必要条件是式（6-12），式（6-17），式（6-19），并且，采取下面任何一种策略都可以保证式（6-19）成立。

**策略 1**　取 $\Delta^3\varphi_3=\nabla^3\varphi_3$。这是“本征方程”条件以及“一致光滑”条件的后半部分。此时，公共边界是整体三次多项式曲线，其上可以独立调整的控制顶点一共有 4 个。

**策略 2**　取 $\gamma_0^1=\gamma_1^0=0$。此时，公共边界不必是整体三次多项式曲线。若公共边界至少由两段组成，则其上可以独立调整的控制顶点至少有 5 个。

**注 1：** 对于相邻的两段公共边界，如果允许后一段公共边界保持其自由度而不完全受前一段公共边界的影响，必须且只需 $\gamma_0^1=\gamma_1^0=0$，否则，后一段公共边界必被前一段公共边界完全决定。

**注 2：** 对于内部单节点双四次 B 样条曲面，也有类似的结论。只不过式（6-19）换成了下面的式（6-19）$'$：

$$\gamma_1^0(\Delta^4\varphi_4-\nabla^4\varphi_4)=0\tag{6-19$'$}$$

**定理 2**　在（0,0,1）模式下，两邻接内部单节点双四次 B 样条曲面间 $G^1$ 连续的必要条件是式（6-12），式（6-17），式（6-19）$'$，并且，采取下面任何一种策略都可以保证式（6-19）$'$成立。

**策略 1** 取 $\Delta^4\varphi_4=\nabla^4\varphi_4$。这是“本征方程”条件以及“一致光滑”条件的后半部分。此时，公共边界是整体四次多项式曲线，其上可以独立调整的控制顶点一共有 5 个。

**策略 2** 取 $\gamma_0^1=\gamma_1^0=0$。此时，公共边界不必是整体四次多项式曲线。若公共边界至少由两段组成，则其上可以独立调整的控制顶点至少有 6 个，从而可进行局部格式的构造。

#### 6.4.2.3 用双四次 B 样条曲面构造 $G^1$ 连续曲面

由定理 2 知，通过令 $\gamma_0^1=\gamma_1^0=0$，可以将公共边界必须是整体多项式曲线的限制消除。只要公共边界至少由两段组成，就可保证其上至少有 6 个可独立调整的控制顶点，继而进行局部格式的构造。在本节中，我们给出构造局部格式的详细算法。

在构造局部格式之前，我们先考虑下面这样一个问题：如果公共边界由 $n$ 段组成 $(n>2)$，可否在每一段上都采取策略 2。实际上，这是不可能的，我们有下面的定理：

**定理 3** 用 (0,0,1) 模式对两邻接内部单节点 B 样条曲面进行 $G^1$ 连续拼接时，在公共边界的所有段上采取策略 2 是不可能的，否则拼接条件必退化为简单共线条件。

**证明：** 设公共边界可表示成等价的 $n$ 段 Bezier 曲线，并考虑在顺次的三段公共边界 $\Phi_{i-1}(v)$，$\Phi_i(v)$，$\Phi_{i+1}(v)$ 上对两曲面进行 $G^1$ 连续拼接。

如果在第 $i$ 段和第 $i+1$ 段上都采取策略 2，即令 $\gamma_{i-1}^1=\gamma_i^0=0$，$\gamma_i^1=\gamma_{i+1}^0=0$，则第 $i$ 段的拼接函数 $\gamma_i=\gamma_i^0(1-v)+\gamma_i^1 v$ 恒等于 0，从而第 $i$ 段的拼接条件必退化为简单共线条件。

依此类推，如果在所有段上都选择策略 2，则除了公共边界的第 0 段和第 $n$ 段之外，所有中间段的拼接条件必然都退化为简单共线条件。更重要的是，这两段的拼接条件也只能是简单共线条件。以第 0 段为例，此时第 1 段属于中间段，其上的拼接函数 $\gamma_1(v)\equiv0$，即 $\gamma_0^1=\gamma_1^1=0$。由式 (6-12)，式 (6-17) 反推第 0 段上的拼接函数 $\gamma_0(v)$ 的两个系数：$\gamma_0^0$，$\gamma_0^1$，可以得到，不论 $k$ 取何值（非零），都必然有 $\gamma_0^0=0$，$\gamma_0^1=0$，从而第 0 段上的拼接条件也会退化成简单共线条件。对于第九段的讨论是类似的。至此，得到我们的结论：在公共边界的所有段上选择策略 2 是不可能的，除非拼接条件退化成简单共线条件。

**推论 1** 如果某段公共边界 $\Phi_i(v)$ 的拼接函数 $\gamma_i(v)$ 恒等于 0，则公共边界的每一段 $\Phi_k(v)$ 上的拼接函数 $\gamma_k(v)$ 也必然恒等于 0，从而在整条公共边界上拼接条件退化为简单共线条件。

综上所述，我们知道了，在所有段上都采取策略 2 是不可能的，那么，到底可以在多少个段上采取策略 2 呢?

**定理 4** 用 (0,0,1) 模式对两邻接内部单节点 B 样条曲面进行 $G^1$ 连续拼接时，最多只能在公共边界的 1 个段上采取策略 2，否则拼接条件必退化为简单共线条件。

**证明：** 我们将这个问题转化为下面的简化问题。在顺次连接的四段公共边界 $\Phi_0(v)$，$\Phi_1(v)$，$\Phi_2(v)$，$\Phi_3(v)$ 上对两曲面进行 $G^1$ 连续拼接，设其上的拼接函数分别为 $\alpha_i$，$\beta_i$，$\gamma_i$，$i=0$，1，2，3。

假设在第 1 段和第 3 段上采取策略 2，即令 $\gamma_0^1=\gamma_1^0=0$，$\gamma_2^1=\gamma_3^0=0$，我们要证明这样做是不可能的（除非所有的 $\gamma_i^0$，$\gamma_i^1$ 都是 0）。由假设，有下面的讨论：首先，$\gamma_0^1=\gamma_1^0=0$（在

第 1 段上使用策略 2)，$\gamma_2^1=\gamma_3^0=0$（在第 3 段上使用策略 2)。其次，通过式（6-17）计算 $\gamma_1^1$ 可得：$\gamma_1^1=-k_1\gamma_0^0$。最后，根据式（6-12）有 $\gamma_2^0=k_2\gamma_1^1$。到这里就可以导出矛盾了。由于 $\gamma_2^1$ 必须满足式（6-17），即 $\gamma_2^1-\gamma_2^0=k_2(\gamma_1^1-\gamma_1^0)$，将其化简得：$\gamma_2^1=2k_2\gamma_1^1=-2k_1k_2\gamma_0^0$。但是，根据假设有 $\gamma_2^1=0$，因此，必须有 $-2k_1k_2\gamma_0^0=0$，从而 $k_1$，$k_2$，$\gamma_0^0$ 中至少有一个必须是 0。但这是不可能的。首先，按照约定，$k_i$ 是非 0 的。其次，如果 $\gamma_0^0$ 是 0，则第 0 段的拼接函数 $\gamma_0(v)$ 就会恒等于 0。根据推论 1，这必然导致所有段上的拼接函数 $\gamma_i(v)$ 都是 0，从而拼接条件退化为简单共线条件，因此结论得证。

为了更清楚地说明拼接函数 $\gamma_i(v)$ 的趋势，我们画出顺次三段上拼接函数的示意图，如图 6-28 所示。从图中我们能够明显地看到，拼接函数的趋势是越来越远离 $v$ 轴的，因此，最多只能有一个 0 点。

下面，我们给出以内部单节点双四次 B 样条曲面为工具使用局部格式构造 $G^1$ 连续曲面的算法。在本节所给出的算法中，我们总是使用策略 2 来对曲面进行拼接。由定理 4 知，如果曲面的公共边界的节点向量有多个非退化的节点区间，则在任何一个节点处采取策略 2 均可保证公共边界上至少有 6 个可独立调整的控制顶点。设公共边界的节点向量为 $V=[0,0,0,0,0,v_5,\cdots,v_n,1,1,1,1,1]$，并不妨假设在节点 $v_5$ 处采取策略 2。

设公共边界的第 0 段和第 1 段公共边界分别为 $\Phi_0(v)$ 和 $\Phi_1(v)$，其控制顶点分别为 $\varphi_0\sim\varphi_4$ 和 $\varphi_4\sim\varphi_8$，曲面 $B(u,v)$ 和 $C(s,v)$ 在这两段上的跨界导矢分别为 $B_u^0(v)$，$B_u^1(v)$ 以及 $C_s^0(v)$，$C_s^1(v)$，其控制顶点分别为 $(b_0-\varphi_0)\sim(b_4-\varphi_4)$、$(b_4-\varphi_4)\sim(b_8-\varphi_8)$ 和 $(c_0-\varphi_0)\sim(c_4\sim\varphi_4)$，$(c_4-\varphi_4)\sim(c_8-\varphi_8)$。如图 6-29 所示。

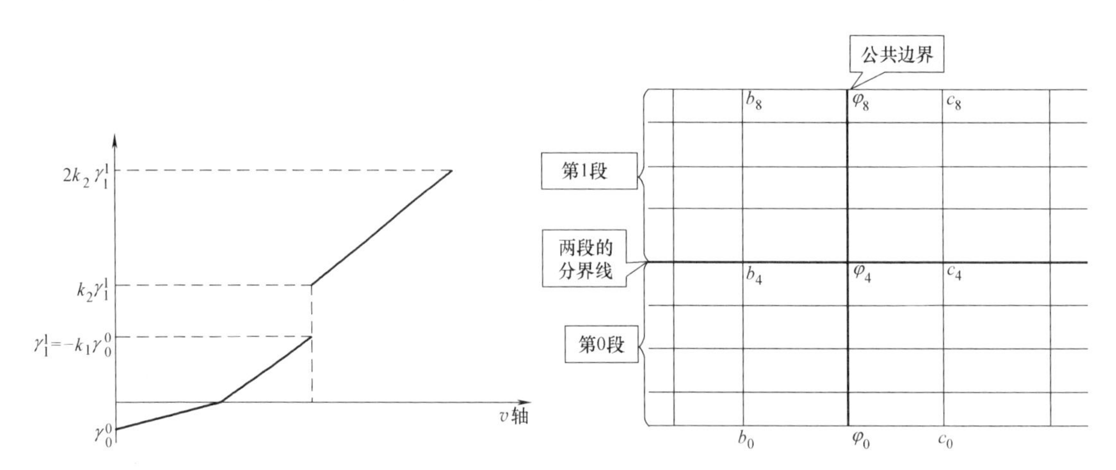


图 6-28 （0,0,1）模式下拼接函数示意图

图 6-29 两相邻双四次 B 样条曲面的控制网

我们知道，$\Phi_0(v)$ 和 $\Phi_1(v)$ 之间是 $C^3$ 连续的，$B^0(u,v)$ 与 $B^1(u,v)$ 之间是 $C^3$ 连续的，$C^0(s,v)$ 与 $C^1(s,v)$ 之间也是 $C^3$ 连续的，因此，我们有下面的关系式：

$$\begin{cases}\varphi_4-\varphi_3=\varphi_5-\varphi_4\\ \varphi_4-2\varphi_3+\varphi_2=\varphi_6-2\varphi_5+\varphi_4\\ \varphi_4-3\varphi_3+3\varphi_2-\varphi_1=\varphi_7-3\varphi_6+3\varphi_5-\varphi_4\end{cases}\tag{6-20}$$

$$\begin{cases} b_4-b_3=b_5-b_4 \\ b_4-2b_3+b_2=b_6-2b_5+b_4 \\ b_4-3b_3+3b_2-b_1=b_7-3b_6+3b_5-b_4 \\ c_4-c_3=c_5-c_4 \\ c_4-2c_3+c_2=c_6-2c_5+c_4 \\ c_4-3c_3+3c_2-c_1=c_7-3c_6+3c_5-c_4 \end{cases} \tag{6-21}$$

式（6-20）说明，公共边界的控制顶点 $\varphi_0 \sim \varphi_8$ 并不是完全独立的，在它们之中最多有 6 个独立。因此，我们最多给定 $\varphi_0 \sim \varphi_8$ 中的 6 个，剩下的 3 个必须通过方程组（6-20）计算，这也是与定理 2 相一致的。那么，给定哪 6 个点呢？出于构造局部格式的考虑，我们希望给定 $\varphi_0 \sim \varphi_8$，也就是说给定公共边界在两个端点处的位置矢量、切矢和曲率。此时，式（6-20）的系数矩阵为 $\begin{pmatrix} -1 & 2 & -1 \\ -2 & 0 & 2 \\ -3 & 2 & -3 \end{pmatrix}$，其行列式值为 $-16$，故一定可以解出唯一的一组 $\varphi_3$，$\varphi_4$，$\varphi_5$，如图 6-30 所示。

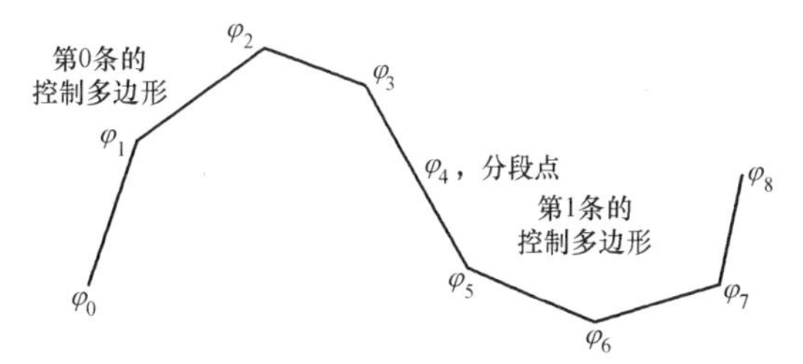

图 6-30　双四次 B 样条曲面的公共边界控制多边形

将公共边界的控制顶点全部确定好之后，我们根据式（6-9）和式（6-10）来调整公共边界两侧的控制顶点 $b_i$ 和 $c_i$。

将式（6-9）转化为如下的由控制顶点表示的等价形式：

$$\begin{cases} \alpha_0(b_0-\varphi_0)+\beta_0(c_0-\varphi_0)+\gamma_0^0(\varphi_1-\varphi_0)=0 \\ \alpha_0(b_1-\varphi_1)+\beta_0(c_1-\varphi_1)+\dfrac{3}{4}\gamma_0^0(\varphi_2-\varphi_1)+\dfrac{1}{4}\gamma_0^1(\varphi_1-\varphi_0)=0 \\ \alpha_0(b_2-\varphi_2)+\beta_0(c_2-\varphi_2)+\dfrac{1}{2}\gamma_0^0(\varphi_3-\varphi_2)+\dfrac{1}{2}\gamma_0^1(\varphi_2-\varphi_1)=0 \\ \alpha_0(b_3-\varphi_3)+\beta_0(c_3-\varphi_3)+\dfrac{1}{4}\gamma_0^0(\varphi_4-\varphi_3)+\dfrac{3}{4}\gamma_0^1(\varphi_3-\varphi_2)=0 \\ \alpha_0(b_4-\varphi_4)+\beta_0(c_4-\varphi_4)+\gamma_0^1(\varphi_4-\varphi_3)=0 \end{cases} \tag{6-22}$$

将式（6-10）转化为如下的由控制顶点表示的等价形式：

$$\begin{cases} \alpha_1(b_4-\varphi_4)+\beta_1(c_4-\varphi_4)+\gamma_1^0(\varphi_5-\varphi_4)=0 \\ \alpha_1(b_5-\varphi_5)+\beta_1(c_5-\varphi_5)+\dfrac{3}{4}\gamma_1^0(\varphi_6-\varphi_5)+\dfrac{1}{4}\gamma_1^1(\varphi_5-\varphi_4)=0 \\ \alpha_1(b_6-\varphi_6)+\beta_1(c_6-\varphi_6)+\dfrac{1}{2}\gamma_1^0(\varphi_7-\varphi_6)+\dfrac{1}{2}\gamma_1^1(\varphi_6-\varphi_5)=0 \\ \alpha_1(b_7-\varphi_7)+\beta_1(c_7-\varphi_7)+\dfrac{1}{4}\gamma_1^0(\varphi_8-\varphi_7)+\dfrac{3}{4}\gamma_1^1(\varphi_7-\varphi_6)=0 \\ \alpha_1(b_8-\varphi_8)+\beta_1(c_8-\varphi_8)+\gamma_1^1(\varphi_8-\varphi_7)=0 \end{cases} \tag{6-23}$$

上面两个方程组一共有 10 个方程，其中可以调整的控制顶点是 $b_0 \sim b_8$ 和 $c_0 \sim c_8$。但是我们要注意，由式（6-21）可知，在控制顶点 $b_0 \sim b_8$ 之中最多有 6 个独立，在 $c_0 \sim c_8$

之中最多也有 6 个独立。也就是说，我们最多只能将 $b_0 \sim b_8$ 中的 6 个以及 $c_0 \sim c_8$ 中的 6 个作为未知控制顶点，通过式（6-22）和式（6-23）将其解出来，而剩下的控制顶点必须通过式（6-21）计算。

同样出于构造局部格式的考虑，我们以 $b_0$，$b_1$，$b_2$，$b_6$，$b_7$，$b_8$ 和 $c_0$，$c_1$，$c_2$，$c_6$，$c_7$，$c_8$ 作为未知控制顶点，在式（6-22）和式（6-23）中，与这些控制顶点相关的方程分别是式（6-22）的前三个方程和式（6-23）的后三个方程，通过这 6 个方程可分别得到一组 $b_i$ 和 $c_i$，$i=0$，1，2，6，7，8。得到这些控制顶点之后，再通过式（6-21）将剩下的控制顶点 $b_i$ 和 $c_i$，$i=3$，4，5 计算出来。

这里我们要注意，我们仅考虑了式（6-22）的前三个方程和式（6-23）的后三个方程，在式（6-22）和式（6-23）中分别还有两个方程没有考虑，这会不会出现问题呢？答案是否定的，实际上我们有下面的定理：

**定理 5**　如果式（6-15），式（6-17），式（6-19）′以及式（6-20），式（6-21）成立，则式（6-22）的后四个方程与式（6-23）的前四个方程等价。

也就是说，在组成式（6-22）和式（6-24）的 10 个方程中，恰好有 6 个是独立的。进一步我们将证明，只要式（6-22）的前三个方程和式（6-23）的后三个方程满足，就一定有式（6-22）和式（6-23）中的所有方程都成立，或者说式（6-22）的前三个方程和式（6-23）的后三个方程一起，可以推出式（6-22）的后两个方程和式（6-23）的前两个方程。

**定理 6**　如果式（6-15），式（6-17），式（6-19）′以及式（6-20），式（6-21）成立，则式（6-22）的后两个方程以及式（6-23）的前两个方程可由式（6-22）的前三个方程和式（6-23）的后三个方程推出。

**证明：**首先，根据式（6-15），式（6-17）有：

$$\begin{cases} \alpha_1 = k\alpha_0 \\ \beta_1 = k\beta_0 \\ \gamma_1^0 = k\gamma_0^1 \\ \gamma_1^1 - \gamma_1^0 = k(\gamma_0^1 - \gamma_0^0) \end{cases}$$

不妨设 $k=1$，并记 $\alpha_1 = \alpha_0 = \alpha$，$\beta_1 = \beta_0 = \beta$。为了简化推导的过程，我们直接采取使式（6-19）′成立的第 2 种策略，即令 $\gamma_0^1 = \gamma_1^0 = 0$，从而 $\gamma_1^1 = -\gamma_0^0$，这不会对最后的结论有本质的影响。记 $\gamma_0^0 = \gamma$，$\gamma_1^1 = -\gamma$。

此时，式（6-22），式（6-23）可分别转化为下面的形式：

$$\begin{cases} \alpha(b_0 - \varphi_0) + \beta(c_0 - \varphi_0) + \gamma(\varphi_1 - \varphi_0) = 0 & (6\text{-}22\text{a}) \\ \alpha(b_1 - \varphi_1) + \beta(c_1 - \varphi_1) + \dfrac{3}{4}\gamma(\varphi_2 - \varphi_1) = 0 & (6\text{-}22\text{b}) \\ \alpha(b_2 - \varphi_2) + \beta(c_2 - \varphi_2) + \dfrac{1}{2}\gamma(\varphi_3 - \varphi_2) = 0 & (6\text{-}22\text{c}) \\ \alpha(b_3 - \varphi_3) + \beta(c_3 - \varphi_3) + \dfrac{1}{4}\gamma(\varphi_4 - \varphi_3) = A & (6\text{-}22\text{d}) \\ \alpha(b_4 - \varphi_4) + \beta(c_4 - \varphi_4) = B & (6\text{-}22\text{e}) \end{cases}$$

$$
\begin{cases}
\alpha(b_4-\varphi_4)+\beta(c_4-\varphi_4)=B & \text{(6-23a)}\\
\alpha(b_5-\varphi_5)+\beta(c_5-\varphi_5)-\dfrac{1}{4}\gamma(\varphi_5-\varphi_4)=C & \text{(6-23b)}\\
\alpha(b_6-\varphi_6)+\beta(c_6-\varphi_6)-\dfrac{1}{2}\gamma(\varphi_6-\varphi_5)=0 & \text{(6-23c)}\\
\alpha(b_7-\varphi_7)+\beta(c_7-\varphi_7)-\dfrac{3}{4}\gamma(\varphi_7-\varphi_6)=0 & \text{(6-23d)}\\
\alpha(b_8-\varphi_8)+\beta(c_8-\varphi_8)+\gamma(\varphi_8-\varphi_7)=0 & \text{(6-23e)}
\end{cases}
$$

在上面两个方程组中，我们设式（6-22d)，式（6-22e)，式（6-23a)，式（6-23b）的值分别为 $A$，$B$，$C$，我们的目的是证明，式（6-20)，式（6-21）成立的情况下，$A$，$B$，$C$ 一定是 0。

实际上，我们可以建立关于 $A$，$B$，$C$ 的如下三个方程。
首先，计算式（6-22e)一式（6-22d）得：

$$\alpha[(b_4-b_3)-(\varphi_4-\varphi_3)]+\beta[(c_4-c_3)-(\varphi_4-\varphi_3)]-\frac{1}{4}\gamma(\varphi_4-\varphi_3)=B-A \quad (6\text{-}24)$$

计算式（6-23b)一式（6-23a）得：

$$\alpha[(b_5-b_4)-(\varphi_5-\varphi_4)]+\beta[(c_5-c_4)-(\varphi_5-\varphi_4)]-\frac{1}{4}\gamma(\varphi_5-\varphi_4)=C-B \quad (6\text{-}25)$$

比较式（6-24)，式（6-25)，并将式（6-20)，式（6-21）代入得：

$$C-B=B-A \quad (6\text{-}26)$$

计算式（6-22e)－2×式(6-22d)＋式（6-22c）和式（6-23c)－2×式（6-23b)＋式（6-23a）并将式（6-20)，式（6-21）代入得：

由式（6-24)，式（6-25)，式（6-26）组成的方程组为：

$$\begin{pmatrix}1 & -2 & 1\\ 2 & 0 & -2\\ -3 & 2 & -3\end{pmatrix}\begin{pmatrix}A\\ B\\ C\end{pmatrix}=\begin{pmatrix}0\\ 0\\ 0\end{pmatrix}$$

其系数矩阵行列式值为 16，因此，$A$，$B$，$C$ 一定都是 0，证毕。

由定理 6 可知，只要我们调整两曲面第 0 段的前三排控制顶点 $b_i$，$\varphi_i$，$c_i$，$i=0$，1，2，2，以及两曲面第 1 段的后三排控制顶点 $b_i$，$\varphi_i$，$c_i$，$i=6$，7，8，使式（6-22）的前三个方程以及式（6-23）的后三个方程满足，然后再利用第 0 段两曲面控制顶点与第 1 段两曲面控制顶点之间必须满足的关系［式（6-20）和式（6-21)]，将剩下的控制顶点 $b_i$，$\varphi_i$，$c_i$，$i=3$，4，5 解出来，那么式（6-22）和式（6-23）中各自剩下的两个方程无需考虑而会自动满足，从而实现了对两片曲面的 $G^1$ 连续拼接。

综上，我们有如下的对两邻接内部单节点双四次 B 样条曲面进行 $G^1$ 连续拼接的算法：

## 算法 1　用 (0,0,1) 模式拼接两邻接内部单节点双四次 B 样条曲面

Step 1：将两曲面以及公共边界转化为等价的分片 Bezier 曲面和分段 Bezier 曲线的形式。

Step 2：给定 $\varphi_0$，$\varphi_1$，$\varphi_2$，以及 $\varphi_6$，$\varphi_7$，$\varphi_8$，根据式（6-20）计算 $\varphi_4$，$\varphi_5$，$\varphi_5$。

Step 3：选定 $\alpha_0$，$\beta_0$，$\gamma_0(v)$ 和 $\alpha_1$，$\beta_1$，$\gamma_1(v)$，要求 $\gamma_0^1=\gamma_1^0=0$。

Step 4：根据第 0 段的式（6-22）中的前三个方程计算第 0 段的前三排控制顶点：$b_0$，$b_1$，$b_2$，$c_0$，$c_1$，$c_2$。

Step 5：根据第 1 段的式（6-23）中的后三个方程计算第 1 段的后三排控制顶点：$b_6$，$b_7$，$b_8$，$c_6$，$c_7$，$c_8$。

Step 6：根据第 0 段和第 1 段之间的 $C^3$ 连续性，通过式（6-21）计算剩下的中间三排控制点：$b_3$，$b_4$，$b_5$，$c_3$，$c_4$，$c_5$。

#### 6.4.2.4 (1,1,2) $G^1$ 拼接模式下的 $G^1$ 连续条件

通过前面的讨论我们知道，在（0,0,1）模式下使用局部格式构造曲面时，对曲面次数的最低要求是双四次。在本节中，我们以（1,1,2）模式为例，研究将拼接函数的次数升高时曲面间几何连续的条件。首先仍然以双三次 B 样条曲面模型为例，考虑在公共边界的第 0 段和第 1 段上对两曲面进行拼接。

设在第 0 段和第 1 段上拼接函数的分段表达式为：

$$\begin{cases}\alpha_i(v)=\alpha_i^0(1-v)+\alpha_i^1 v\\ \beta_i(v)=\beta_i^0(1-v)+\beta_i^1 v\\ \gamma_i(v)=\gamma_i^0(1-v)^2+2\gamma_i^1 v(1-v)+\gamma_i^2 v^2\end{cases}\qquad i=0,1$$

两曲面的第 0 段和第 1 段公共边界分别为 $\Phi_0(v)$ 和 $\Phi_i(v)$，两曲面在第 0 段和第 1 段上的跨界导矢分别为 $B_u^0(v)$，$B_u^1(v)$ 和 $C_s^0(v)$，$C_s^1(v)$。

我们先找出两曲面间 $G^1$ 连续的必要条件。

**定理 7** 在（1,1,2）模式下，两邻接内部单节点双三次 B 样条曲面间 $G^1$ 连续的必要条件是：

$$\begin{cases}\alpha_1^0=k\alpha_0^1\\ \beta_1^0=k\beta_0^1,\quad k\neq 0\\ \gamma_1^0=k\gamma_0^2\end{cases}\tag{6-27}$$

$$\begin{cases}(\alpha_1^1-\alpha_1^0)-k(\alpha_0^1-\alpha_0^0)=m\alpha_0^1\\ (\beta_1^1-\beta_1^0)-k(\beta_0^1-\beta_0^0)=m\beta_0^1,\quad m\text{ 为任意值}\\ (\gamma_1^1-\gamma_1^0)-k(\gamma_0^2-\gamma_0^1)=\dfrac{m}{2}\gamma_0^2\end{cases}\tag{6-28}$$

$$\begin{aligned}&2m\alpha_0^1(B_u^1)'(0)+2m\beta_0^1(C_s^1)'(0)\\&+2[(\gamma_1^2-2\gamma_1^1+\gamma_1^0)-k(\gamma_0^2-2\gamma_0^1+\gamma_0^0)]\Phi_1'\\&+2m\gamma_0^2\Phi''_1(0)+\gamma_1^0[\Phi'''_1(0)-\Phi'''_1(1)]=0\end{aligned}\tag{6-29}$$

**证明：** 首先，第 0 段和第 1 段的拼接方程分别为：

$$\text{第 0 段：}\alpha_0(v)B_u^0(v)+\beta_0(v)C_s^0(v)+\gamma_0(v)\Phi_0'(v)=0\tag{6-30}$$

$$\text{第 1 段：}\alpha_1(v)B_u^1(v)+\beta_1(v)C_s^1(v)+\gamma_1(v)\Phi_1'(v)=0\tag{6-31}$$

将式（6-30），式（6-31）分别在 $v=1$，$v=0$ 取值得：

$$\begin{cases}\alpha_0^1 B_u^0(1)+\beta_0^1 C_s^0(1)+\gamma_0^2\Phi_0'(1)=0\\ \alpha_0^1 B_u^1(1)+\beta_1^0 C_s^1(1)+\gamma_1^0\Phi_1'(0)=0\end{cases}\tag{6-32}$$

将式（6-11）代入到式（6-32），可得：

$$\begin{cases}\alpha_1^0=k\alpha_0^1\\ \beta_1^0=k\beta_0^1, \quad k\neq 0\\ \gamma_1^0=k\gamma_0^2\end{cases}$$

将式（6-30），式（6-31）对 $v$ 求一阶导后分别在 $v=1$，$v=0$ 取值得：

$$\begin{cases}(\alpha_0^1-\alpha_0^1)B_u^0(1)+\alpha_i^1(B_u^i)'(1)+(\beta_0^1-\beta_0^0)C_s^0(1)+\beta_i^1(C_s^i)'(1)\\ +2(\gamma_0^2-\gamma_0^1)\Phi_0'(1)+\gamma_0^2\Phi_0''(1)=0\\ (\alpha_1^1-\alpha_1^0)B_u^1(0)+\alpha_1^0(B_u^1)'(0)+(\beta_1^1-\beta_1^0)C_s^1(0)+\beta_1^0(C_s^1)'(0)\\ +2(\gamma_1^1-\gamma_1^0)\Phi_1'(0)+\gamma_1^0\Phi_1''(0)=0\end{cases} \tag{6-33}$$

将式（6-11），式（6-12），式（6-27）代入式（6-33），可得：

$$\begin{cases}(\alpha_1^1-\alpha_1^0)-k(\alpha_0^1-\alpha_0^0)=m\alpha_0^1\\ (\beta_1^1-\beta_1^0)-k(\beta_0^1-\beta_0^0)=m\beta_0^1, \quad m\text{ 为任意值}\\ (\gamma_1^1-\gamma_1^0)-k(\gamma_0^2-\gamma_0^1)=\dfrac{m}{2}\gamma_0^2\end{cases}$$

将式（6-30），式（6-31）对 $v$ 求二阶导后分别在 $v=1$，$v=0$ 取值并将式（6-12），式（6-13），式（6-27），式（6-28）代入，可得式（6-29），证毕。

通过定理 7 我们看到，(1,1,2) 模式下的 $G^1$ 连续条件变得异常复杂。其中，最难处理的是式（6-31），它涉及太多的控制顶点。注意，我们采用（1,1,2）模式的一个很重要的目的是提供更多的自由度，现在拼接函数的自由度虽然增多了，但拼接条件却更加复杂和难解了，因此，我们不打算采用这个必要条件来处理问题，而希望根据这个必要条件找到一个合理的充分条件，这个充分条件应该既简单易用，又具有普遍的意义。具体来说，我们把式（6-28）中的 $m$ 取为 0 并在式（6-29）中令 $\gamma_1^2-2\gamma_1^1+\gamma_1^0=k(\gamma_0^2-2\gamma_0^1+\gamma_0^0)$，即可得到一类实用的充分性条件，如下面定理所述。

**定理 8**　在（1,1,2）模式下，两邻接单内节点双三次 B 样条曲面间 $G^1$ 连续的一类充分条件是下面的式（6-34）～式（6-37），并有下面的讨论：

（1）首先要满足：

$$\begin{cases}\alpha_1^0=k\alpha_0^1\\ \beta_1^0=k\beta_0^1, \quad k\neq 0\\ \gamma_1^0=k\gamma_0^2\end{cases} \tag{6-34}$$

$$\begin{cases}\alpha_1^1-\alpha_1^0=k(\alpha_0^1-\alpha_0^0)\\ \beta_1^1-\beta_1^0=k(\beta_0^1-\beta_0^0)\\ \gamma_1^1-\gamma_1^0=k(\gamma_0^2-\gamma_0^1)\end{cases} \tag{6-35}$$

$$\gamma_1^2-2\gamma_1^1+\gamma_1^0=k(\gamma_0^2-2\gamma_0^1+\gamma_0^0) \tag{6-36}$$

（2）其次要满足：

$$\gamma_1^0[\Delta^3\varphi_3-\nabla^3\varphi_3]=0 \tag{6-37}$$

并且，为使式（6-37）成立，可以有下面的两种选择策略：

**策略 1**　取 $\Delta^3\varphi_3-\nabla^3\varphi_3$。此时，公共边界是整体三次多项式曲线，在整条公共边界上一共有 4 个可独立选取的控制顶点。

**策略 2** 取 $\gamma_0^2=\gamma_1^0=0$。此时，公共边界不必是整体多项式曲线。

同对（0,0,1）模式的讨论一样，我们提出下面的问题：用（1,1,2）模式对两邻接内部单节点B样条曲面进行 $G^1$ 拼接时，最多能在多少段上采取策略 2？关于这个问题，我们有下面的定理：

**定理 9** 用（1,1,2）模式拼接两邻接内部单节点B样条曲面时，最多能在公共边界的两个段上采用策略 2，否则拼接条件必退化为简单共线条件。

为了证明这个定理，我们先证明下面的引理。

**引理** 用（1,1,2）模式拼接内部单节点B样条曲面时，拼接函数 $\gamma_i(v)$ 的系数必定具有下面的形式：

$$\begin{cases}\gamma_i^0=k_0k_1\cdots k_{i-1}L_i^0(\gamma_0^0,\gamma_0^1,\gamma_0^2)\\ \gamma_i^1=k_0k_1\cdots k_{i-1}L_i^1(\gamma_0^1,\gamma_0^1,\gamma_0^2)\\ \gamma_i^2=k_0k_1\cdots k_{i-1}L_i^2(\gamma_0^0,\gamma_0^1,\gamma_0^2)\end{cases} \tag{6-38}$$

其中 $L_i^0(\gamma_0^0,\ \gamma_0^1,\ \gamma_0^2)$，$L_i^1(\gamma_0^0,\ \gamma_0^1,\ \gamma_0^2)$，$L_i^2(\gamma_0^0,\ \gamma_0^1,\ \gamma_0^2)$ 是 $\gamma_0^0$，$\gamma_0^1$，$\gamma_0^2$ 的线性组合，与 $k_0k_1\cdots k_{i-1}$ 无关。

**证明**：这个结论可以通过归纳的手段得到。

首先，当 $i=1$ 时，根据式（6-34）~式（6-36）有：

$$\begin{cases}\gamma_1^0=k_0\gamma_0^2\\ \gamma_1^1-\gamma_1^0=k_0(\gamma_0^2-\gamma_0^1)\\ \gamma_1^2-2\gamma_1^1+\gamma_1^0=k_0(\gamma_0^2-2\gamma_0^1+\gamma_0^0)\end{cases}$$

将它们化简得：

$$\begin{cases}\gamma_1^0=k\gamma_0^2\\ \gamma_1^1=k_0(2\gamma_0^2-\gamma_0^1)\\ \gamma_1^2=k_0(4\gamma_0^2-4\gamma_0^1+\gamma_0^0)\end{cases}$$

故当 $i=1$ 时结论正确。

假设当 $i=m$ 时式（6-38）成立，即：

$$\begin{cases}\gamma_m^0=k_0k_1\cdots k_{m-1}L_m^0(\gamma_0^0,\gamma_0^1,\gamma_0^2)\\ \gamma_m^1=k_0k_1\cdots k_{m-1}L_m^1(\gamma_0^0,\gamma_0^1,\gamma_0^2)\\ \gamma_m^2=k_0k_1\cdots k_{m-1}L_m^2(\gamma_0^0,\gamma_0^1,\gamma_0^2)\end{cases}$$

当 $i=m+1$ 时，由式（6-34）~式（6-36）得：

$$\begin{cases}\gamma_{m+1}^0=k_m\gamma_m^2\\ \gamma_{m+1}^1-\gamma_{m+1}^0=k_m(\gamma_m^2-\gamma_m^1)\\ \gamma_{m+1}^2-2\gamma_{m+1}^1+\gamma_{m+1}^0=k_m(\gamma_m^2-2\gamma_m^1+\gamma_m^0)\end{cases}$$

将此式代入上式中即可得引理所述的结论。

有了引理，我们来证明定理 9 的结论。

**证明**：定理 9 其实等价于说，在所有的 $\gamma_i^0$ 中（即在所有的 $\gamma_{i-1}^2$ 中），最多只能有两个是 0。观察式（6-38）我们发现，若某 $\gamma_i^0=0$，必有相应的 $L_i^0(\gamma_0^0,\gamma_0^1,\gamma_0^2)=0$，注意到 $L_i^0(\gamma_0^0,\gamma_0^1,\gamma_0^2)=0$ 是关于 $\gamma_0^0,\gamma_0^1,\gamma_0^2$ 的线性方程，故每当有一个 $\gamma_i^0=0$ 时，就会增加一个对 $\gamma_0^0$，$\gamma_0^1$，$\gamma_0^2$ 的线性约束，而这种线性约束不应该超过两个（如果超过两个，所有段上

的拼接条件必定会退化为简单共线条件），定理得证。

下面，同在（0,0,1）模式下构造局部格式的过程类似，我们尝试在（1,1,2）模式下用定理8给出的充分性条件对内部单节点的双三次B样条曲面进行局部格式的构造，并进一步证明，在这种充分性条件下，内部单节点的双三次B样条曲面并不能构造局部格式，也就是说用内部单节点B样条曲面构造局部格式对曲面次数的最低要求是双四次。

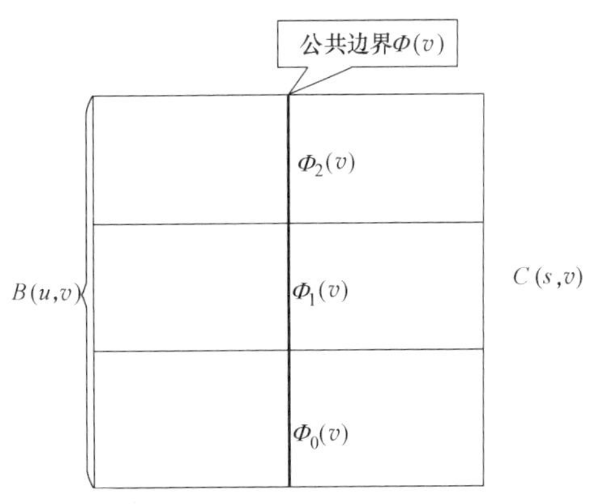


图6-31　（1,1,2）模式下两邻接双三次B样条曲面示意图

我们知道，对于内部单节点的双三次B样条曲面来说，公共边界至少应该由三段组成才能保证其上可独立调整的控制顶点个数不少于6个。因此，我们不妨设公共边界恰好由三段组成，如图6-31所示。

分别记这三段公共边界为$\Phi_0(v)$，$\Phi_1(v)$，$\Phi_2(v)$，则$\Phi_0(v)$与$\Phi_1(v)$之间以及$\Phi_1(v)$与$\Phi_2(v)$之间应该都是$C^2$连续的。记两曲面的跨界导矢的分段表达式分别为$B_u^0(v)$，$B_u^1(v)$，$B_u^2(v)$和$C_s^0(v)$，$C_s^1(v)$，$C_s^2(v)$，则$B_u^0(v)$与$B_u^1(v)$之间以及$B_u^1(v)$与$B_u^2(v)$之间应该是$C^2$连续的，$C_s^0(v)$与$C_s^1(v)$之间以及$C_s^1(v)$与$C_s^2(v)$之间也应该是$C^2$连续的。这种连续性约束的具体表现形式是下面的方程组：

$$\begin{cases} b_4-b_3=b_3-b_2 \\ b_5-2b_4+b_3=b_3-2b_2+b_1 \\ b_7-b_6=b_6-b_5 \\ b_8-2b_7+b_6=b_6-2b_5+b_5 \\ \varphi_4-\varphi_3=\varphi_3-\varphi_2 \\ \varphi_5-2\varphi_4+\varphi_3=\varphi_3-2\varphi_2+\varphi_1 \\ \varphi_7-\varphi_6=\varphi_6-\varphi_5 \\ \varphi_8-2\varphi_7+\varphi_6=\varphi_6-2\varphi_5+\varphi_4 \\ c_4-c_3=c_3-c_2 \\ c_5-2c_4+c_3=c_3-2c_2+c_1 \\ c_7-c_6=c_6-c_5 \\ c_8-2c_7+c_6=c_6-2c_5+c_4 \end{cases} \tag{6-39}$$

此方程组可转化为等价的三个方程组，它们分别是关于$b_3\sim b_6$，$\varphi_3\sim\varphi_6$，以及$c_3\sim c_6$的，并且系数矩阵是相同的，为$\begin{pmatrix} -2 & 1 & 0 & 0 \\ 0 & -2 & 1 & 0 \\ 0 & 1 & -2 & 0 \\ -1 & 2 & 0 & -2 \end{pmatrix}$。此矩阵的行列式值为$-20$，因此可以通过式（6-39）计算得到$b_3\sim b_6$，$\varphi_3\sim\varphi_6$，以及$c_3\sim c_6$的唯一解。

由式（6-39）可知，不论是公共边界的控制顶点$\varphi_0\sim\varphi_9$，还是公共边界两侧的控制顶点$b_0\sim b_9$以及$c_0\sim c_9$，都分别只有6个点可以独立调整。由于我们要构造局部格式，因此必须首先将角点附近的那些控制顶点通过角点处的协调方程组确定下来，它们是 $b_0$，$\varphi_0$，$c_0$；$b_1$，$\varphi_1$，$c_1$；$\varphi_2$ 以及 $\varphi_7$；$b_8$，$\varphi_8$，$c_8$；$b_9$，$\varphi_9$，$c_9$。注意，$\varphi_0$，$\varphi_1$，$\varphi_2$，$\varphi_7$，$\varphi_8$，$\varphi_9$ 是公共边界的控制顶点，当它们通过角点处的协调方程组确定下来之后，公共边界上其他控制顶点已经没有调整的余地了，而此时公共边界两侧的控制顶点中也分别还有两个可以调整，对称地，我们调整 $b_2$，$b_7$ 和 $c_2$，$c_7$（选择其他的点也会得到同样的结论），将其余的控制顶点通过式（6-39）计算出来．

为了保证公共边界上至少有 6 个可调整的控制顶点，我们在第 0 段与第 1 段之间，以及第 1 段与第 2 段之间都采取第 2 种策略，即令 $\gamma_0^2=\gamma_1^0=0$，$\gamma_1^2=\gamma_2^0=0$，然后，将拼接方程（6-8）在第 0 段、第 1 段以及第 2 段上分别写成如下的由控制顶点表示的等价形式。

$$
\begin{cases}
\alpha_0^0(b_0-\varphi_0)+\beta_0^0(c_0-\varphi_0)+\gamma_0^0(\varphi_1-\varphi_0)=0 & \text{(6-40a)} \\
\left[\frac{3}{4}\alpha_0^0(b_1-\varphi_1)+\frac{1}{4}\alpha_0^1(b_0-\varphi_0)\right]+\left[\frac{3}{4}\beta_0^0(c_1-\varphi_1)+\frac{1}{4}\beta_0^1(c_0-\varphi_0)\right] & \\
\quad+\left[\frac{1}{2}\gamma_0^0(\varphi_2-\varphi_1)+\frac{1}{2}\gamma_0^1(\varphi_1-\varphi_0)\right]=0 & \text{(6-40b)} \\
\left[\frac{1}{2}\alpha_0^0(b_1-\varphi_2)+\frac{1}{2}\alpha_0^1(b_1-\varphi_1)\right]+\left[\frac{1}{2}\beta_0^0(c_2-\varphi_2)+\frac{1}{2}\beta_0^1(c_1-\varphi_1)\right] & \\
\quad+\left[\frac{1}{6}\gamma_0^0(\varphi_3-\varphi_2)+\frac{2}{3}\gamma_0^1(\varphi_2-\varphi_1)\right]=0 & \text{(6-40c)} \\
\left[\frac{1}{4}\alpha_0^0(b_3-\varphi_3)+\frac{3}{4}\alpha_0^1(b_2-\varphi_2)\right]+\left[\frac{1}{4}\beta_0^0(c_3-\varphi_3)+\frac{3}{4}\beta_0^1(c_2-\varphi_2)\right] & \\
\quad+\frac{1}{2}\gamma_0^1(\varphi_3-\varphi_2)=0 & \text{(6-40d)} \\
\alpha_0^1(b_3-\varphi_3)+\beta_0^1(c_3-\varphi_3)=0 & \text{(6-40e)}
\end{cases}
$$

$$
\begin{cases}
\alpha_1^0(b_3-\varphi_3)+\beta_1^0(c_3-\varphi_3)=0 & \text{(6-41a)} \\
\left[\frac{3}{4}\alpha_1^0(b_4-\varphi_4)+\frac{1}{4}\alpha_1^1(b_3-\varphi_3)\right]+\left[\frac{3}{4}\beta_1^0(c_4-\varphi_4)+\frac{1}{4}\beta_1^1(c_3-\varphi_3)\right] & \\
\quad+\frac{1}{2}\gamma_1^1(\varphi_4-\varphi_4)=0 & \text{(6-41b)} \\
\left[\frac{1}{2}\alpha_1^0(b_5-\varphi_5)+\frac{1}{2}\alpha_1^1(b_4-\varphi_4)\right]+\left[\frac{1}{2}\beta_1^0(c_5-\varphi_5)+\frac{1}{2}\beta_1^1(c_4-\varphi_4)\right] & \\
\quad+\frac{2}{3}\gamma_1^1(\varphi_5-\varphi_4)=0 & \text{(6-41c)} \\
\left[\frac{1}{4}\alpha_1^0(b_6-\varphi_6)+\frac{3}{4}\alpha_1^1(b_5-\varphi_5)\right]+\left[\frac{1}{4}\beta_1^0(c_6-\varphi_6)+\frac{3}{4}\beta_1^1(c_5-\varphi_5)\right] & \\
\quad+\frac{1}{2}\gamma_1^1(\varphi_6-\varphi_5)=0 & \text{(6-41d)} \\
\alpha_1^1(b_6-\varphi_6)+\beta_1^1(c_6-\varphi_6)=0 & \text{(6-41e)}
\end{cases}
$$

$$\begin{cases}\alpha_2^0(b_6-\varphi_6)+\beta_2^0(c_6-\varphi_6)=0 & \text{(6-42a)}\\ \left[\frac{3}{4}\alpha_2^0(b_7-\varphi_7)+\frac{1}{4}\alpha_2^1(b_6-\varphi_6)\right]+\left[\frac{3}{4}\beta_2^0(c_7-\varphi_7)+\frac{1}{4}\beta_2^1(c_6-\varphi_6)\right] & \\ +\left[\frac{1}{2}\gamma_2^1(\varphi_7-\varphi_6)\right]=0 & \text{(6-42b)}\\ \left[\frac{1}{2}\alpha_2^0(b_8-\varphi_8)+\frac{1}{2}\alpha_2^1(b_7-\varphi_7)\right]+\left[\frac{1}{2}\beta_2^0(c_8-\varphi_8)+\frac{1}{2}\beta_2^1(c_7-\varphi_7)\right] & \\ +\left[\frac{2}{3}\gamma_2^1(\varphi_8-\varphi_7)+\frac{1}{6}\gamma_2^2(\varphi_7-\varphi_6)\right]=0 & \text{(6-42c)}\\ \left[\frac{1}{4}\alpha_2^0(b_9-\varphi_9)+\frac{3}{4}\alpha_2^1(b_8-\varphi_8)\right]+\left[\frac{1}{4}\beta_2^0(c_9-\varphi_9)+\frac{3}{4}\beta_2^1(c_8-\varphi_8)\right] & \\ +\left[\frac{1}{2}\gamma_2^1(\varphi_9-\varphi_8)+\frac{1}{2}\gamma_2^2(\varphi_8-\varphi_7)\right]=0 & \text{(6-42d)}\\ \alpha_2^1(b_9-\varphi_9)+\beta_2^1(c_9-\varphi_9)+\gamma_2^2(\varphi_9-\varphi_8)=0 & \text{(6-42e)}\end{cases}$$

类似于定理 5，关于这 15 个方程之间的关系，我们不加证明地给出下面的定理。

**定理 10** 在式（6-34）～式（6-37）以及式（6-39）成立的情况下，式（6-40c），式（6-40d），式（6-40e）与式（6-41a），式（6-41b），式（6-41c）等价，式（6-41c），式（6-41d），式（6-41e）与式（6-42a），式（6-42b），式（6-42c）等价。

由定理 10 可知，在式（6-40c）到式（6-42c）这 11 个方程中，独立的方程一共有 5 个。刚才已经说过，角点附近的一些控制顶点要优先确定，当角点附近的控制顶点通过角点方程确定下来之后，式（6-40a）和式（6-40b）也已满足（它们包含在角点方程组之中），从而式（6-40c）～式（6-42c）中还剩下 11 个方程需要满足，其中独立方程一共有 5 个。我们知道，可以调整的控制顶点只有 4 个：$b_2$，$b_7$ 和 $c_2$，$c_7$，因此，自由度缺少 1 个，无法得到 $b_2$，$b_7$ 和 $c_2$，$c_7$ 的解。综上可知，在（1，1，2）模式下用内部单节点双三次 B 样条曲面无法构造局部格式，原因是可独立调整的控制顶点不够。

### 6.4.3 内部单节点 B 样条曲面间的 $G^2$ 连续条件

首先，推导了在（0，0，1；0，1）模式下两邻接内部单节点双五次 B 样条曲面间 $G^2$ 连续的条件，讨论了两曲面的公共边界和二阶混合偏导矢所必须满足的条件，并给出了对两邻接曲面进行 $G^2$ 连续拼接的算法。其次，我们研究了在（1，1，2；3，4）模式下两邻接内部单节点双五次 B 样条曲面间 $G^2$ 连续的条件，并指出了对内部单节点 B 样条曲面进行 $G^2$ 拼接的最高可用模式是（1，1，2；3，4）模式。最后，我们研究了三面角点处由 $G^2$ 连续条件产生的“缠结”问题，给出了“缠结”问题的协调方程组，并分析了协调方程组的可解性。

#### 6.4.3.1 (0,0,1;0,1) $G^2$ 拼接模式下的 $G^2$ 连续条件

首先，我们在（0，0，1；0，1）模式下研究两邻接内部单节点双五次 B 样条曲面间 $G^2$ 连续的条件．考虑在顺次的两段上对曲面进行 $G^2$ 连续拼接，不妨设这两段分别是第 0 段和第 1 段，如图 6-32 所示。

记第0段公共边界 $\Phi_0(v)$ 的控制顶点为 $\varphi_0 \sim \varphi_5$，第1段公共边界 $\Phi_1(v)$ 的控制顶点为 $\varphi_5 \sim \varphi_{10}$。设两曲面在第0段的跨界导矢分别为 $B_u^0(v)$，$C_s^0(v)$，其控制顶点分别为 $b_0 \sim b_5$，$c_0 \sim c_5$，两曲面在第1段的跨界导矢分别为 $B_u^1(v)$，$C_s^1(v)$，其控制顶点分别为 $b_5 \sim b_{10}$，$c_5 \sim c_{10}$。设两曲面在第0段的跨界二阶导矢分别为 $B_{uu}^0(v)$，$C_{ss}^0(v)$，其控制顶点分别为 $e_0 \sim e_5$，$f_0 \sim f_5$，两曲面在第1段的跨界二阶导矢分别为 $B_{uu}^1(v)$，$C_{ss}^1(v)$，其控制顶点分别为 $e_5 \sim e_{10}$，$f_5 \sim f_{10}$。设两曲面在第0段的二阶混合偏导矢分别为 $B_{uv}^0(v)$，$C_{sv}^0(v)$，两曲面在第1段的二阶混合偏导矢分别为 $B_{uv}^1(v)$，$C_{sv}^1(v)$。

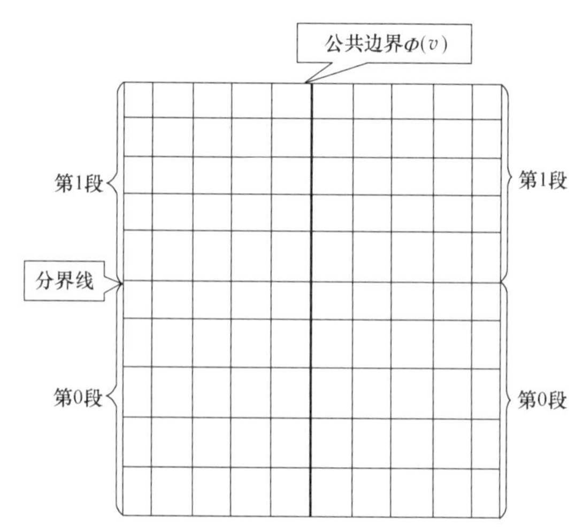

图 6-32　内部单节点双五次B样条曲面控制网格

$$\alpha_0, \beta_0, \gamma_0(v)=\gamma_0^0(1-v)+\gamma_0^1 v, \delta_0, \eta_0(v)=\eta_0^0(1-v)+\eta_0^1 v$$
$$\alpha_1, \beta_1, \gamma_1(v)=\gamma_1^0(1-v)+\gamma_1^1 v, \delta_1, \eta_1(v)=\eta_1^0(1-v)+\eta_1^1 v$$

在对两曲面进行 $G^2$ 拼接之前，我们假设两曲面间是 $G^1$ 连续的，即式（6-15），式（6-17）以及下面的式（6-43）成立：

$$\gamma_1^0[\Phi_1^{(5)}(0)-\Phi_0^{(5)}(1)]=0 \tag{6-43}$$

之后，我们进行 $G^2$ 连续条件的推导。首先，两曲面间在第0段和第1段有如下的 $G^2$ 连续方程成立：

第0段：
$$\alpha_0 D_0(v)+\delta_0 C_s^0(v)+\eta_0(v)\Phi_0'(v)=0 \tag{6-44}$$

第1段：
$$\alpha_1 D_1(v)+\delta_1 C_s^1(v)+\eta_1(v)\Phi_1'(v)=0 \tag{6-45}$$

其中，

$$D_0(v)=(\alpha_0)^2 B_{uu}^0(v)-[(\beta_0)^2 C_{ss}^0(v)+2\beta_0\gamma_0(v)C_{sv}^0(v)+(\gamma_0(v))^2\Phi_0''(v)]$$
$$D_1(v)=(\alpha_1)^2 B_{uu}^1(v)-[(\beta_1)^2 C_{ss}^1(v)+2\beta_1\gamma_1(v)C_{sv}^1(v)+(\gamma_1(v))^2\Phi_1''(v)]$$

$D_0(v)$ 和 $D_1(v)$ 是关于两曲面 $B(u,v)$ 和 $C(s,v)$ 的二阶导矢的信息。容易知道，$B_{uu}^0(v)$，$B_{uu}^1(v)$ 是 $C^4$ 连续的，$C_{ss}^0(v)$ 与 $C_{ss}^1(v)$ 是 $C^4$ 连续的，$B_{uv}^0(v)$，$B_{uv}^1(v)$ 是 $C^3$ 连续的，$C_{sv}^0(v)$ 与 $C_{sv}^1(v)$ 是 $C^3$ 连续的。

将式（6-44），式（6-45）分别在 $v=1$ 和 $v=0$ 取值，并将式（6-12）代入得：

$$\begin{cases}\delta_1=k^3\delta_0 \\ \eta_1^0=k^3\eta_0^1\end{cases} \tag{6-46}$$

将式（6-44），式（6-45）求一阶导后分别在 $v=1$ 和 $v=0$ 取值，并将式（6-15），式（6-43），式（6-46）代入得：

$$\eta_1^1-\eta_1^0=k^3(\eta_0^1-\eta_0^0) \tag{6-47}$$

将式（6-44），式（6-45）求二阶导和三阶导后分别在 $v=1$ 和 $v=0$ 取值，并将式（6-15），式（6-17），式（6-43），式（6-46），式（6-47）代入得：

$$\alpha_1(\gamma_1^0)^2[\Phi_0^{(5)}(1)-\Phi_1^{(5)}(0)]=0 \tag{6-48}$$

最后，将式（6-44），式（6-45）求四阶导后分别在 $v=1$ 和 $v=0$ 取值，并将式（6-15），式（6-17），式（6-43），式（6-46），式（6-47）代入得：

$$2\alpha_1\beta_1\gamma_1^0[(C_{sv}^0)^4(1)-(C_{sv}^1)^4(0)]+[8\alpha_1(\gamma_1^1-\gamma_1^0)\gamma_1^0-\eta_1^0][\Phi_0^{(5)}(1)-\Phi_1^{(5)}(0)]=0 \tag{6-49}$$

综上，我们有如下定理：

**定理 11** 在（0，0，1；0，1）模式下两邻接内部单节点双五次 B 样条曲面间 $G^2$ 连续的必要条件是式（6-15），式（6-17），式（6-43），式（6-46），式（6-47），式（6-48），式（6-49）。

在上面的条件中，式（6-15），式（6-17），式（6-43）是两曲面间 $G^1$ 连续的条件，因此不必考虑。式（6-46），式（6-47）只是对函数的约束，也是比较容易满足的，还剩下式（6-48）和式（6-49）未满足。

经过观察发现，只要式（6-43）成立，式（6-48）一定也成立。因此，我们无需考虑式（6-48），而只需找到使式（6-43）和式（6-49）成立的条件。

为使式（6-43）成立可以有两种策略：

（1）令 $\Phi_0^{(5)}(1)=\Phi_0^{(5)}(0)$

（2）令 $\gamma_0^1=\gamma_1^0=0$

它们分别称为使式（6-43）成立的策略 1.1 和策略 1.2。

如果对式（6-43）选择策略 1.1，则式（6-49）等价于：

$$2\alpha_1\beta_1\gamma_1^0[(C_{sv}^0)^4(1)-(C_{sv}^1)^4(0)]=0$$

为使上式成立也有两种策略：

（1）令 $(C_{sv}^0)^{(4)}(1)=(C_{sv}^1)^{(4)}(0)$

（2）令 $\gamma_0^1=\gamma_1^0=0$

我们称这两种策略分别为使式（6-49）成立的策略 2.1 和策略 2.2。

下面，我们分析在这四种选取策略下，公共边界 $\Phi(v)$ 以及两曲面的二阶混合偏导矢 $\left.\frac{\partial^2 B(u,v)}{\partial u\partial v}\right|_{u=0}$ 和 $\left.\frac{\partial^2 C(s,v)}{\partial s\partial v}\right|_{s=0}$ 分别应该满足什么样的条件。

首先看策略 1.1：为使式（6-43）和式（6-49）成立，令：

$$\begin{cases}\Phi_0^{(5)}(1)=\Phi_1^{(5)}(0)\\(C_{sv}^0)^4(1)=(C_{sv}^1)^4(0)\end{cases}$$

此时，公共边界一定是整体多项式曲线，但两曲面沿公共边界的二阶混合偏导矢不必是整体多项式曲线。

然后看策略 2.1：为使式（6-43）和式（6-49）成立，令：

$$\begin{cases}\gamma_1^0=\gamma_0^1=0\\\Phi_0^{(5)}(1)=\Phi_1^{(5)}(0)\end{cases}$$

注意，这和策略 1.2 是一样的，因此我们将策略 1.2 和策略 2.1 统一记为策略 A。

最后看策略 2.2：为使式（6-43）和式（6-49）成立，令：

$$\begin{cases}\gamma_1^0=\gamma_0^1=0\\ \eta_1^0=\eta_0^1=0\end{cases}$$

此时，公共边界曲线以及两曲面的二阶混合偏导矢都不必是整体的多项式曲线。

#### 6.4.3.2 对两邻接曲面进行 $G^2$ 连续拼接

根据 6.4.3.1 节的结论，我们给出如下的在（0，0，1；0，1）模式下对两邻接内部单节点双五次 B 样条曲面进行 $G^2$ 连续拼接的算法，我们仅在第 0 段和第 1 段上拼接两曲面。

如图 6-32 所示，我们首先对两曲面进行 $G^1$ 拼接。

第 0 段的 $G^1$ 拼接方程为：

$$\begin{cases}\alpha_0(b_0-\varphi_0)+\beta_0(c_0-\varphi_0)+\gamma_0^0(\varphi_1-\varphi_0)=0\\ \alpha_0(b_1-\varphi_1)+\beta_0(c_1-\varphi_1)+\frac{4}{5}\gamma_0^0(\varphi_2-\varphi_1)+\frac{1}{5}\gamma_0^1(\varphi_1-\varphi_0)=0\\ \alpha_0(b_2-\varphi_2)+\beta_0(c_2-\varphi_2)+\frac{3}{5}\gamma_0^0(\varphi_3-\varphi_2)+\frac{2}{5}\gamma_0^1(\varphi_2-\varphi_1)=0\\ \alpha_0(b_3-\varphi_3)+\beta_0(c_3-\varphi_3)+\frac{2}{5}\gamma_0^0(\varphi_4-\varphi_3)+\frac{3}{5}\gamma_0^1(\varphi_3-\varphi_2)=0\\ \alpha_0(b_4-\varphi_4)+\beta_0(c_4-\varphi_4)+\frac{1}{5}\gamma_0^0(\varphi_5-\varphi_4)+\frac{4}{5}\gamma_0^1(\varphi_4-\varphi_3)=0\\ \alpha_0(b_5-\varphi_5)+\beta_0(c_5-\varphi_5)+\gamma_0^1(\varphi_1-\varphi_0)=0\end{cases}\tag{6-50}$$

第 1 段的 $G^1$ 拼接方程为：

$$\begin{cases}\alpha_1(b_5-\varphi_5)+\beta_1(c_5-\varphi_5)+\gamma_1^0(\varphi_6-\varphi_5)=0\\ \alpha_1(b_6-\varphi_6)+\beta_1(c_6-\varphi_6)+\frac{4}{5}\gamma_1^0(\varphi_7-\varphi_6)+\frac{1}{5}\gamma_1^1(\varphi_6-\varphi_5)=0\\ \alpha_1(b_7-\varphi_7)+\beta_1(c_7-\varphi_7)+\frac{3}{5}\gamma_1^0(\varphi_8-\varphi_7)+\frac{2}{5}\gamma_1^1(\varphi_7-\varphi_6)=0\\ \alpha_1(b_8-\varphi_8)+\beta_1(c_8-\varphi_8)+\frac{2}{5}\gamma_1^0(\varphi_9-\varphi_8)+\frac{3}{5}\gamma_1^1(\varphi_8-\varphi_7)=0\\ \alpha_1(b_9-\varphi_9)+\beta_1(c_9-\varphi_9)+\frac{1}{5}\gamma_1^0(\varphi_{10}-\varphi_9)+\frac{4}{5}\gamma_1^1(\varphi_9-\varphi_8)=0\\ \alpha_1(b_{10}-\varphi_{10})+\beta_1(c_{10}-\varphi_{10})+\gamma_1^1(\varphi_{10}-\varphi_9)=0\end{cases}\tag{6-51}$$

将第 0 段公共边界的控制顶点 $\varphi_0\sim\varphi_5$ 以及公共边界左侧的控制顶点 $b_0\sim b_3$ 固定，根据式（6-50）的每一个方程可将公共边界右侧的控制顶点 $c_0\sim c_5$ 一一解出。然后对第 1 段进行 $G^1$ 连续拼接。注意，在对第 1 段进行 $G^1$ 拼接的时候，必须同时考虑 $G^2$ 连续拼接对 $G^1$ 连续拼接的制约。具体来说，必须考虑为使式（6-43）和式（6-49）成立采用的是策略 1.1、策略 A 还是策略 2.2。

如果采用策略 1.1，由前面讨论可知，两曲面的公共边界和两曲面的二阶混合偏导矢都是整体五次多项式曲线，因此有：

$$\begin{cases}\Delta^5 b_5=\nabla^5 b_5\\ \Delta^5 \varphi_5=\nabla^5 \varphi_5\\ \Delta^5 c_5=\nabla^5 c_5\end{cases} \tag{6-52}$$

也就是说，第一段的控制顶点：$\varphi_0 \sim \varphi_5$，$b_0 \sim b_5$，$c_0 \sim c_5$，应该完全由第 0 段的控制顶点决定。同定理 5 和定理 10 的证明过程类似，我们有下面定理：

**定理 12** 在（0，0，1；0，1）模式下对两邻接内部单节点双五次 B 样条曲面进行 $G^2$ 拼接时，如果采取策略 1.1，则式（6-50）与式（6-51）等价。

也就是说，我们首先通过拼接方程（6-50）对两曲面在第 0 段上进行 $G^1$ 拼接，然后利用式（6-52）将第 1 段上的公共边界控制顶点以及公共边界两侧的控制顶点 $b_i$，$\varphi_i$，$c_i$，$i=5$，6，7，8，9，10 计算出来，则第 1 段的拼接方程（6-51）会自动满足，即两曲面在第 1 段上是天然 $G^1$ 连续的。

如果采取策略 A，由前面讨论知，第 1 段公共边界的控制顶点会由第 0 段公共边界的控制顶点决定，即必须满足 $\Delta^5 \varphi_5=\nabla^5 \varphi_5$，但第 1 段公共边界两侧的控制顶点 $b_5 \sim b_{10}$，$c_5 \sim c_{10}$。不完全由第 0 段的控制顶点决定，确切地说，它们只需满足 $\Delta^4 b_5=\nabla^4 b_5$ 和 $\Delta^4 c_5=\nabla^4 c_5$。此时，容易证明下面的定理：

**定理 13** 在（0，0，1；0，l）模式下对两邻接内部单节点双五次 B 样条曲面进行 $G^2$ 拼接时，如果采取策略 A，则式（6-50）的后 5 个方程与式（6-51）的前 5 个方程等价。

也就是说，对第 0 段进行 $G^1$ 拼接之后，首先利用 $\Delta^5 \varphi_5=\nabla^5 \varphi_5$ 将第 1 段公共边界的全部控制顶点计算出来，然后利用 $\Delta^4 b_5=\nabla^4 b_5$ 和 $\Delta^4 c_5=\nabla^4 c_5$ 将第 1 段公共边界两侧的部分控制顶点计算出来，由定理 13，第 1 段的拼接方程（6-51）中的前 5 个会自动满足，剩下的最后一个方程恰好是关于 $b_{10}$ 和 $c_{10}$ 的，可以先固定 $b_{10}$，然后计算 $c_{10}$。

如果采取策略 2.2，由前面的讨论知，两曲面的公共边界和二阶混合偏导矢都是 $C^4$ 连续的五次 B 样条曲线，第 1 段公共边界的控制顶点中的 $\varphi_5 \sim \varphi_9$，$b_5 \sim b_9$，$c_5 \sim c_9$ 将分别由第 0 段的相应控制顶点确定，在第 1 段上可以独立调整的控制顶点为 $\varphi_{10}$，$b_{10}$ 和 $c_{10}$。

同定理 13 一样，在采取策略 2.2 的情况下，第 1 段的拼接方程（6-51）中的前 5 个与第 0 段拼接方程（6-50）中的后 5 个等价，最后一个方程恰好是关于 $\varphi_{10}$，$b_{10}$ 和 $c_{10}$ 的，可先选取 $b_{10}$ 和 $\varphi_{10}$，然后计算 $c_{10}$。

将两曲面在第 0 段和第 1 段上 $G^1$ 拼接之后，剩下的问题就简单了。我们只需根据每一段上的 $G^2$ 连续拼接方程（6-44）和（6-45），以控制顶点 $e_i$ 和 $f_i$ 作为未知量，按照类似 $G^1$ 连续拼接时确定控制顶点的步骤，将 $e_i$ 和 $f_i$ 依次确定下来即可。

综上，我们有如下的算法：

## 算法 2 在（0，0，1；0，1）模式下 $G^2$ 拼接两邻接内部单节点 B 样条曲面

Step 1：将曲面以及公共边界转化为等价的分片 Bezier 曲面和分段 Bezier 曲线的形式。

Step 2：确定进行 $G^2$ 拼接选用的策略——策略 1.1、策略 A 或者策略 2.2，并根据选

择的策略进行拼接函数系数的选择。

Step 3：根据式（6-50）对两曲面在第 0 段进行 $G^1$ 拼接。

Step 4：根据 Step 2 选择的策略，调整第 1 段曲面的控制顶点，使第 1 段曲面 $G^1$ 连续。

Step 5：根据式（6-51）对两曲面在第 0 段进行 $G^2$ 拼接。

Step 6：通过类似 Step 4 的步骤将第 1 段的控制顶点 $e_i$ 和 $f_i$ 确定。

#### 6.4.3.3 (1,1,2;3,4) $G^2$ 拼接模式下的 $G^2$ 连续条件

在本节中，我们研究在高次拼接函数下曲面的 $G^2$ 连续条件。仍以内部单节点的双五次 B 样条曲面为例，我们首先研究（1，1，2；3，4）模式下 $G^2$ 连续的一类充分条件。

设第 0 段的拼接函数为：

$$\begin{cases}\alpha_0(v)=\alpha_0^0(1-v)+\alpha_0^1 v\\ \beta_0(v)=\beta_0^0(1-v)+\beta_0^1 v\\ \gamma_0(v)=\gamma_0^0(1-v)^2+2\gamma_0^1 v(1-v)+\gamma_0^2 v^2\\ \delta_0(v)=\delta_0^0(1-v)^3+3\delta_0^1 v(1-v)^2+3\delta_0^2 v^2(1-v)+\delta_0^3 v^3\\ \eta_0(v)=\eta_0^0(1-v)^4+4\eta_0^1 v(1-v)^3+6\eta_0^2 v^2(1-v)^2+4\eta_0^3 v^3(1-v)+\eta_0^4 v^4\end{cases}$$

第 1 段的拼接函数为：

$$\begin{cases}\alpha_1(v)=\alpha_1^0(1-v)+\alpha_1^1 v\\ \beta_1(v)=\beta_1^0(1-v)+\beta_1^1 v\\ \gamma_1(v)=\gamma_1^0(1-v)^2+2\gamma_1^1 v(1-v)+\gamma_1^2 v^2\\ \delta_1(v)=\delta_1^0(1-v)^3+3\delta_1^1 v(1-v)^2+3\delta_1^2 v^2(1-v)+\delta_1^3 v^3\\ \eta_1(v)=\eta_1^0(1-v)^4+4\eta_1^1 v(1-v)^3+6\eta_1^2 v^2(1-v)^2+4\eta_1^3 v^3(1-v)+\eta_1^4 v^4\end{cases}$$

在考虑两曲面间的 $G^2$ 连续条件之前，假设两曲面间是 $G^1$ 连续的，即式（6-34），式（6-35），式（6-36），式（6-37）都成立，并且对式（6-37）有两种可能的选取策略。

两曲面在第 0 段和第 1 段上 $G^2$ 连续等价于：

第 0 段：$$\alpha_0(v)D_0(v)+\delta_0(v)C_s^0(v)+\eta_0(v)\Phi_0'(v)=0 \tag{6-53}$$

第 1 段：$$\alpha_1(v)D_1(v)+\delta_1(v)C_s^1(v)+\eta_1(v)\Phi_1'(v)=0 \tag{6-54}$$

其中：

$$D_0(v)=[\alpha_0(v)]^2B_{uu}^0(v)-[[(\beta_0(v)]^2C_{ss}^0(v)+2\beta_0(v)\gamma_0(v)C_{sv}^0(v)+[\gamma_0(v)]^2\Phi_0''(v)]$$

$$D_1(v)=[\alpha_1(v)]^2B_{uu}^1(v)-[[(\beta_1(v)]^2C_{ss}^1(v)+2\beta_1(v)\gamma_1(v)C_{sv}^1(v)+[\gamma_1(v)]^2\Phi_1''(v)]$$

将式（6-53），式（6-54）分别在 $v=1$ 和 $v=0$ 取值并将式（6-31）代入得：

$$\begin{cases}\delta_1^0=k^3\delta_0^3\\ \eta_1^0=k^3\eta_0^4\end{cases}\quad k\neq 0 \tag{6-55}$$

将式（6-53），式（6-54）求一阶导后分别在 $v=1$，$v=0$ 取值，并将式（6-34），式（6-35），式（6-55）代入得：

$$\begin{cases}\delta_1^1-\delta_1^0=k^3(\delta_0^3-\delta_0^2)\\ \eta_1^1-\eta_1^0=k^3(\eta_0^4-\eta_0^3)\end{cases} \tag{6-56}$$

将式（6-53），式（6-54）求二阶导后分别在 $v=1$，$v=0$ 取值，并将式（6-34），式（6-35），式（6-36），式（6-55），式（6-56）代入得：

$$\begin{cases}\delta_1^2-2\delta_1^1+\delta_1^0=k^3(\delta_0^3-2\delta_0^2+\delta_0^1)\\ \eta_1^2-2\eta_1^1+\eta_1^0=k^3(\eta_0^4-2\eta_0^3+\eta_0^2)\end{cases}\tag{6-57}$$

将式（6-53），式（6-54）求三阶导后分别在 $v=1$，$v=0$ 取值，并将式（6-34），式（6-35），式（6-36），式（6-37），式（6-55），式（6-56），式（6-57）代入得：

$$\begin{cases}\delta_1^3-3\delta_1^2+3\delta_1^1-\delta_1^0=k^3(\delta_0^3-3\delta_0^2+3\delta_0^1-\delta_0^0)\\ \eta_1^3-3\eta_1^2+3\eta_1^1-\eta_1^0=k^3(\eta_0^4-3\eta_0^3+3\eta_0^2-\eta_0^1)\end{cases}\tag{6-58}$$

$$\alpha_1^0(\gamma_1^0)^2[\Phi_0^{(5)}(1)-\Phi_1^{(5)}(0)]=0\tag{6-59}$$

最后，将式（6-53），式（6-54）求四阶导后分别在 $v=1$，$v=0$ 取值，并将式（6-34），式（6-35），式（6-36），式（6-37），式（6-55），式（6-56），式（6-57），式（6-58），式（6-59）代入得：

$$2\alpha_1^0\beta_1^0\gamma_1^0[(C_{sv}^0)^4(1)-(C_{sv}^1)^4(0)]+[8\alpha_1^0(\gamma_1^1-\gamma_1^0)\gamma_1^0-\eta_1^0][\Phi_0^{(5)}(1)-\Phi_1^{(5)}(0)]=0\tag{6-60}$$

综上，我们有如下定理：

**定理 14** 在（1，1，2；3，4）模式下两邻接内部单节点双五次 B 样条曲面间 $G^2$ 连续的一类充分条件是式（6-34）、式（6-37）以及式（6-55）、式（6-60）。

在定理 14 所述的条件中，式（6-31）～式（6-37）是两曲面间 $G^1$ 连续时需要满足的条件，式（6-54）～式（6-58）是两曲面间 $G^2$ 连续时拼接函数 $\delta(v)$ 和 $\eta(v)$ 需要满足的条件，式（6-59）和式（6-57）是对两曲面控制顶点的约束。注意，只要式（6-37）满足，式（6-59）是自然满足的，因此无需考虑式（6-59）。为使式（6-37）和式（6-57）成立，也可以有 3 种策略供选择，这 3 种策略同（0，0，1；0，1）模式下使式（6-43）和式（6-49）成立的 3 种策略有相同的效果，这里不再讨论。

我们给出内部单节点 B 样条曲面进行 $G^2$ 拼接的最高可用模式。我们知道，对两邻接内部单节点 B 样条曲面进行 $G^1$ 拼接的最高可用模式是（1，1，2）模式，因此，对两邻接内部单节点 B 样条曲面进行 $G^2$ 拼接的最高可用模式一定是（1，1，2；3，4）模式，这里不再做额外的讨论。

### 6.4.4 内部重节点 B 样条曲面间的 $G^1$，$G^2$ 连续条件

通过前面的讨论，我们对内部单节点 B 样条曲面间 $G^1$ 和 $G^2$ 连续的条件有了一定的了解。在本节中，我们将研究内部重节点 B 样条曲面间 $G^1$ 和 $G^2$ 连续的条件以及用局部格式构造 $G^1$ 连续曲面的方法。

首先，在（0，0，1）模式下研究了内部二重节点双三次、双四次 B 样条曲面间以及内部三重节点双四次 B 样条曲面间 $G^1$ 连续的条件，给出了用内部二重节点双三次 B 样条曲面构造局部格式的算法。其次，研究了采用高次拼接函数时内部重节点 B 样条曲面间 $G^1$ 连续的条件。最后，研究了内部二重节点以及内部三重节点双五次 B 样条曲面间 $G^2$ 连续的条件。

#### 6.4.4.1 (0,0,1) $G^1$ 拼接模式下的 $G^1$ 连续条件

本节我们在（0，0，1）模式下研究内部二重节点双三次、双四次 B 样条曲面间以及

内部三重节点双四次 B 样条曲面间 $G^1$ 连续的条件。首先，给出内部二重节点双三次 B 样条曲面间 $G^1$ 连续的条件。

我们仍考虑在公共边界的第 0 段和第 1 段上对两曲面进行 $G^1$ 连续拼接的问题，并沿用图 6-2 中对控制顶点的编号。

两曲面在第 0 段和第 1 段的 $G^1$ 连续方程分别为：

第 0 段：$$\alpha_0 B_u^0(v)+\beta_0 C_s^0(v)+(\gamma_0^0(1-v)+\gamma_0^1 v)\Phi_0'(v)=0 \tag{6-61}$$

第 1 段：$$\alpha_1 B_u^1(v)+\beta_1 C_s^1(v)+(\gamma_1^0(1-v)+\gamma_1^1 v)\Phi_1'(v)=0 \tag{6-62}$$

我们知道，对内部二重节点双三次 B 样条曲面，$B_u^0(v)$ 与 $B_u^1(v)$ 之间是 $C^1$ 连续的，$C_s^0(v)$ 与 $C_s^1(v)$ 之间也是 $C^1$ 连续的，而 $\Phi_0'(v)$ 与 $\Phi_1'(v)$ 之间则是 $C^0$ 连续的，即有下面的关系式成立：

$$\begin{cases}B_u^1(0)=B_u^0(1)\\C_s^1(0)=C_s^0(1)\\\Phi_1'(0)=\Phi_0'(1)\end{cases} \tag{6-63}$$

$$\begin{cases}(B_u^1)'(0)=(B_u^0)'(1)\\(C_s^1)'(0)=(C_s^0)'(1)\end{cases} \tag{6-64}$$

将式（6-61），式（6-62）分别在 $v=1$，$v=0$ 取值并将式（6-63）代入，我们得到下面的第一组条件：

$$\begin{cases}\alpha_1=k\alpha_0\\\beta_1=k\beta_0 \qquad k\neq 0\\\gamma_1^0=k\gamma_0^1\end{cases}$$

注意，这个条件和内部单节点情况时的式（6-15）完全相同，因此我们不对其进行重新编号，仍以（6-15）来记。

将式（6-61），式（6-62）对 $v$ 求一阶导后分别在 $v=1$，$v=0$ 取值，并将式（6-15），式（6-64）代入，得到下面的两组条件：

$$\gamma_1^1-\gamma_1^0=k(\gamma_0^1-\gamma_0^0)$$

$$\gamma_1^0[\Phi_1''(0)-\Phi_0''(1)]=0 \tag{6-65}$$

注意，上面两式中的第 1 个式子和内部单节点情况时的式（6-17）相同，我们也不对其进行重新编号。新条件只有式（6-65）的地位相当于内部单节点情况时的式（6-19）。

将式（6-65）转化成由控制顶点表示的等价形式：

$$\gamma_1^0(\Delta^2\varphi_3-\nabla^2\varphi_3)=0 \tag{6-66}$$

同内部单节点情况下对式（6-19）的讨论类似，为使式（6-66）成立，可以有如下两种选择策略：

**策略 1** 令 $\Delta^2\varphi_3=\nabla^2\varphi_3$。此时，公共边界不必是整体多项式曲线，并且 $\gamma_1^0$，$\gamma_0^1$ 可以任意选取，不必为 0。如果公共边界由 $n$ 段多项式曲线组合而成，则在整条公共边界上可独立调整的控制顶点一共有 $n+3$ 个。

**策略 2** 令 $\gamma_0^1=\gamma_1^0=0$。此时，公共边界可独立调整的控制顶点最多有 6 个。

与内部单节点情况不同，对这两种策略，我们认为策略 1 比策略 2 有优势。在策略 2

下，公共边界上可独立调整的控制顶点个数是有限的，最多有 6 个。但在策略 1 下，公共边界上可独立调整的控制顶点个数随着组成公共边界的曲线个数的增加而增加，在公共边界的每一段上都至少有 1 个可独立调整的控制顶点，因此策略 1 比策略 2 有优势。但策略 2 也并非毫无价值。由刚才的讨论知，如果采用策略 1，则为保证两邻接内部二重节点双三次 B 样条曲面的公共边界至少有 6 个可独立调整的控制顶点，公共边界至少要由三段组成。而如果采取策略 2，则公共边界只需由两段组成即可保证其上有 6 个可独立调整的控制顶点。

综上，我们有如下定理：

**定理 15** 在（0，0，1）模式下，两邻接内部二重节点双三次 B 样条曲面间 $G^1$ 连续的必要条件为式（6-15），式（6-17），式（6-65），并且，为使式（6-65）成立可以有如下的两种选择策略：

**策略 1** 取$\Delta^2\varphi_3=\nabla^2\varphi_3$。此时，若公共边界由 $n$ 段组成，则其上可以独立调整的控顶点一共有 $n+3$ 个。

**策略 2** 取 $\gamma_0^1=\gamma_1^0=0$。此时，公共边界上可以独立调整的控制顶点最多有 6 个。

对于局部格式的构造，我们有下面的结论：

**推论 1** 用内部二重节点双三次 B 样条曲面进行局部格式的构造可以有两种方法：如果公共边界恰好由两段曲线组成，则可以采取策略 2，即令 $\gamma_0^1=\gamma_1^0=0$，此时公共边界上可独立调整的拉制顶点恰好是 6 个，如果公共边界由 $n$ 段曲线组成（$n>2$），则应该采取策略 1，即令$\Delta^2\varphi_3=\nabla^2\varphi_3$，此时公共边界上可独立调整的顶点数为 $n+3$。

由推论 1 可知，利用内部二重节点的双三次 B 样条曲面可以进行局部格式的构造，但必须对每张曲面的节点向量施加一定的限制，即曲面的节点向量至少要有两个非退化的节点区间，从而每张 B 样条曲面至少由 2×2 片 Bezier 曲面组成。也就是说，我们是利用具有特殊类型节点向量的双三次 B 样条曲面来进行局部格式的构造。

有了上面的结果后，我们可以很容易地讨论内部二重节点双四次 B 样条曲面间的 $G^1$ 连续条件。设两邻接双四次 B 样条曲面的第 0 段和第 1 段公共边界为 $\Phi_0(v)$，$\Phi_1(v)$，其控制顶点分别为 $\varphi_0\sim\varphi_8$。

两曲面在第 0 段和第 1 段的拼接方程为：

第 0 段：
$$\alpha_0B_u^0(v)+\beta_0C_s^0(v)+[\gamma_0^0(1-v)+\gamma_0^1v]\Phi_0'(v)=0 \tag{6-67}$$

第 1 段：
$$\alpha_1B_u^1(v)+\beta_1C_s^1(v)+[\gamma_1^0(1-v)+\gamma_1^1v]\Phi_1'(v)=0 \tag{6-68}$$

对于内部二重节点的双四次 B 样条曲面，$B_u^0(v)$ 与 $B_u^1(v)$ 之间是 $C^2$ 连续的，$C_s^0(v)$ 与 $C_s^1(v)$ 之间是 $C^2$ 连续的，$\Phi_0'(v)$ 与 $\Phi_1'(v)$ 之间是 $C^1$ 连续的，即有下面关系式成立：

$$\begin{cases}B_u^1(0)=B_u^0(1)\\C_s^1(0)=C_s^0(1)\\\Phi_1'(0)=\Phi_0'(1)\end{cases} \tag{6-69}$$

$$\begin{cases}(B_u^1)'(0)=(B_u^0)'(1)\\(C_s^1)'(0)=(C_s^0)'(1)\\\Phi_1''(0)=\Phi_0''(1)\end{cases} \tag{6-70}$$

$$\begin{cases}(B_u^1)''(0)=(B_u^0)''(1)\\(C_s^1)''(0)=(C_s^0)''(1)\end{cases} \tag{6-71}$$

将式（6-67），式（6-65）分别在 $v=1$ 和 $v=0$ 取值，并将式（6-9）代入，可得：

$$\begin{cases}\alpha_1=k\alpha_0\\\beta_1=k\beta_0 \quad k\neq 0\\\gamma_1^0=k\gamma_0^1\end{cases}$$

这仍与式（6-15）完全相同，因此不对其重新编号。

将式（6-67），式（6-65）对 $v$ 求一阶导后分别在 $v=1$ 和 $v=0$ 取值，并将式（6-15），式（6-70）代入，可得：

$$\gamma_1^1-\gamma_1^0=k(\gamma_0^1-\gamma_0^0)$$

这与式（6-17）完全相同，因此不对其重新编号。

接下来，将式（6-67），式（6-68）对 $v$ 求二阶导后分别在 $v=1$ 和 $v=0$ 取值，并将式（6-15），式（6-17），式（6-71）代入，可得：

$$\gamma_1^0(\Delta^3\varphi_4-\nabla^3\varphi_4)=0 \tag{6-72}$$

式（6-72）的意义和式（6-19）以及式（6-66）相同，都是对拼接函数 $\gamma(v)$ 以及公共边界的限制。

综上，我们有如下定理：

**定理 16** 在（0，0，1）模式下，两邻接内部二重节点双四次 B 样条曲面间 $G^1$ 连续的必要条件是式（6-15），式（6-17），式（6-72），并且，为使式（6-72）成立，可以采用如下的两种策略：

**策略 1** 取 $\Delta^3\varphi_4=\nabla^3\varphi_4$。此时，若公共边界由 $n$ 段组成，则其上可以独立调整的控制顶点一共有 $n+4$ 个。

**策略 2** 取 $\gamma_0^1=\gamma_1^0=0$。此时，公共边界上可以独立调整的控制顶点最多有 7 个。

此时，策略 1 比策略 2 的优势更加明显。采取策略 1 不仅可以使公共边界上可独立调整的控制顶点个数不受限制，而且，即使在公共边界只由两段组成的情况下，也可以使用策略 1 来构造局部格式。

**推论 2** 对于内部二重节点双四次 B 样条曲面，只要每个节点中至少有两个非退化的节点区间即可进行局部格式的构造。此时，如果公共边界由 $n$ 段组成，则其上可以独立调整的控制顶点一共有 $n+4$ 个。

最后，我们直接给出在（0，0，1）模式下内部三重节点双四次 B 样条曲面间 $G^1$ 连续的条件。

**定理 17** 在（0，0，1）模式下，两邻接内部三重节点双四次 B 样条曲面间 $G^1$ 连续的必要条件为式（6-15），式（6-17）以及

$$\gamma_1^0(\Delta^2\varphi_4-\nabla^2\varphi_4)=0 \tag{6-73}$$

并且，为使式（6-73）成立，可以有如下的两种选择策略：

**策略 1** 令 $\Delta^2\varphi_4=\nabla^2\varphi_4$。此时，若公共边界由 $n$ 段组成，则其上可独立调整的控制顶点一共有 $2n+3$ 个。

**策略 2** 令 $\gamma_0^1=\gamma_1^0=0$。此时，公共边界上可以独立调整的控制顶点最多有 8 个。

**推论 3**　对于内部三重节点双四次 B 样条曲面，只要曲面的每个节点中至少有两个非退化的节点区间即可采用策略 1 来进行局部格式的构造。此时，如果公共边界由 $n$ 段组成，则其上可以独立调整的控制顶点一共有 $2n+3$ 个。

#### 6.4.4.2　局部格式的构造

通过 6.4.4.1 节的讨论可知，我们可以利用具有特殊类型节点向量的内部二重节点双三次、双四次 B 样条曲面以及内部三重节点的双四次 B 样条曲面来进行局部格式的构造。在本节中，我们以内部二重节点双三次 B 样条曲面为例，给出构造局部格式的算法。

先给出在定理 15 策略 2 下进行 $G^1$ 连续拼接的算法。假设有两邻接内部二重节点双三次 B 样条曲面，其公共边界的第 0 段和第 1 段的控制顶点分别为 $\varphi_0 \sim \varphi_3$ 和 $\varphi_3 \sim \varphi_6$，如图 6-33 所示。

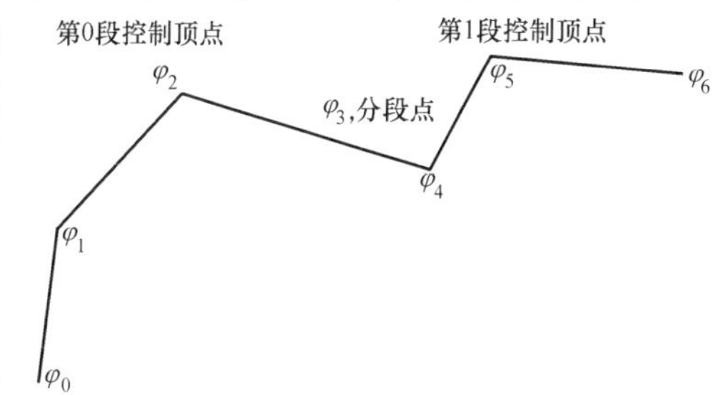


图 6-33　内部二重节点的双三次 B 样条曲面的公共边界控制顶点

首先，将公共边界的控制顶点确定。由定理 15 可知，公共边界上可独立调整的控制顶点恰好有 6 个，因此，出于构造局部格式的考虑，我们给定下面的 6 个控制点 $\varphi_0$，$\varphi_1$，$\varphi_2$ 和 $\varphi_4$，$\varphi_5$，$\varphi_6$，公共边界上还剩下 1 个控制顶点 $\varphi_3$，此点通过下面的关系式计算：

$$\varphi_4-\varphi_3=\varphi_3-\varphi_2 \tag{6-74}$$

即 $\varphi_3=\dfrac{\varphi_2+\varphi_4}{2}$

其次，根据两曲面的拼接方程，分别在第 0 段和第 1 段上调整公共边界两侧的控制顶点 $b_i$，$c_i$。

两曲面在第 0 段上的拼接方程为：

$$\begin{cases}\alpha_0(b_0-\varphi_0)+\beta_0(c_0-\varphi_0)+\gamma_0^0(\varphi_1-\varphi_0)=0\\ \alpha_0(b_1-\varphi_1)+\beta_0(c_1-\varphi_1)+\dfrac{2}{3}\gamma_0^0(\varphi_2-\varphi_1)+\dfrac{1}{3}\gamma_0^1(\varphi_1-\varphi_0)=0\\ \alpha_0(b_2-\varphi_2)+\beta_0(c_2-\varphi_2)+\dfrac{1}{3}\gamma_0^0(\varphi_3-\varphi_2)+\dfrac{2}{3}\gamma_0^1(\varphi_2-\varphi_1)=0\\ \alpha_0(b_3-\varphi_3)+\beta_0(c_3-\varphi_3)+\gamma_0^1(\varphi_3-\varphi_2)=0\end{cases} \tag{6-75}$$

两曲面在第 1 段上的拼接方程为：

$$\begin{cases}\alpha_1(b_3-\varphi_3)+\beta_1(c_3-\varphi_3)+\gamma_1^0(\varphi_4-\varphi_3)=0\\ \alpha_1(b_4-\varphi_4)+\beta_1(c_4-\varphi_4)+\dfrac{2}{3}\gamma_1^0(\varphi_5-\varphi_4)+\dfrac{1}{3}\gamma_1^1(\varphi_4-\varphi_3)=0\\ \alpha_1(b_5-\varphi_5)+\beta_1(c_5-\varphi_5)+\dfrac{1}{3}\gamma_1^0(\varphi_6-\varphi_5)+\dfrac{2}{3}\gamma_1^1(\varphi_5-\varphi_4)=0\\ \alpha_1(b_6-\varphi_6)+\beta_1(c_6-\varphi_6)+\gamma_1^1(\varphi_6-\varphi_5)=0\end{cases} \tag{6-76}$$

遵循构造局部格式的过程，我们先将角点附近控制顶点 $b_0$，$c_0$，$b_0$，$c_1$ 和 $b_5$，$c_5$，$b_6$，$c_6$ 通过角点处的协调方程组确定，此时，式（6-75）的前两个方程以及式（6-76）的后两个方程也已满足（它们是角点处协调方程组的一部分）。因此，我们只需调整剩下的控制顶点

$b_2$，$b_3$，$b_4$ 和 $c_2$，$c_3$，$c_4$，使式（6-75）的后两个方程以及式（6-76）的前两个方程满足即可。注意，由第 0 段和第 1 段曲面之间的 $C^1$ 连续性，我们有下面的关系式：

$$\begin{cases} b_4-b_3=b_3-b_2 \\ c_4-c_3=c_3-c_2 \end{cases} \tag{6-77}$$

从这个方程组中很容易看出，$b_2$，$b_3$，$b_4$ 中有两个独立，$c_2$，$c_3$，$c_4$ 中也有两个独立。对称地，我们调整 $b_2$，$b_4$ 和 $c_2$，$c_4$。注意，式（6-75）的第三个方程恰好是关于 $b_2$，$c_2$ 的，而式（6-76）的第二个方程也恰好是关于 $b_4$，$c_4$ 的，因此，从这两个方程中，我们可以得到 $b_2$，$b_4$ 和 $c_2$，$c_4$ 的解。

最后，根据式（6-77）将 $b_3$，$c_3$ 计算出来即可。

可以证明，当式（6-75）的前三个方程和式（6-76）的后三个方程满足的情况下，如果控制顶点之间的关系满足式（6-74）和式（6-77），则式（6-75）的最后一个方程和式（6-76）的第一个方程是自然满足的。

综上，我们有如下的算法：

### 算法 3　用定理 15 策略 2 拼接两邻接内部二重节点双三次 B 样条曲面

Step 1：将两曲面以及公共边界转化为等价的分片 Bezier 曲面和分段 Bezier 曲线的形式。

Step 2：给定 $\varphi_0$，$\varphi_1$，$\varphi_2$ 和 $\varphi_4$，$\varphi_5$，$\varphi_6$，根据式（6-74）计算 $\varphi_3$。

Step 3：选取拼接函数 $\alpha_0$，$\beta_0$，$\gamma_0(v)$ 和 $\alpha_1$，$\beta_1$，$\gamma_1(v)$，要求 $\gamma_0^1=\gamma_1^0=0$。

Step 4：根据式（6-75）的前三个方程和式（6-76）的后三个方程分别计算控制顶点 $b_0$，$b_1$，$b_2$；$b_4$，$b_5$，$b_6$；$c_0$，$c_1$，$c_2$ 和 $c_4$，$c_5$，$c_6$。

Step 5：根据式（6-77）计算 $b_3$，$c_3$。

然后给出在定理 15 策略 1 下进行 $G^1$ 连续拼接的算法。这时，拼接函数没有 $\gamma_0^1=\gamma_1^0=0$ 的限制，公共边界只需满足 $\Delta^2\varphi_3=\nabla^2\varphi_3$，即 $\varphi_5-2\varphi_4+\varphi_3=\varphi_3-2\varphi_2+\varphi_1$。由定理 16，公共边界至少要由三段组成才能保证其上可独立调整的控制顶点至少有 6 个。我们就以公共边界恰好由三段组成的情况为例，给出拼接算法。

首先，将公共边界的全部控制顶点确定。公共边界的控制顶点示意图如图 6-34 所示。

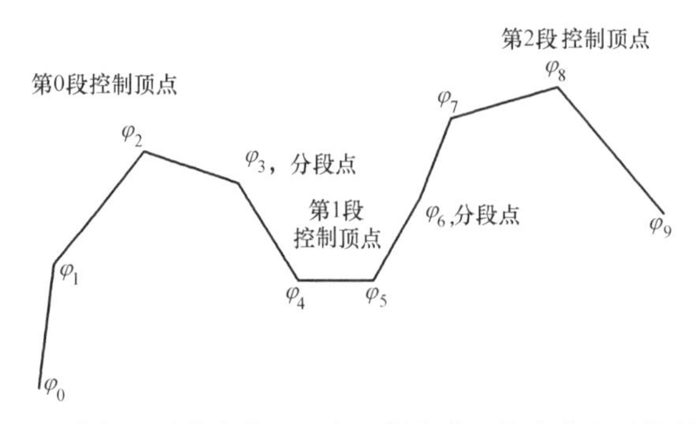


图 6-34　内部二重节点的双三次 B 样条曲面的公共边界控制顶点

形式上，公共边界的控制顶点一共有 10 个，但由定理 16 可知，这 10 个控制顶点中恰好有 6 个可独立调整。出于构造局部格式的考虑，我们假定控制顶点 $\varphi_0$，$\varphi_1$，$\varphi_2$ 和 $\varphi_7$，$\varphi_8$，$\varphi_9$ 已知，则公共边界上其余的控制顶点 $\varphi_3$，$\varphi_4$，$\varphi_5$，$\varphi_6$ 可通过下面的关系式计算：

$$\begin{cases}\varphi_4-\varphi_3=\varphi_3-\varphi_2\\ \varphi_5-2\varphi_4+\varphi_3=\varphi_3-2\varphi_2+\varphi_1\\ \varphi_7-\varphi_6=\varphi_6-\varphi_5\\ \varphi_8-2\varphi_7+\varphi_6=\varphi_6-2\varphi_5+\varphi_4\end{cases} \tag{6-78}$$

上面方程组的系数矩阵是：$\begin{pmatrix}2&0&0&0\\-1&2&0&-1\\0&-1&2&2\\0&0&-1&0\end{pmatrix}$，其行列式值为 8，故可以得到 $\varphi_3$，$\varphi_4$，$\varphi_5$，$\varphi_6$ 唯一一组解。

将公共边界的全部控制顶点确定之后，我们根据两曲面在第 0 段、第 1 段和第 2 段的拼接方程分别调整公共边界两侧的控制顶点 $b_i$ 和 $c_i$。

两曲面在第 0 段的拼接方程为：

$$\begin{cases}\alpha_0(b_0-\varphi_0)+\beta_0(c_0-\varphi_0)+\gamma_0^0(\varphi_1-\varphi_0)=0\\ \alpha_0(b_1-\varphi_1)+\beta_0(c_1-\varphi_1)+\dfrac{2}{3}\gamma_0^0(\varphi_2-\varphi_1)+\dfrac{1}{3}\gamma_0^1(\varphi_1-\varphi_0)=0\\ \alpha_0(b_2-\varphi_2)+\beta_0(c_2-\varphi_2)+\dfrac{1}{3}\gamma_0^0(\varphi_3-\varphi_2)+\dfrac{2}{3}\gamma_0^1(\varphi_2-\varphi_1)=0\\ \alpha_0(b_3-\varphi_3)+\beta_0(c_3-\varphi_3)+\gamma_0^1(\varphi_3-\varphi_2)=0\end{cases} \tag{6-79}$$

两曲面在第 1 段的拼接方程为：

$$\begin{cases}\alpha_1(b_3-\varphi_3)+\beta_1(c_3-\varphi_3)+\gamma_1^0(\varphi_4-\varphi_3)=0\\ \alpha_1(b_4-\varphi_4)+\beta_1(c_4-\varphi_4)+\dfrac{2}{3}\gamma_1^0(\varphi_5-\varphi_4)+\dfrac{1}{3}\gamma_1^1(\varphi_4-\varphi_3)=0\\ \alpha_1(b_5-\varphi_5)+\beta_1(c_5-\varphi_5)+\dfrac{1}{3}\gamma_1^0(\varphi_6-\varphi_5)+\dfrac{2}{3}\gamma_1^1(\varphi_5-\varphi_4)=0\\ \alpha_1(b_6-\varphi_6)+\beta_1(c_6-\varphi_6)+\gamma_1^1(\varphi_6-\varphi_5)=0\end{cases} \tag{6-80}$$

两曲面在第 2 段的拼接方程为：

$$\begin{cases}\alpha_2(b_6-\varphi_6)+\beta_2(c_6-\varphi_6)+\gamma_2^0(\varphi_7-\varphi_6)=0\\ \alpha_2(b_7-\varphi_7)+\beta_2(c_7-\varphi_7)+\dfrac{2}{3}\gamma_2^0(\varphi_8-\varphi_7)+\dfrac{1}{3}\gamma_2^1(\varphi_7-\varphi_6)=0\\ \alpha_2(b_8-\varphi_8)+\beta_2(c_8-\varphi_8)+\dfrac{1}{3}\gamma_2^0(\varphi_9-\varphi_8)+\dfrac{2}{3}\gamma_2^1(\varphi_8-\varphi_7)=0\\ \alpha_2(b_9-\varphi_9)+\beta_2(c_9-\varphi_9)+\gamma_1^1(\varphi_9-\varphi_8)=0\end{cases} \tag{6-81}$$

遵循构造局部格式的过程，我们先将角点附近控制顶点 $b_0$，$c_0$，$b_1$，$c_1$ 和 $b_8$，$c_8$，$b_9$，$c_9$ 通过角点处的协调方程组确定，此时，式（6-79）的前两个方程以及式（6-81）的后两个方程也已满足（它们是角点处协调方程组的一部分）。然后，调整剩下的控制顶点 $b_2 \sim b_7$ 和 $c_2 \sim c_7$，使式（6-79）的后两个方程和式（6-81）的前两个方程以及式（6-80）的全部四个方程满足。由第 0 段和第 1 段曲面之间的 $C^1$ 连续性以及第 1 段和第 2 段之间的 $C^1$ 连续性，我们有下面的关系式：

$$\begin{cases} b_4-b_3=b_3-b_2 \\ b_7-b_6=b_6-b_5 \\ c_4-c_3=c_3-c_2 \\ c_7-c_6=c_6-c_5 \end{cases} \tag{6-82}$$

由这个方程组可知，$b_2 \sim b_7$ 中有 4 个独立，$c_2 \sim c_7$ 中也有 4 个独立。对称地，我们调整 $b_2$，$b_3$，$b_6$，$b_7$ 和 $c_2$，$c_3$，$c_6$，$c_7$。注意到，式（6-79）的后两个方程恰好是关于 $b_2$，$c_2$ 和 $b_3$，$c_3$ 的，而式（6-81）的前两个方程也恰好是关于 $b_6$，$c_6$，$b_7$，$c_7$ 的，因此，从这四个方程中我们可以分别得到 $b_2$，$b_3$，$b_6$，$b_7$ 和 $c_2$，$c_3$，$c_6$，$c_7$ 的解。然后，根据式（6-82）将 $b_4$，$c_4$ 计算出。

类似前面的讨论，我们可以证明，在式（6-79）和式（6-81）满足的情况下，如果控制顶点之间满足关系式（6-78）和式（6-82），则式（6-80）的全部四个方程是自然满足的。

综上，我们有如下的算法：

### 算法 4　用定理 15 策略 1 拼接两邻接内部二重节点双三次 B 样条曲面

Step1：将两曲面以及公共边界转化为等价的分片 Bezier 曲面和分段 Bezier 曲线的形式。

Step2：给定 $\varphi_0$，$\varphi_1$，$\varphi_2$ 和 $\varphi_7$，$\varphi_8$，$\varphi_9$，根据式（6-78）计算 $\varphi_3$，$\varphi_4$，$\varphi_5$，$\varphi_6$。

Step3：选取拼接函数 $\alpha_0$，$\beta_0$，$\gamma_0(v)$ 和 $\alpha_1$，$\beta_1$，$\gamma_1(v)$，以及 $\alpha_2$，$\beta_2$，$\gamma_2(v)$。

Step4：根据式（6-79）计算 $b_0 \sim b_3$ 和 $c_0 \sim c_3$。

Step5：根据式（6-81）计算 $b_6 \sim b_9$ 和 $c_6 \sim c_9$。

Step6：根据式（6-82）计算 $b_4$，$c_4$，$b_5$，$c_5$。

在算法 3 和 4 的基础上，我们可以得到采用内部二重节点双三次 B 样条曲面的局部格式构造算法。

### 算法 5　在定理 15 策略 2 下采用内部二重节点双三次 B 样条曲面构造局部格式

Step1：对每个角点，根据式（6-70）确定所有的切矢点。

Step2：根据角点处曲面片的个数，调整每条边界的曲率点。

Step3：根据式（6-72）确定所有的扭矢点。

Step4：此时每条公共边界两个端点处的位置矢量、切矢和曲率已经确定，因此可以按照算法 3 中的 Step2 将公共边界的其余控制点得到。

Step5：对每条公共边界确定其上的拼接函数 $\alpha_0$，$\beta_0$，$\gamma_0(v)$ 和 $\alpha_1$，$\beta_1$，$\gamma_1(v)$，要求 $\gamma_0^1=\gamma_1^0=0$。

Step6：根据算法 3，将每条公共边界两侧的曲面拼接起来。

### 算法 6　在定理 15 策略 1 下采用内部二重节点双三次 B 样条曲面构造局部格式

Step1：对每个角点，根据式（6-70）确定所有的切矢点。

Step2：根据角点处曲面片的个数，调整每条边界的曲率点。

Step3：根据式（6-72）确定所有的扭矢点。

Step4：此时每条公共边界两个端点处的位置矢量、切矢和曲率已经确定，因此可以按照算法 4 中的 Step2 将公共边界的其余控制点得到。

Step5：对每条公共边界确定其上的拼接函数 $\alpha_0$，$\beta_0$，$\gamma_0(v)$ 和 $\alpha_1$，$\beta_1$，$\gamma_1(v)$，要求 $\gamma_0^1=\gamma_1^0=0$。

Step6：根据算法 4，将每条公共边界两侧的曲面拼接起来。

#### 6.4.4.3 （1，1，2）$G^1$ 拼接模式下的 $G^1$ 连续条件

本节中，我们以内部二重节点双四次 B 样条曲面为例，给出其在（1，1，2）模式下的 $G^1$ 连续条件。

仍参照前边，设第 0 段和第 1 段上的拼接函数分别为：

$$\begin{cases}\alpha_0(v)=\alpha_0^0(1-v)+\alpha_0^1 v\\ \beta_0(v)=\beta_0^0(1-v)+\beta_0^1 v\\ \gamma_0(v)=\gamma_0^0(1-v)^2+2\gamma_0^1 v(1-v)+\gamma_0^2 v^2\end{cases}$$

$$\begin{cases}\alpha_1(v)=\alpha_1^0(1-v)+\alpha_1^1 v\\ \beta_1(v)=\beta_1^0(1-v)+\beta_1^1 v\\ \gamma_1(v)=\gamma_1^0(1-v)^2+2\gamma_1^1 v(1-v)+\gamma_1^2 v^2\end{cases}$$

这两段上的拼接方程分别为：

第 0 段：
$$\alpha_0(v)B_u^0(v)+\beta_0(v)C_s^0(v)+\gamma_0(v)\Phi_0'(v)=0 \tag{6-83}$$

第 1 段：
$$\alpha_1(v)B_u^1(v)+\beta_1(v)C_s^1(v)+\gamma_1(v)\Phi_1'(v)=0 \tag{6-84}$$

将式（6-83）和式（6-84）分别在 $v=1$ 和 $v=0$ 取值，并将式（6-70）代入，得：

$$\begin{cases}\alpha_1^0=k\alpha_1^0\\ \beta_1^0=k\beta_1^0 \quad k\neq 0\\ \gamma_1^0=k\gamma_0^2\end{cases} \tag{6-85}$$

将式（6-83）和式（6-84）对 $v$ 求一阶导后分别在 $v=1$ 和 $v=0$ 取值，并将式（6-71），式（6-85）代入，得：

$$\begin{cases}\alpha_1^1-\alpha_1^0=k(\alpha_0^1-\alpha_0^0)\\ \beta_1^1-\beta_1^0=k(\beta_0^1-\beta_0^0)\\ \gamma_1^1-\gamma_1^0=\gamma(\gamma_0^2-\gamma_0^1)\end{cases} \tag{6-86}$$

将式（6-83）和式（6-84）对 $v$ 求二阶导后分别在 $v=1$ 和 $v=0$ 取值，并将式（6-71），式（6-86）代入，得：

$$\gamma_1^2-2\gamma_1^1+\gamma_1^0=k(\gamma_0^2-2\gamma_0^1+\gamma_0^0) \tag{6-87}$$

$$\gamma_1^0(\Delta^3\varphi_4-\nabla^3\varphi_4)=0 \tag{6-88}$$

上面的几个方程是（1，1，2）模式下曲面间 $G^1$ 连续的充分性条件。

**定理 18**　在（1，1，2）模式下，两邻接内部二重节点双四次 B 样条曲面间 $G^1$ 连续的一类充分性条件是式（6-85），式（6-86），式（6-87），式（6-88），并且，为使式（6-88）成立，可以有如下两种选择策略：

**策略 1**　令 $\Delta^3\varphi_4=\nabla^3\varphi_4$。此时，若公共边界由 $n$ 段组成，则其上可独立调整的控制顶点一共有 $n+4$ 个。

**策略 2** 令 $\gamma_0^2=\gamma_1^0=0$。此时，公共边界上可独立调整的控制顶点最多有 7 个。

#### 6.4.4.4 内部重节点 B 样条曲面间的 $G^2$ 连续条件

在本节中，以内部二重节点以及内部三重节点双五次 B 样条曲面为例，我们给出曲面间 $G^2$ 连续的条件。

首先考虑内部二重节点的情况。

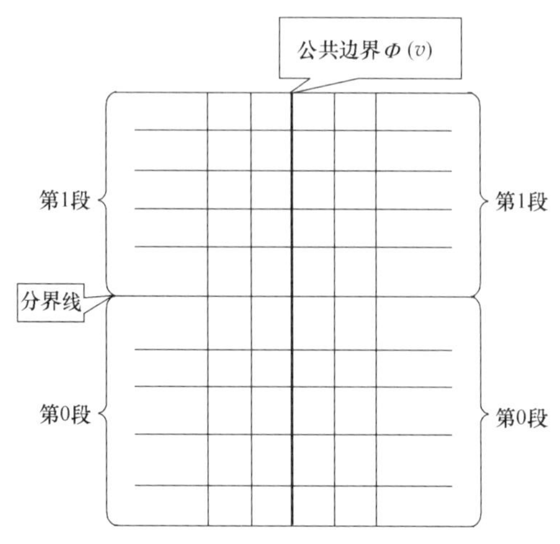


图 6-35 两邻接双五次 B 样条曲面

如图 6-35 所示，我们在公共边界的第 0 段和第 1 段上对两曲面进行 $G^2$ 拼接。设在第 0 段和第 1 段上的拼接函数分别是：

$$\alpha_0,\beta_0,\gamma_0(v)=\gamma_0^0(1-v)+\gamma_0^1 v,\delta_0,\eta_0(v)=\eta_0^0(1-v)+\eta_0^1 v$$

$$\alpha_1,\beta_1,\gamma_1(v)=\gamma_1^0(1-v)+\gamma_1^1 v,\delta_1,\eta_1(v)=\eta_1^0(1-v)+\eta_1^1 v$$

假设两曲面是 $G^1$ 连续的，即如下几个方程成立：

$$\begin{cases}\alpha_1=k\alpha_0\\ \beta_1=k\beta_0\\ \gamma_1^0=k\gamma_0^1\end{cases} \tag{6-89}$$

$$\gamma_1^1-\gamma_1^0=k(\gamma_0^1-\gamma_0^0) \tag{6-90}$$

$$\gamma_1^0(\Delta^4\varphi_5-\nabla^4\varphi_5)=0 \tag{6-91}$$

则两曲面间 $G^2$ 连续等价于：

第 0 段： $$\alpha_0 D_0(v)+\delta_0 C_s^0(v)+\eta_0(v)\Phi_0'(v)=0 \tag{6-92}$$

第 1 段： $$\alpha_1 D_1(v)+\delta_1 C_s^1(v)+\eta_1(v)\Phi_1'(v)=0 \tag{6-93}$$

其中，

$$D_0(v)=[\alpha_0(v)]^2 B_{uu}^0(v)-\{[\beta_0(v)]^2 C_{ss}^0(v)+2\beta_0(v)\gamma_0(v)C_{sv}^0(v)+[\gamma_0(v)]^2\Phi_0''(v)\}$$

$$D_1(v)=[\alpha_1(v)]^2 B_{uu}^1(v)-\{[(\beta_1(v)]^2 C_{ss}^1(v)+2\beta_1(v)\gamma_1(v)C_{sv}^1(v)+[\gamma_1(v)]^2\Phi_1''(v)\}$$

将式（6-92），式（6-93）分别在 $v=1$ 和 $v=0$ 取值，并将式（6-89）代入得：

$$\delta_1=k^3\delta_0,\eta_1^0=k^3\eta_0^1 \tag{6-94}$$

将式（6-92），式（6-93）求一阶导后分别在 $v=1$ 和 $v=0$ 取值，并将式（6-90），式（6-94）代入得：

$$\eta_1^1-\eta_1^0=k^3(\eta_0^1-\eta_0^0) \tag{6-95}$$

将式（6-92），式（6-93）求二阶导后分别在 $v=1$ 和 $v=0$ 取值，并将式（6-91），式（6-94），式（6-95）代入得：

$$\alpha_1(\gamma_1^0)^2[\Phi_0^{(4)}(1)-\Phi_1^{(4)}(0)]=0 \tag{6-96}$$

最后，对式（6-92），式（6-93）求三阶导后分别在 $v=1$ 和 $v=0$ 取值，并将式（6-94），式（6-95），式（6-96）代入得：

$$2\alpha_1\beta_1\gamma_1^0[(C_{sv}^0)^{(3)}(1)-(C_{sv}^1)^{(3)}(0)]+[6\alpha_1(\gamma_1^1-\gamma_1^0)\gamma_1^0-\eta_1^0][\Phi_0^{(4)}(1)-\Phi_1^{(4)}(0)]+\alpha_1(\gamma_1^0)^2[\Phi_0^{(5)}(1)-\Phi_1^{(5)}(0)]=0 \tag{6-97}$$

式（6-97）与内部单节点情况时的式（6-49）有一定差别，式（6-97）比式（6-49）多了一项，即 $\alpha_1(\gamma_1^0)^2[\Phi_0^{(5)}(1)-\Phi_1^{(5)}(0)]$。如果没有这一项，对于式（6-97）的讨论是平凡的，将内部单节点时的三种策略照搬过来就可以。但是，有了这一项之后，需要重新考虑对式（6-97）的讨论，这也是 $G^2$ 连续条件比 $G^1$ 连续条件复杂的一个例证。

我们直接给出结论：为使式（6-93）和式（6-97）成立，可以有如下三种选择策略：

**策略 1** 令$\begin{cases}\Phi_0^{(4)}(1)=\Phi_1^{(4)}(0)=0\\ \Phi_0^{(5)}(1)=\Phi_1^{(5)}(0)=0\\ (C_{sv}^0)^{(3)}(1)=(C_{sv}^1)^{(3)}(0)=0\end{cases}$，此时，公共边界是整体的五次多项式曲线。

**策略 2** 令$\begin{cases}\gamma_0^1=\gamma_1^0=0\\ \Phi_0^{(4)}(1)=\Phi_1^{(4)}(0)\end{cases}$，此时，公共边界是 $C^4$ 连续的五次 B 样条曲线。两曲面的二阶混合偏导矢是 $C^2$ 连续的五次 B 样条曲线。

**策略 3** 令$\begin{cases}\gamma_0^1=\gamma_1^0=0\\ \eta_0^1=\eta_1^0=0\end{cases}$，此时，公共边界是 $C^3$ 连续的五次多项式曲线，两曲面的二阶混合偏导矢是 $C^2$ 连续的五次多项式曲线。

最后，我们给出内部三重节点双五次 B 样条曲面间 $G^2$ 连续的条件。

**定理 19** 在（0，0，1；0，1）模式下，两邻接内部三重节点的双五次 B 样条曲面间 $G^2$ 连续的必要条件是：

$$\begin{cases}\delta_1=k^3\delta_0\\ \eta_1^0=k^3\eta_0^1\end{cases} \tag{6-98}$$

$$\eta_1^1-\eta_1^0=k^3(\eta_0^1-\eta_0^0) \tag{6-99}$$

$$\alpha_1(\gamma_1^0)^2[\Phi_0^{(3)}(1)-\Phi_1^{(3)}(0)]=0 \tag{6-100}$$

$$2\alpha_1\beta_1\gamma_1^0[(C_{sv}^0)^{(2)}(1)-(C_{sv}^1)^{(2)}(0)]+[4\alpha_1(\gamma_1^1-\gamma_1^0)\gamma_1^0-\eta_1^0][\Phi_0^{(3)}(1)-\Phi_1^{(3)}(0)]+\alpha_1(\gamma_1^0)^2[\Phi_0^{(4)}(1)-\Phi_1^{(4)}(0)]=0 \tag{6-101}$$

为使式（6-100）和式（6-101）成立，可以有如下三种选择策略：

**策略 1** 令$\begin{cases}\Phi_0^{(3)}(1)=\Phi_1^{(3)}(0)\\ \Phi_0^{(4)}(1)=\Phi_1^{(4)}(0)\\ (C_{sv}^0)^{(2)}(1)=(C_{sv}^1)^{(2)}(0)\end{cases}$，此时，公共边界是整体的五次多项式曲线。

**策略 2** 令$\begin{cases}\gamma_0^1=\gamma_1^0=0\\ \Phi_0^{(3)}(1)=\Phi_1^{(3)}(0)\end{cases}$，此时，公共边界是 $C^3$ 连续的五次 B 样条曲线。两曲面的二阶混合偏导矢是 $C^1$ 连续的五次 B 样条曲线。

**策略 3** 令$\begin{cases}\gamma_0^1=\gamma_1^0=0\\ \eta_0^1=\eta_1^0=0\end{cases}$，此时，公共边界是 $C^2$ 连续的五次多项式曲线，两曲面的二阶混合偏导矢是 $C^1$ 连续的五次多项式曲线。

我们研究了内部重节点 B 样条曲面间 $G^1$、$G^2$ 连续的条件以及用局部格式构造 $G^1$ 连续曲面的方法。首先，给出了内部二重节点的双三次、双四次 B 样条曲面间以及内部三重节点双四次 B 样条曲面间 $G^1$ 连续的条件，并给出了用内部二重节点双三次 B 样条曲面进行局部格式构造的算法。其次，给出了采用高次拼接函数时内部重节点 B 样条曲面间 $G^1$ 连续的条件。最后，给出了内部二重节点以及内部三重节点双五次 B 样条曲面间 $G^2$ 连续的条件。由本章的结果可知，增加节点的重复度，可以有效增加可调控制顶点的个数，从而更加灵活地对曲面进行拼接。

### 6.4.5 NURBS 曲面间的 $G^1$ 连续条件

张量积 Bezier 曲面，B 样条曲面都是 NURBS 曲面的特殊形式，在引入权因子和有理形式之后，NURBS 曲面可以精确地表示二次曲面，因此实现了用统一的数学形式描述自由曲面和二次曲面的目的。

在本章中，我们将前文所用的方法和手段延伸到 NURBS 曲面情况上去，得到了两邻接内部单节点 NURBS 曲面间以及内部重节点 NURBS 曲面间 $G^1$ 连续的条件。

#### 6.4.5.1 NURBS 曲面基础知识

NURBS，又称为非均匀有理 B 样条，是普通的 B 样条曲线曲面的推广。众所周知，普通的 B 样条曲线曲面不能精确表示二次曲线曲面，而 NURBS 曲线曲面则在继承了 B 样条曲线曲面优点的同时，很好地克服了这个缺点，因此，NURBS 曲线曲面已经成为工程造型中的实际标准。

一个 $p\times q$ 次的 NURBS 曲面 $B(u,v)$ 以如下的方式定义：

$$B(u,v)=\frac{b(u,v)}{w(u,v)} \tag{6-102}$$

其中，$b(u,v)$ 是 B 样条曲面，具有下面的形式：

$$b(u,v)=\sum_{i=0}^{m}\sum_{j=0}^{n}w_{i,j}b_{i,j}N_{i,p}(u)N_{j,q}(v)$$

$w(u,v)$ 是权函数，具有下面的形式：

$$w(u,v)=\sum_{i=0}^{m}\sum_{j=0}^{n}w_{i,j}N_{i,p}(u)N_{j,q}(v)$$

函数 $N_{i,p}(u)$，$N_{j,p}(v)$ 是 B 样条基函数。

这是 NURBS 曲面在三维空间中的表示方法。NURBS 曲面的另外一个表示方法是齐次坐标的形式：

$$X(u,v)=\sum_{i=0}^{m}\sum_{j=0}^{n}x_{i,j}N_{i,p}(u)N_{j,q}(v),x_{i,j}=(w_{i,j},b_{i,j})$$

在本书中，我们仅以 $p=q=4$ 的情况为例，讨论两 NURBS 曲面间 $G^1$ 连续的条件问题。

设有两邻接 NURBS 曲面 $B(u,v)$ 和 $C(s,v)$，它们的齐次坐标形式分别为：

$$X(u,v)=(w(u,v),b(u,v))\text{和}\widetilde{X}(s,v)=(\widetilde{w}(s,v),c(s,v))\text{，并设}$$

$$\Phi(v)=b(0,v)=c(0,v)$$

$$\Omega(v)=w(0,v)=\widetilde{w}(0,v)$$

通过节点插入算法，我们将公共边界转化为分段的形式。设 $\Phi(v)$ 和 $\Omega(v)$ 的分段表达式分别为全 $\Phi_i(v)$ 和 $\Omega_i(v)$，它们的分段控制顶点记为 $\varphi_i$ 和 $\varphi_i$，则两曲面间 $G^1$ 连续等价于存在分段多项式函数 $\alpha(v)$，$\beta(v)$，$\gamma(v)$，$\delta(v)$ 使得下式成立：

$$\alpha(v)\frac{\partial b}{\partial u}\bigg|_{u=0}+\beta(v)\frac{\partial c}{\partial s}\bigg|_{s=0}+\gamma(v)\Phi'(v)+\delta(v)\Phi(v)=0 \tag{6-103}$$

$$\alpha(v)\frac{\partial w}{\partial u}\bigg|_{u=0}+\beta(v)\frac{\partial \widetilde{w}}{\partial s}\bigg|_{s=0}+\gamma(v)\Omega'(v)+\delta(v)\Omega(v)=0 \tag{6-104}$$

为了保持次数上的一致，$\alpha(v)$，$\beta(v)$，$\delta(v)$ 具有相同的次数，而 $\gamma(v)$ 的次数比它们高一次，本书中，我们仅考虑 $\alpha(v)$，$\beta(v)$，$\delta(v)$ 是分段常数而 $\gamma(v)$ 是分段线性函数的情况。

#### 6.4.5.2 NURBS 曲面间的 $G^1$ 连续条件

在本节的内容中，我们讨论两邻接内部单节点 NURBS 曲面间 $G^1$ 连续的条件。注意，如果 $B(u,v)$ 和 $C(s,v)$ 均是四次 NURBS 曲面，则 $b(u,v)$ 和 $c(s,v)$ 是四次 B 样条曲面，因此，是 $G^3$ 连续的。而函数 $w(u,v)$ 和 $\widetilde{w}(s,v)$ 也是 $C^3$ 连续的。从而，公共边界到 $\Phi(v)$ 和 $\Omega(v)$，跨界导矢 $\frac{\partial b}{\partial u}\Big|_{u=0}$ 和 $\frac{\partial c}{\partial s}\Big|_{s=0}$ 以及偏导数 $\frac{\partial w}{\partial u}\Big|_{u=0}$ 和 $\frac{\partial \widetilde{w}}{\partial s}\Big|_{s=0}$ 也是 $C^3$ 连续的。

在第 0 段和第 1 段上对两曲面进行 $G^1$ 连续拼接，两曲面在第 0 段和第 1 段上的拼接方程分别为：

第 0 段：

$$\alpha_0\frac{\partial b_0}{\partial u}\bigg|_{u=0}+\beta_0\frac{\partial c_0}{\partial s}\bigg|_{s=0}+\gamma_0(v)\Phi_0'(v)+\delta_0\Phi_0(v)=0 \tag{6-105}$$

$$\alpha_0\frac{\partial w_0}{\partial u}\bigg|_{u=0}+\beta_0\frac{\partial \widetilde{w}_0}{\partial s}\bigg|_{s=0}+\gamma_0(v)\Omega_0'(v)+\delta_0\Omega_0(v)=0 \tag{6-106}$$

第 1 段：

$$\alpha_1\frac{\partial b_1}{\partial u}\bigg|_{u=0}+\beta_1\frac{\partial c_1}{\partial s}\bigg|_{s=0}+\gamma_1(v)\Phi_1'(v)+\delta_1\Phi_1(v)=0 \tag{6-107}$$

$$\alpha_1\frac{\partial w_1}{\partial u}\bigg|_{u=0}+\beta_1\frac{\partial \widetilde{w}_1}{\partial s}\bigg|_{s=0}+\gamma_1(v)\Omega_1'(v)+\delta_1\Omega_1(v)=0 \tag{6-108}$$

将式（6-105）、式（6-108）分别在 $v=1$ 和 $v=0$ 取值得：

$$\begin{cases}\alpha_1=k\alpha_0 \\ \beta_1=k\beta_0 \quad k\neq 0 \\ \gamma_1^0=k\gamma_0^1\end{cases} \tag{6-109}$$

将式（6-105）、式（6-108）求一阶导后分别在 $v=1$ 和 $v=0$ 取值，并将式（6-109）代入得：

$$\gamma_1^1-\gamma_1^0=k(\gamma_0^1-\gamma_0^0) \tag{6-110}$$

将式（6-105）、式（6-108）求二阶和三阶导后分别在 $v=1$ 和 $v=0$ 取值，并将式（6-109），式（6-110）代入得：

$$\begin{cases}\gamma_1^0(\Delta^4\varphi_4-\nabla^4\varphi_4)=0\\ \gamma_1^0(\Delta^4 w_4-\nabla^4 w_4)=0\end{cases} \tag{6-111}$$

综上，我们得到如下定理：

**定理 20** 两邻接内部单节点双四次 NURBS 曲面间 $G^1$ 连续的必要条件是式（6-109），式（6-110），式（6-111），而且，为使式（6-111）成立，可以有如下的两种选取策略：

**策略 1** 令 $\begin{cases}\Delta^4\varphi_4=\nabla^4\varphi_4,\\ \Delta^4 w_4=\nabla^4 w_4\end{cases}$，此时，公共边界是整体的四次有理多项式曲线，其上，可独立调整的控制顶点一共有 5 个。

**策略 2** 令 $\gamma_0^1=\gamma_1^0=0$，此时，公共边界上可以独立调整的控制顶点最多有 6 个。

类似地，我们可以得到内部二重节点以及内部三重节点双四次 NURBS 曲面间 $G^1$ 连续的必要条件，它们分别是：

（1）内部二重节点双四次 NURBS 曲面间 $G^1$ 连续的条件：

$$\begin{cases}\gamma_1^0(\Delta^3\varphi_4-\nabla^3\varphi_4)=0\\ \gamma_1^0(\Delta^3\omega_4-\nabla^3\omega_4)=0\end{cases}$$

$$\begin{cases}\alpha_1=k\alpha_0\\ \beta_1=k\beta_0\\ \gamma_1^0=k\gamma_0^1\\ \gamma_1^1-\gamma_1^0=k(\gamma_0^1-\gamma_0^0)\end{cases}$$

（2）内部三重节点双四次 NURBS 曲面间 $G^1$ 连续的条件：

$$\begin{cases}\gamma_1^0(\Delta^2\varphi_4-\nabla^2\varphi_4)=0\\ \gamma_1^0(\Delta^2 w_4-\nabla^2 w_4)=0\end{cases}$$

$$\begin{cases}\alpha_1=k\alpha_0\\ \beta_1=k\beta_0\\ \gamma_1^0=k\gamma_0^1\\ \gamma_1^1-\gamma_1^0=k(\gamma_0^1-\gamma_0^0)\end{cases}$$

#### 6.4.5.3 局部格式的构造

类似前文中用内部二重节点的双三次 B 样条曲面进行局部格式构造的过程，我们也可以以 NURBS 曲面为工具构造局部格式。以内部二重节点的双四次 NURBS 曲面为例，构造局部格式算法的基本步骤是：

（1）分别利用式（6-111）和式（6-112）的前三个方程以及式（6-113）和式（6-114）的后三个方程将两曲面在第 0 段的前三排控制顶点以及在第 1 段的后三排控制顶点计算出来。

（2）根据两曲面的第 0 段和第 1 段间的参数连续性将剩余的控制顶点计算出来。算法的详细过程此处不再赘述。

两曲面在第 0 段上的 $G^1$ 连续方程为：

$$\begin{cases}\alpha_0(b_0-\varphi_0)+\beta_0(c_0-\varphi_0)+\gamma_0^0(\varphi_1-\varphi_0)+\delta_0\varphi_0=0\\ \alpha_0(b_1-\varphi_1)+\beta_0(c_1-\varphi_1)+\dfrac{3}{4}\gamma_0^0(\varphi_2-\varphi_1)+\dfrac{1}{4}\gamma_0^1(\varphi_1-\varphi_0)+\delta_0\varphi_1=0\\ \alpha_0(b_2-\varphi_2)+\beta_0(c_2-\varphi_2)+\dfrac{1}{2}\gamma_0^0(\varphi_3-\varphi_2)+\dfrac{1}{2}\gamma_0^1(\varphi_2-\varphi_1)+\delta_0\varphi_2=0\\ \alpha_0(b_3-\varphi_3)+\beta_0(c_3-\varphi_3)+\dfrac{1}{4}\gamma_0^0(\varphi_4-\varphi_3)+\dfrac{3}{4}\gamma_0^1(\varphi_3-\varphi_2)+\delta_0\varphi_3=0\\ \alpha_0(b_4-\varphi_4)+\beta_0(c_4-\varphi_4)+\gamma_0^1(\varphi_4-\varphi_3)+\delta_0\varphi_4=0\end{cases}\tag{6-112}$$

$$\begin{cases}\alpha_0(w_{1,0}-w_{0,0})+\beta_0(\widetilde{w}_{1,0}-\widetilde{w}_{0,0})+\gamma_0^0(w_1-w_0)+\delta_0 w_0=0\\ \alpha_0(w_{1,1}-w_{0,1})+\beta_0(\widetilde{w}_{1,1}-\widetilde{w}_{0,1})+\dfrac{3}{4}\gamma_0^0(w_2-w_1)+\dfrac{1}{4}\gamma_0^1(w_1-w_0)+\delta_0 w_1=0\\ \alpha_0(w_{1,2}-w_{0,2})+\beta_0(\widetilde{w}_{1,2}-\widetilde{w}_{0,2})+\dfrac{1}{2}\gamma_0^0(w_3-w_2)+\dfrac{1}{2}\gamma_0^1(w_2-w_1)+\delta_0 w_2=0\\ \alpha_0(w_{1,3}-w_{0,3})+\beta_0(\widetilde{w}_{1,3}-\widetilde{w}_{0,3})+\dfrac{1}{4}\gamma_0^0(w_4-w_3)+\dfrac{3}{4}\gamma_0^1(w_3-w_2)+\delta_0 w_3=0\\ \alpha_0(w_{1,4}-w_{0,4})+\beta_0(\widetilde{w}_{1,4}-\widetilde{w}_{0,4})+\gamma_0^1(w_4-w_3)+\delta_0 w_4=0\end{cases}\tag{6-113}$$

两曲面在第 1 段上的 $G^1$ 连续方程为：

$$\begin{cases}\alpha_1(b_4-\varphi_4)+\beta_1(c_4-\varphi_4)+\gamma_1^0(\varphi_5-\varphi_4)+\delta_1\varphi_4=0\\ \alpha_1(b_5-\varphi_5)+\beta_1(c_5-\varphi_5)+\dfrac{3}{4}\gamma_1^0(\varphi_6-\varphi_4)+\dfrac{1}{4}\gamma_1^1(\varphi_5-\varphi_4)+\delta_1\varphi_5=0\\ \alpha_1(b_6-\varphi_6)+\beta_1(c_6-\varphi_6)+\dfrac{1}{2}\gamma_1^0(\varphi_7-\varphi_6)+\dfrac{1}{2}\gamma_1^1(\varphi_6-\varphi_5)+\delta_1\varphi_6=0\\ \alpha_1(b_7-\varphi_7)+\beta_1(c_7-\varphi_7)+\dfrac{1}{4}\gamma_1^0(\varphi_8-\varphi_7)+\dfrac{3}{4}\gamma_1^1(\varphi_7-\varphi_6)+\delta_1\varphi_7=0\\ \alpha_1(b_8-\varphi_8)+\beta_1(c_8-\varphi_8)+\gamma_1^1(\varphi_8-\varphi_7)+\delta_0\varphi_4=0\end{cases}\tag{6-114}$$

$$\begin{cases}\alpha_1(w_{1,4}-w_{0,4})+\beta_0(\widetilde{w}_{1,4}-\widetilde{w}_{0,4})+\gamma_1^0(w_5-w_4)+\delta_1 w_4=0\\ \alpha_1(w_{1,5}-w_{0,5})+\beta_0(\widetilde{w}_{1,5}-\widetilde{w}_{0,5})+\dfrac{3}{4}\gamma_1^0(w_6-w_5)+\dfrac{1}{4}\gamma_1^1(w_5-w_4)+\delta_1 w_5=0\\ \alpha_1(w_{1,6}-w_{0,6})+\beta_0(\widetilde{w}_{1,6}-\widetilde{w}_{0,6})+\dfrac{1}{2}\gamma_1^0(w_7-w_6)+\dfrac{1}{2}\gamma_1^1(w_6-w_5)+\delta_1 w_6=0\\ \alpha_1(w_{1,7}-w_{0,7})+\beta_0(\widetilde{w}_{1,7}-\widetilde{w}_{0,7})+\dfrac{1}{4}\gamma_1^0(w_8-w_7)+\dfrac{3}{4}\gamma_1^1(w_7-w_6)+\delta_1 w_7=0\\ \alpha_1(w_{1,8}-w_{0,8})+\beta_0(\widetilde{w}_{1,8}-\widetilde{w}_{0,8})+\gamma_1^1(w_8-w_7)+\delta_1 w_8=0\end{cases}\tag{6-115}$$

我们利用前面几章中用过的手段和技巧，对 NURBS 曲面间几何连续的条件进行了研究，得到了两邻接 NURBS 曲面间 $G^1$ 连续的条件。

## 6.5 四边形网格的细分曲面造型

### 6.5.1 基于细分的约束造型技术

CAD技术是20世纪60年代发展起来的，它是将计算机高速数据处理和海量存储能力与人的逻辑思维、综合分析和创造性思维能力结合起来，并综合了计算机与工程设计方法的最新发展而形成的一门新兴学科。CAD技术的广泛应用使传统的产品设计和生产模式发生深刻的变化，已成为加速国民经济发展和国防现代化的一项关键性高新技术，因此，以CAD技术为核心的先进制造技术的发展和应用水平已成为一个国家科技现代化水平的重要标志。

细分曲面采用递归思想，是一个网格序列的极限，网格序列则是通过采用一组规则对给定初始网格中逐层加密顶点而得到的。细分的基本思想最早来自20世纪50年代Rham所提出的多边形割角方法，但是直到1974年才由Chaikin真正将其应用到形状建模中，实现了光滑曲线的快速生成。1978年，Catmull和Clark，Doo和Sabin分别提出了将B样条曲面推广到任意拓扑结构的细分算法，标志着细分正式成为曲面建模的手段。

早期的细分曲面研究的热点主要集中在理论上，具体包括细分模式研究、细分曲面的极限性质研究等内容，这些理论研究成果为细分曲面应用推广奠定了坚实的基础，下面简要介绍细分曲面的理论研究成果。

**1. 细分模式研究**

在Catmull-Clark模式和Doo-Sabin模式提出后，Loop于1987年将四次三向箱样条推广到任意的三角网格，提出了基于三角网格的逼近型细分模式。Dyn等提出了基于三角网格的插值型细分模式，即蝶形细分模式。至此，在细分的家族里，既包含了三角形网格细分，又有四边形网格细分，既有插值型细分又有逼近型细分，20世纪90年代至今是细分曲面蓬勃发展的时期，各种新的细分模式不断提出，在细分模式研究方面呈现以下几方面特点。

（1）由静态细分到动态细分的发展。1996年，Kobbelt提出基于变分的细分，网格顶点的位置由所定义的能量最小函数确定。2006年，张宏鑫在细分规则中引入核函数，提出半静态细分，实现了二次曲面、旋转曲面和经典细分曲面的统一表示。

（2）由均匀细分模式发展成为非均匀细分模式。1998年，Sederberg等人通过引入节点距，提出了非均匀细分模式，并将NURBS曲面看作其子集，同时他还进一步将非均匀Catmull-Clark曲面推广到有T节点的非均匀有理Catmull-Clark曲面。

（3）细分曲面的次数和连续性得到提高。2001年，Stam将任意次数的均匀张量积B样条曲面推广到任意网格，同时将总次数为$3m+1$的箱样条推广到任意三角网格。Prautzsch则改进了蝶形细分和Loop细分，使之分别达到$G^1$和$G^2$连续。

（4）细分网格推广到非流形、体网格和混合网格。Ying等扩展了Loop细分模式，使之适用于非流形网格的细分；Ghulam和McDonnel等人先后提出了基于体网格的细分模式；Stam在Loop和Catmull-Clark细分基础上定义了一个基于混合网格的新细分算子，统一了三角形和四边形细分模式。

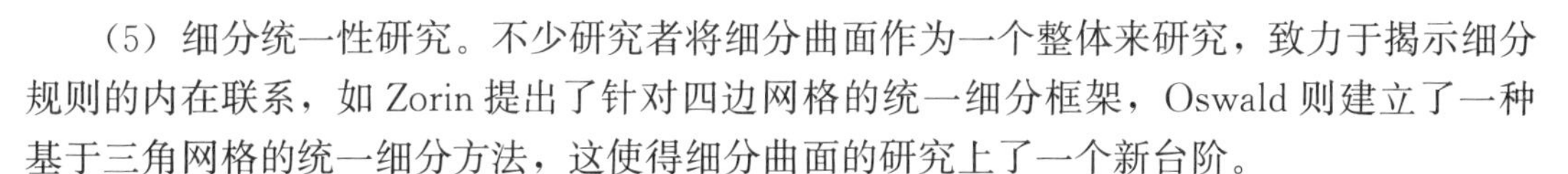

（5）细分统一性研究。不少研究者将细分曲面作为一个整体来研究，致力于揭示细分规则的内在联系，如 Zorin 提出了针对四边网格的统一细分框架，Oswald 则建立了一种基于三角网格的统一细分方法，这使得细分曲面的研究上了一个新台阶。

**2. 细分曲面的连续性和收敛性**

由于规则网格细分所生成的极限曲面实际上就是张量积或箱样条曲面，实际上，细分曲面的连续性和收敛性研究主要集中在奇异点上。1978 年，Doo 和 Sabin 利用离散 Fourier 变换和细分矩阵的特征分析，研究了细分曲面在奇异点处的连续性。随后 Ball 和 Storry 也采用这一思想，给出 Catmull-Clark 细分曲面在奇异点处保持切平面连续的条件。Loop 在提出 Loop 模式时也分析了其连续性。Reif 通过引入特征映射（Characteristic Map）的概念，建立了一般静态细分模式生成正则极限曲面的条件，即特征映射的正则性和单射性。利用特征映射分析方法，Peter 等分析了 Doo-Sabin 细分和 Catmull-Clark 细分的特征映射的正则性和单射性，Umlauf 证明了 Loop 细分的特征映射和单射性质。同时，Zorin 给出了切平面连续和 $C^k$ 连续的细分规则的充要条件，并设计了一个验证极限曲面 $C^1$ 连续的算法。利用这一理论，Prautzsch 和 Umlauf 给出了 Loop 模式、Catmull-Clark 模式在奇异点处达到 $GC^2$ 连续的细分规则以及 Butterfly 模式在奇异点处达到 $GC^1$ 连续的细分规则。

**3. 细分曲面属性计算和参数化**

在利用细分曲面进行显示和插值时，都需要计算细分曲面的位置、法向、切向、曲率等几何属性，因此细分曲面的几何属性的计算是细分曲面研究的一个重要内容。Loop 在提出 Loop 细分方法的同时，给出了计算极限顶点和法向极限的公式；Halstead 等在分析 Catmull-Clark 模式细分矩阵特征向量后，给出了 Catmall-Clark 细分的极限点位置和法向的计算公式。Peter 等提出了有界曲率的细分模式的曲率计算方法。由于用迭代赋值计算细分曲面上的点位置的效率和精度都较低，因而细分曲面的参数化方法备受关注。利用网格上大部分区域随着细分深度的增加而趋于正则的原理，Stam 分别给出了 Catmull-Clark 和 Loop 细分曲面局部参数化方法，实现了极限曲面任意点位置和法矢等属性的精确计算。随后，Zorin 等提出了一种方法用于文献中给出的有边界细分曲面任意点位置计算。Smith 在其博士论文中，分别实现了带尖锐特征的 Loop 细分和 Catmull-Clark 细分的精确参数化。

**4. 细分曲面包围盒和细分深度问题**

曲面包围盒对曲面的求交、干涉检测、渲染来说都是十分重要的，Peters 和 Nasri 通过建立奇异点的凸包，来估计封闭细分曲面的体积；Kobbelt 和 Wu 都通过估算与细分曲面相关的基函数的上下界，建立了细分曲线和曲面的紧包围体（Tight bounding volumes）。控制网格到极限曲面之间的误差计算和细分曲面的细分深度问题是细分曲面应用中的重要问题，Wang、Cheng 和 Zeng 等对此进行了研究。其中 Wang 采用计算细分曲面与其控制网格的指数包围盒的距离的方法，估计出在给定的误差范围内 Catmull-Clark 细分和 Loop 细分所需要的细分深度。Cheng 先后提出基于一阶和二阶向前差分范数的 Catmull-Clark 曲面细分深度计算方法。Zeng 等则引入邻点的概念，通过计算控制顶点的一阶差分，得到 Catmull-Clark 细分曲面的收敛速率，利用收敛速率推导出细分深度计算公式。

### 6.5.2 联合细分模式和曲线网构造

本章首先介绍了网格和曲线网的基本概念，接着对具有曲线网插值功能的联合细分模式作了重点介绍；然后给出任意拓扑曲线网的构造方法，并对联合细分模式进行必要的扩展，使其具备插值任意拓扑曲线网的能力；最后给出了用联合细分方法实现曲线网插值的基本步骤。

#### 6.5.2.1 基本概念

**1. 网格**

细分曲面的控制网格和极限曲面，都是由网格曲面表示的。网格是细分曲面描述的重点，它是由点、边、面三类几何元素以及三者之间的拓扑关系所构成的集合，具有二维流形的特点。下面将介绍网格的基本概念。

**定义 1** 由顶点、边和面构成的整个或部分多面体表面称为网格（Mesh）。若网格中的一条边仅属于一个面，则称该边为边界边（Boundary edge）；若网格中的一个顶点属于某边界边则称该顶点为边界点（Boundary vertex）；至少包含一个边界顶点的面称为边界面（Boundary face）。非边界的顶点、边和面分别称为内部顶点（Internal vertex）、内部边（Internal edge）和内部面（Internal face）。

**定义 2** 所有面都是三角形的网格称为三角网格（Triangular mesh），所有面都是四边形的网格称为四边形网格（Quadrilateral mesh）；含有边界边的网格称为开网格（Open mesh），否则称为闭网格（Close mesh）。

**定义 3** 对于网格中的一个顶点 $v$，若边 $e$ 的一个顶点为 $v$，则称 $e$ 为 $v$ 的邻边，若面 $f$ 的一个顶点为 $v$，则称面 $f$ 为 $v$ 的邻面，顶点 $v$ 的邻边数量称为顶点 $v$ 的价（Valence），记为 $N(v)$。

**定义 4** 对于三角网格 $M$，如果 $v$ 为内部顶点且价不等于 6 或 $v$ 为边界顶点且价不等于 4 或 2，则称 $v$ 为奇异顶点（Extraordinary vertex），否则称为正则顶点（Regular vertex）。对于四边形网格 $M$，如果 $v$ 为内部顶点且价不等于 4 或 $v$ 为边界顶点且价不等于 3 或者 2，则称为奇异顶点，否则称为正则顶点。如果 $v$ 的价为 2，则称为角点（Corner vertex）。不存在奇异顶点的网格称为正则网格（Regular mesh），或称为规则网格。

**定义 5** 从网格 $M^0$ 开始，依次采用某种拓扑分裂规则和几何平均规则对其进行细化，从而得到网格系列 $\{M^k \mid k=0,1,L\}$，这一过程称为细分模式（Subdivision scheme）。网格序列的极限 $\sigma=\lim\limits_{k\to\infty}M^k$ 称为细分曲面（Subdivision surface），也称为细分极限曲面（Subdivision limit surface）。$M^k$（$k>0$）称为细分曲面的控制网格（Control mesh），$M^0$ 称为细分曲面的初始控制网格（Initial control mesh）。

细分方法有两种典型的拓扑分裂方式：基于顶点的拓扑分裂规则称为对偶分裂算子（Dual splitting operator）；基于面的拓扑分裂规则称为基本分裂算子（Primal splitting operator）。对于基本型细分模式，从上一层网格继承的顶点称为偶数点，新生成的顶点称为奇数点。对于基于三角形网格的细分方法（如 Loop 细分模式），只有一种类型的奇数点，即由上一层次的边所产生的新顶点。对于四边形网格的基本型细分模式（如 Catmull-Clark 细分模式），细分时上一层网格的边和面都有新顶点产生，这两种奇数点分别称为边点和面点。

**2. 曲线网**

与网格相类似，曲线网的定义也主要由几何信息和拓扑结构信息两部分组成；其中几何信息主要包括所有曲线的信息，拓扑结构信息则包括描述曲线之间连接关系的信息。不少文献将曲线网限定为矩形拓扑结构，这大大限制了曲线网的应用范围；为了突破拓扑结构的限制，本书研究具有任意拓扑结构的曲线网，允许有两条或两条以上曲线相交的情况存在；也可以是不相交的一组空间曲线，通过构造折线或增加新的曲线将其连接成一个整体。由于在曲线网的相关研究中，尚未有曲线网的完整定义；为叙述方便，下面对本书所研究曲线网的基本概念和表示方法作必要介绍。

（1）结点

两条或者多条曲线 $s_i(i=0,1,2\cdots)$ 相交，得到的交点 $p$ 称为结点，经过结点 $p$ 的曲线条数记为 $N(p)$。曲线间通过结点连成一个整体，当曲线网中一条曲线移动时，将会带动与之相连的其他曲线一起移动；两条曲线之间可以有多个结点，也可以由多条曲线形成一个结点，曲线的端点一般都是结点。在图 6-36（a）中，曲线 $s_1$、$s_2$、$s_3$ 相交形成结点 $p_0$，可表示为：

$$p_0=s_1\cap s_2\cap s_3$$

$$s_1(t_{p_0})=s_2(u_{p_0})=s_3(w_{p_0})$$

曲线网也可以是一组完全不相交的曲线组成，图 6-36（b）所示的曲线网由三条曲线 $s_4$、$s_5$、$s_6$ 组成。

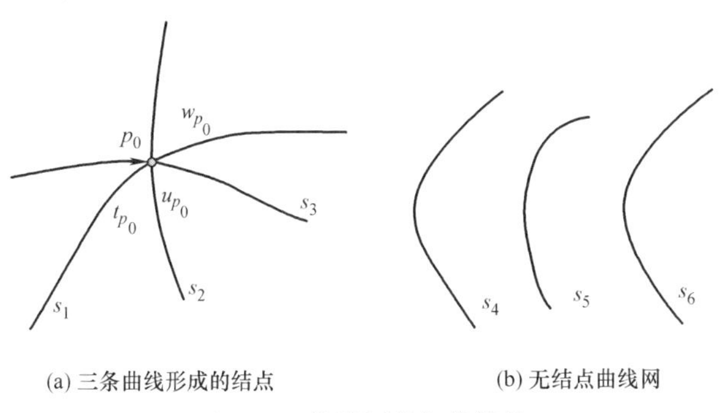


图 6-36　曲线网的拓扑结构

（2）连续性

曲线网的连续性由组成曲线网的曲线来决定。在结点以外的位置，曲线网的连续性就是相应曲线的连续性，因此只需定义结点位置的连续性。由结点的定义可知：曲线网在结点位置至少达到 $C^0$ 连续；当经过结点的所有曲线在结点上的切矢量共面时，我们就认为曲线网在该结点达到 $C^1$ 连续。一般情况下表达外形特征的三次 B 样条曲线至少为 $C^2$ 连续，因而在两曲线形成的结点上就存在公共切平面，即曲线网在该结点至少达到 $C^1$ 连续；而对于两条以上曲线形成的结点，要使曲线网在该结点位置达到 $C^1$ 连续，就必须在曲线的结点位置增加约束条件。在图 6-37 中，三条曲线 $s_1$、$s_2$、$s_3$ 相交形成结点 $p$，要使曲线网在结点 $p$ 上达到 $C^1$ 连续，三条曲线在结点 $p$ 位置的切向需满足以下条件：

$$(\tau_{s_1}\times\tau_{s_2})g\tau_{s_3}=0$$

（3）拓扑结构

除曲线信息外，曲线之间的拓扑结构信息也是曲线网描述的一个重要方面。由于曲线网与多边形网格类似，都是线框结构，因此借鉴多边形网格的拓扑结构表示方法。

下面我们给出曲线段和曲线面环的概念。同一条曲线上两个相邻结点间的一段曲线称为曲线段，它由曲线的控制顶点和两个结点位置对应的参数所定义。在图 6-38 中，在结点 $p_0$ 和 $p_1$ 之间形成一个曲线段；曲线段首尾依次相连所组成的封闭曲线环称为曲线面环，如图 6-38 中的结点 $p_0$、$p_1$、$p_2$ 之间的曲线段形成一个面环，最少三个曲线段就可以组成一个曲线面环。结点、曲线段和面环一起完整地定义了整个曲线网的拓扑结构。当用折线分别代替各条曲线段时，所得网格应符合流形网格的基本要求。

曲线网允许多条曲线相交形成结点，也可以由多个曲线段围成一曲线面环；为了给设计者提供更大的自由度，我们还允许曲线之间没有结点，但是必须在后续过程中将不相交的曲线连成一体，即通过交互方法在各条曲线上取点，然后以折线连接各条曲线上的点，形成一个有拓扑结构的特殊曲线网，以便统一处理。

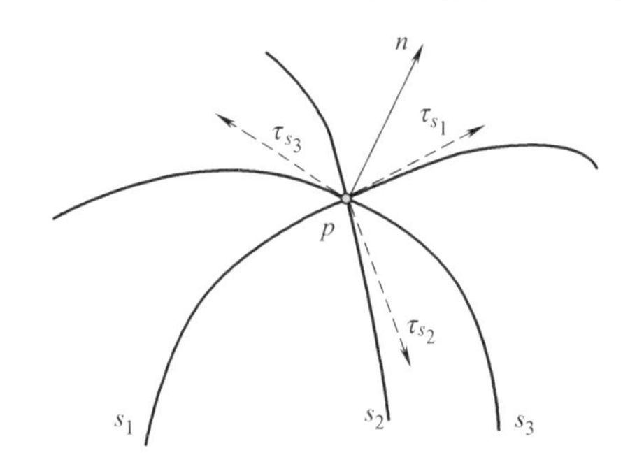


图 6-37　曲线网在结点上的连续性

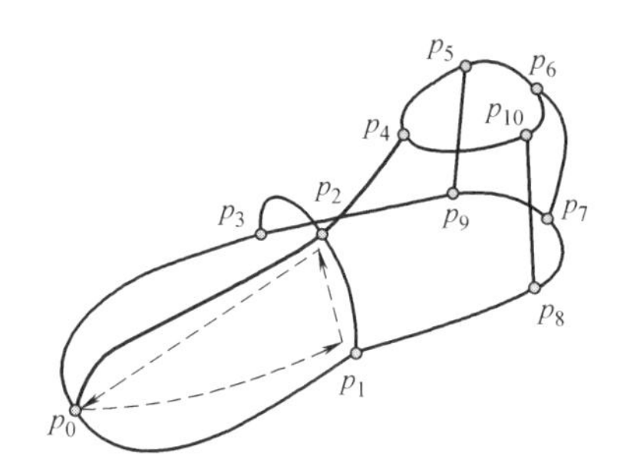


图 6-38　曲线网中的曲线段和曲线面环

### 6.5.2.2　联合细分模式

联合细分模式由 Levin 所提出，它与常规细分模式相结合，通过修改局部细分规则来实现曲线的精确插值。Levin 对联合细分在插值曲线附近的曲面连续性和逼近阶等性质都进行了分析，并从理论上证明了三次曲线的插值曲面达到 $C_2$ 连续。联合细分模式不仅具有与之结合的常规细分模式的优势，而且可以方便、高效地实现曲线网插值，因而受到不少研究者的关注，如 Kuragano 等在输入产品的特征曲线后，采用联合细分方法自动生成产品的几何外形；而 Litke 等则将联合细分方法应用到细分曲面裁剪中。总的来说，联合细分模式主要有以下几方面的优势：

（1）对插值曲线的表示形式没有限制，可以是 Bezier 曲线、NURBS 曲线，或其他形式参数曲线；既可以插值于二次参数曲线，也可以插值于三次参数曲线；

（2）不受拓扑结构限制，能精确插值于复杂拓扑结构的曲线网；

（3）能得到光滑的、至少为 $C^1$ 连续的极限曲面；

（4）除曲线对应的控制边外，曲面其他位置可以采用 Catmull-Clark 细分、Loop 细分或其他细分模式，具有原有细分模式的全部优点；

（5）算法简单高效。

**1. 基本原理**

联合细分曲面是由几何信息和细分规则所定义的，其中几何信息包括控制网格和插值曲线；而联合细分规则包括常规细分模式和定义在曲线上的逆算子。逆算子是联合细分模式的核心，逆算子是与正算子相对应的。这里的正算子就是常规细分算子，可以是 Catmull-Clark 细分算子，也可以是 Loop 细分算子，正算子统一记为 $S$，逆算子 $Q$ 就是 $S^{\infty}$ 的逆，逆算子的作用是实现由曲线上的点到控制网格中顶点位置的映射，用 $s$ 表示插值曲线，当 $s$ 是三次曲线时，定义在联合细分模式中的逆算子可以采用下面的方法来定义：

$$Q_s = s - \frac{1}{6}\left(\frac{\partial^2 s}{\partial x_1^2} + \frac{\partial^2 s}{\partial x_2^2}\right) \tag{6-116}$$

**2. Catmull-Clark 模式**

在本书的联合细分曲面中，采用 Catmull-Clark 模式作为常规细分模式。为描述方便，这里首先简要介绍一下该细分模式。Catmull-Clark 细分模式采用面分裂方式，细分一次后，所有的面被分裂为四边形，通过连接每一个新面点与相邻的新边点、连接每一个新顶点与相邻的新边点，完成新网拓扑结构的构造。

Catmull-Clark 细分的几何规则如下。

（1）面点。设面的各个顶点为 $v_i(i=0,1,2,\cdots,n)$，则该面产生的新面点 $v_F$ 的位置为：

$$v_F = \frac{1}{n}\sum_{i=1}^{N} v_j$$

（2）边点。设内部边的端点为 $v_i$、$v_j$，共享此边的两个面的 $F$ 顶点分别为 $f_1$，$f_2$，则此内部边产生的新边点 $v_E$ 位置为：

$$v_E = \frac{1}{4}(v_i + v_j + f_1 + f_2)$$

（3）顶点。若内部顶点 $v$ 的 1 邻域顶点为 $v_i(i=0,1,2,\cdots,n)$，其中奇数下标的顶点为与 $v$ 直接相连的顶点，偶数下标的顶点为其四边形面上的对角顶点，相应地细分后的顶点点位置为：

$$v_V = \alpha_n v + \beta_n \sum_{i=1}^{n} v_{2i} + \gamma_n \sum_{i=1}^{n} v_{2i-1}$$

其中，$\alpha_n = 1 - n(\beta_n + \gamma_n)$，$\beta_n = \frac{3}{2n^2}$，$\gamma_n = \frac{1}{4n^2}$

（4）边界顶点。由边界顶点 $v$ 产生的新顶点位置为：

$$v_E = \frac{1}{8}(6v + v_i + v_j)$$

其中，$v_i$ 和 $v_j$ 是与 $v$ 直接相连的两个边界顶点。

（5）角点。细分过程中角点的位置保持不变。

（6）边界边点。

1）当组成边界边的两个顶点 $v_1$、$v_2$ 均为正则边界点或均为奇异边界点时，产生新边点 $e_0$ 的位置为：$e_0 = \frac{v_1 + v_2}{2}$；

2）当组成边界边的两个顶点 $v_1$、$v_2$ 中有且仅有一个顶点为奇异边界点时，新产生的边点 $e_1$ 的位置为：$e_0 = \frac{3v_2 + 5v_1}{8}$。

### 3. 控制网格

由于在联合细分曲面中，插值曲线附近网格的细分规则与正常细分模式不同，因此需要区分与插值曲线相对应的控制边；在联合细分曲面的控制网格中，与插值曲线的一部分相对应的控制边称为曲线边，设插值曲线为 $s(u)$，曲线边与 $s(u)$ 上的一个参数区间 $[u_a u_b]$ 对应，曲线边的集合记为 $E_c^k$，其中 $k$ 表示控制网格的细分深度。组成曲线边的两个控制顶点称为曲线顶点，曲线顶点的集合记为 $V_c^k$；曲线顶点 $v_j^k$ 所对应的曲线上的点称为采样点，采样点的集合记为 $P^k$，图 6-39（a）中曲线边 $e_1$ 由两个曲线顶点 $v_0$、$v_2$ 组成，对应的采样点分别为 $p_0$、$p_2$；控制网格中曲线边和曲线顶点之外的控制边和控制顶点分别称为普通边和普通控制顶点，如图 6-39（a）中的普通边 $e_5$ 和普通控制顶点 $v_5$，普通边和普通控制顶点集合分别记为 $E_g^k$ 和 $V_g^k$，所有顶点的集合记为 $V_g^k$，所有边的集合记为 $E_g^k$。控制网格中所有边界边均为曲线边，曲线顶点主要限制在以下六类：

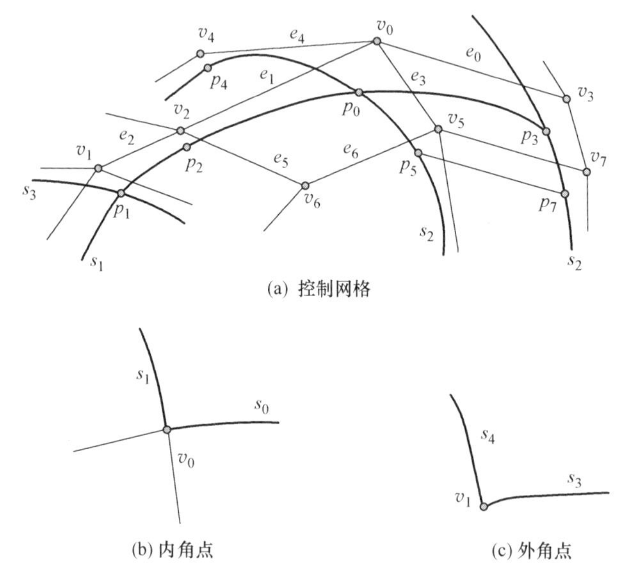


(a) 控制网格

(b) 内角点　　(c) 外角点

图 6-39　联合细分的控制网格

（1）内部相交曲线顶点：内部两条曲线相交形成的交点对应的曲线顶点，经过该点有四条曲线边，如图 6-39（a）中的 $v_0$；

（2）正则内部曲线顶点：经过该类曲线顶点的有四条边，并且其中两边为曲线边，对应同一条曲线，另外两条边为普通控制边，如图 6-39（a）中的 $v_2$；

（3）正则边界曲线顶点：经过该类曲线顶点有三条边，其中两条边是对应同一条曲线的曲线边，另一条边是普通控制边，如图 6-39（a）中的 $v_7$；

（4）边界相交曲线顶点：经过该类曲线顶点有三条曲线边，其中两条对应同一条曲线的曲线边，如图 6-39（a）中的 $v_3$；

（5）内角曲线顶点：仅有两条对应不同曲线的曲线边经过该顶点，内角曲线顶点如图 6-39（b）所示；

（6）外角曲线顶点：四条边经过该类顶点，其中两条边对应不同的曲线，外角曲线顶点如图 6-39（c）所示。

**4. 基本算子**

（1）细分算子

当 $v \in V_g^k$ 时，采用 Sabin 提出的一种改进 Catmull-Clark 细分算子，即在几何规则中引入与顶点度数相关的权值，可以使奇异点附近的极限曲面具有有界曲率，该细分算子记为 $S$。

（2）跨界二阶偏导和差分算子

当 $v \in V_c^k$ 时，在 $v_0$ 上定义两个与曲线 $s_i$ 相对应的矢量：二阶差分 $D_{s_i}(v)$ 和跨界二阶偏导 $d_{s_i}(v)$。若 $v$ 仅与一条插值曲线相对应，则分别表示为 $D(v)$ 和 $d(v)$。对图 6-40 中的顶点 $v_0$，其二阶差分按下式计算：

$$D_{s_1}=(p_2-p_0)-(p_0-p_3) \tag{6-117}$$

对于曲线端点 $p_3$，对应曲线顶点 $v_3$ 的二阶差分按下式计算：

$$D_{s_1}=4p_3-8s\left(\frac{u_{p_s}+u_{p_0}}{0}\right)+4p_0 \tag{6-118}$$

当 $v$ 为曲线 $s_i(i=1,2\cdots)$ 的交点所对应的曲线顶点时，跨界二阶偏导按下式计算：

$$d_{s_i}=D_{s_i}(v), i=1,2,\cdots \tag{6-119}$$

其余曲线顶点上的跨界二阶偏导则在给定初值后，在细分过程中按一定的规则计算得到。

（3）逆算子

逆算子是联合细分模式所特有的，该算子主要用来将采样点 $p$ 映射成控制网格上对应的曲线顶点 $v$，针对不同的细分模式，可以有不同的逆算子，当 $p$ 为曲线 $s_i(i=1,2\cdots)$ 的交点时，有：

$$v=Qp=p-\frac{1}{6}[d_{s_1}(v)+D_{s_1}(v)] \tag{6-120}$$

当 $p$ 不是曲线交点时有：

$$v=Qp=p-\frac{1}{6}[d(v)+D(v)] \tag{6-121}$$

（4）修正算子

为保证插值曲线附近曲面的连续性，需要对与曲线顶点直接相连的普通顶点位置进行修正，如图 6-40 所示，修正算子 $C$ 可表示为：

$$v_1'=Cv_1=v_0+\frac{d(v_0)}{2}+\frac{v_1-v_2}{2} \tag{6-122a}$$

$$v_2'=Cv_2=v_0+\frac{d(v_0)}{2}+\frac{v_2-v_1}{2} \tag{6-122b}$$

其中，$v_0 \in V_g^k$，$v_1$、$v_2$ 是与 $v_0$ 直接相连的普通控制顶点，$v_1'$、$v_2'$分别表示 $v_1$、$v_2$ 在 $C$ 算子作用后的新位置。

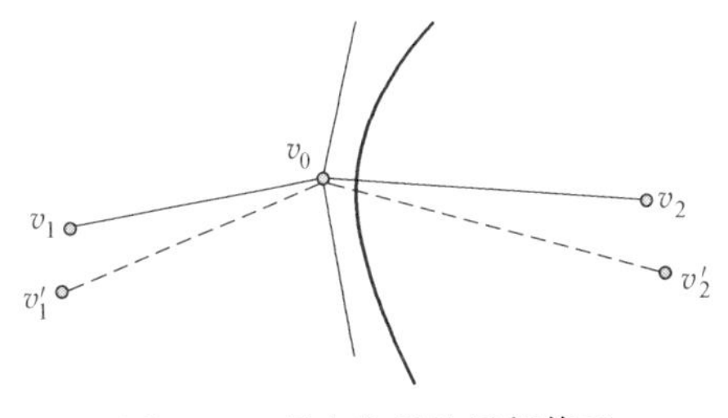


图 6-40　顶点位置的局部修正

**5. 联合细分算法步骤**

在曲线网 Ω 中所有曲线上取点，形成原始采样点集 $P^0$，先按式（6-117）、式（6-118）、式（6-119）分别计算各点的二阶差分和跨界二阶偏导，再按式（6-120）、式（6-121）得到初

始控制网格 $V^0$，然后采用联合细分方法对其细分，随后的联合细分具体步骤如下：

Step1：对所有 $v \in V_g^k$，施加基本细分算子 $S$；

Step2：加密曲线边，先按式（6-117）计算曲线顶点的二阶差分，再计算曲线顶点的跨界二阶偏导；当曲线顶点对应采样点为曲线交点时按式（6-119）计算；对原曲线顶点，如图 6-41 中的 $v_0^k$ 有：$d(v_0^{k+1})=\frac{1}{4}d(v_0^k)$；对新产生的曲线顶点，如图 6-41 中的 $v_3^{k+1}$ 有：$u_{p_3}=\frac{u_{p_0}+u_{p_1}}{2}$，$d(v_3^{k+1})=\frac{d(v_0^k)+d(v_1^k)}{8}$；

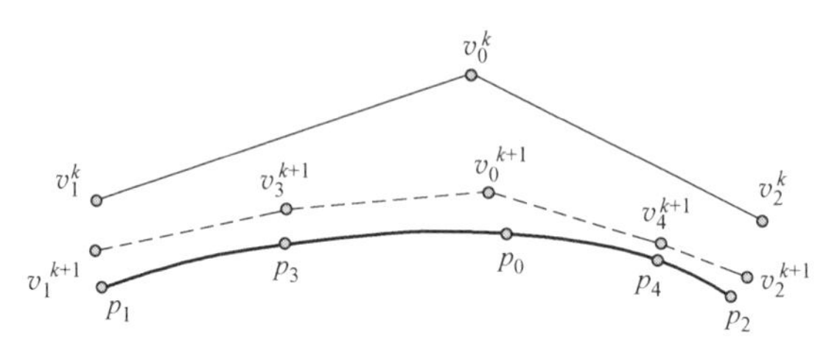


图 6-41　曲线顶点的加密

Step3：按式（6-119）、式（6-120）对所有的曲线上的采样点施加逆算子 $Q$ 映射得到对应的曲线顶点；

Step4：施加修正算子 $C$，即按式（6-122）对与曲线控制顶点直接相连的普通顶点位置进行修正。

### 6.5.2.3　曲线网的构造

就相对插值曲面的生成和表示而言，曲线网的构造相对独立，是构造联合细分曲面的基础，并且其质量直接影响了联合细分曲面的品质；因此曲线网构造方法对曲线网建模而言是很重要的。下面在介绍已有曲线网构造方法的基础上，给出本节所采用的曲线网构造方法。

**1. 曲线网构造方法**

有关曲线网构造方法的研究并不多见，已有的方法主要分为三类：即基于计算机草绘的方法、基于多边形网格的方法和基于散乱点云的方法，下面简要介绍这三种曲线网构造方法。

（1）基于计算机草绘的曲线网构造法

计算机草绘系统为设计者提供了一个友好直观的设计环境，设计者可以在人机交互环境中流畅地进行概念设计。面向三维曲线的计算机辅助草绘技术是草绘技术研究中的热点之一，其中与曲线网构造相关的研究主要有两类：一是 Levent 等开发的基于笔式草绘的可变形曲线网造型系统，通过引入图像中的主动轮廓方法，用户可以在选定的 3D 模板上用笔在单视图或任意视角的多视图中分别创建和修改曲线，所有曲线连接起来就形成曲线网；另一类是由 Gerold 等所开发的基于投影的沉浸式虚拟环境下的 FreeDrawer 草绘系统，利用该系统的虚拟环境，设计者可以随心所欲地用手势在空间绘制曲线，并实现曲线网的编辑和修改功能，非常适合用于概念设计中。这两种草绘系统都能灵活地设计曲线网，基本功能也很接近，而且在曲线和曲线网编辑过程中都采用了能量法；主要区别仅在于交互方法的不同。由于它们都是完整的复杂绘图系统，具体包含实现多个功能模块，实现这两种系统的工作量都较大。由于曲线网构造不是本书研究的重点，因此本书不采用基于草绘的曲线网构造方法，但我们可以借鉴其中的曲线网编辑方法。

（2）基于多边形网格的曲线网构造法

与计算机辅助草绘方法不同，基于多边形网格的曲线网构造方法建立在已有多边形网格基础上。先由插值点组成多边形网格，再在网格的基础上自动生成曲线，并使之在交点处满足连续性约束条件，包括位置、法向甚至曲率约束。此外，在多边形网格的基础上，也很容易得到曲线网的拓扑结构。

Chiyokura 在构造基于多边形模型的倒圆系统时，提出了一种曲线网自动生成方法；在此基础上，Shirmann 和 Sequin 假定曲线网中交点的位置、切平面和曲线的切矢量等信息都来源于多边形网格本身，其中曲线交点的切平面由对应顶点在网格中的法向确定，曲线切矢方向取自对应的网格边在切平面上的投影方向，切矢的模则与对应网格边的长度成一定比例，然后采用插值的方法得到整张曲线网。Moreton 进一步对该方法进行改进，用五次 Hermite 曲线表示曲线网中曲线，实现了从多边形网格中构造 $G^2$ 连续的曲线网，并利用最小曲率变动方法优化，使所生成曲线网的质量得到明显提高。另外 Schaefer 实现了从折线网到曲线网的构造，但没有给出具体实现方法。计算机交互技术的发展使多边形网格的设计变得更简单，基于网格的曲线网设计方法简单高效，易于实现，但是网格仅在结点位置提供位置和切向等信息，所提供的信息较少，因而难以满足复杂形状表达的要求。

（3）基于散乱点云的曲线网构造法

从散乱点云中提取特征曲线是逆向工程中的重要研究内容，目前已有多种提取特征曲线的算法，最常用的方法是先将局部点云拟合成二次解析曲面，计算出点云曲率的分布、切向等参数后提取特征点和特征曲线。近年来也有不少提取特征曲线的新算法，如 Kim 等采用 MLS（Moving Least Squares）方法逼近散乱数据点的曲率及其切向，该方法具有较高的计算效率，以零交叉为依据搜索特征点，并在相应的曲率方向上连接特征点就得到整个点云模型的特征曲线；Min 等借鉴图像处理中的主动轮廓 Level-Set 建模方法，提出了一种新颖的三角网格特征曲线提取算法，先给网格中顶点赋特征权重，并定义网格域的主动轮廓能量函数，然后利用 Level-set 进化方程得到特征区域，最后提取特征区域的骨架曲线并对其进行光顺处理，就得到了三角网格的特征曲线。

虽然没有完整意义上的由点云构造曲线网的研究报道，但利用这些特征曲线提取算法，再借鉴逆向工程中已有散乱点云拟合中的曲面块划分算法，通过提取各曲面块的边界线，就可以生成能够描述曲面形状并具有完整拓扑结构的曲线网。

上述三种方法虽然都能完成曲线网的构造，但它们并不能直接为本书所用。其中草绘方法虽然灵活、高效，但作为一个完整的系统，实现工作量太大；而基于网格的方法虽然简单，但网格本身提供的几何信息相对较少，因而其表达能力有限；基于散乱点云构造曲线的方法适合用于逆向工程领域，而本书主要针对产品概念设计过程中的建模问题，需要一种简洁高效且易于实现的曲线网构造方法；当然前两种方法对本书也很有启发作用，在借鉴其中的构造思路和部分算法基础上，我们得到了本书的曲线网构造方法，主要包括以下几个步骤：

Step1：总体构思用来表达外形的特征线、边界线或轮廓线的数量和拓扑结构；

Step2：确定当前绘图平面Ⅱ，在屏幕上输入点，将该点投影到绘图平面Ⅱ上得到型值点 $q_{new}$，完成型值点输入后，插值型值点生成曲线 $s_{new}$，并将 $s_{new}$ 添加到曲线网 Ω 中，并继续绘制下一曲线，完成所有曲线输入后转 Step3；

Step3：拾取结点 $p_{sel}$，根据图论的最短路径算法搜索经过 $p_{sel}$ 的所有封闭曲线面环，交互选取符合设计意图的曲线面环；完成所有结点的曲线面环搜索后转 Step4；

Step4：编辑曲线网 Ω，以达到满意的效果。

**2. 曲线网构造的关键技术**

（1）曲线网拓扑结构的提取

曲线网拓扑结构的提取是曲线网构造中一个重要步骤，Kuragano 提出了用包围盒包覆曲线网的方法，实现了从无序曲线集中自动构造具有拓扑结构的曲线网，即先构造曲线集的整体包围盒网格，适当细分加密后，使网格顶点在吸引力和松弛力作用下变形，将网格上离曲线最近的相关顶点向曲线附近吸附，最终使网格逼近曲线集；并从网格中搜索出与曲线相关联的顶点，再利用图论中最短路径搜索算法搜索网格，从而得到曲线网的曲线面环，遍历所有曲线面环就得到整个曲线网的拓扑结构。这是一种简单有效的提取曲线网拓扑结构的方法。但是在需要改变曲线网拓扑结构时，使用该方法就必须不断重新构造拓扑结构，而使算法的效率降低；此外，该方法也难以保证曲线网拓扑结构的唯一性，因而也不能保证得到的拓扑结构正好满足设计意图。Inoue 等证明了平面三向连接的线框具有拓扑结构唯一性，若采用类似这种线框的拓扑结构就大大限制了曲线网表示方法的应用范围。为了得到符合设计意图的拓扑结构，我们采取面环自动搜索算法与设计者交互确认相结合的方法，即直接从曲线网的结点出发，搜索经过结点的所有曲线，并给出各种可能的结果，由设计者确认所提取的曲线面环信息，这是一种简单且行之有效的实现曲线网拓扑结构提取的方法。

（2）曲线网的光顺编辑技术

最初设计的曲线网不一定能满足设计意图，一般需要反复修改。在交互修改过程中，曲线的形状难以控制，如拖动曲线上的点时，就可能引入波动等不光顺细节，从而影响插值曲面的质量，因此在曲线网编辑过程中需要考虑曲线网的光顺问题。Welch 和 Witkin 提出的变分造型方法很好地解决了这一问题，变分造型的基本思想是将曲线的物理变形能作为目标函数，在给定的几何或非几何约束条件下，利用优化方法求解满足各种约束条件、并使目标函数最小的曲线；在曲线网研究中，Moreton 等和 Wallner 等也采用了能量优化的方法实现光顺曲线网构造，而 Gerold 等在 Weeselink 提出的基于能量优化的曲线网交互设计方法基础上，实现了沉浸式虚拟环境下的曲线网交互编辑技术，这也是变分造型技术在曲线网编辑中的应用。该方法对本书也很有借鉴意义，我们主要采用 Gerold 的思路来编辑曲线网。

曲线网是由曲线组成的，曲线网的编辑可以看作是同时对多条曲线进行编辑，而曲线的编辑常常与基于能量优化的光顺方法结合在一起，因此下面首先介绍 Gerold 提出的基于能量优化的曲线编辑方法。

1）基于能量法的曲线编辑技术

曲线的能量一般由内部能量和外部能量组成，其中内部能量 $E_i$ 由弯曲能 $E_b$ 和拉伸能 $E_s$ 组成，外部能量 $E_e$ 主要用来控制特殊的形状编辑效果。每个能量项都对应一个权值函数，可用来调节能量项的影响范围，总能量是所有能量与其权值乘值的总和，可按下式计算：

$$E=w_{b}E_{b}+w_{s}E_{s}+w_{p}E_{p} \tag{6-123}$$

定义不同的能量，就可以实现不同的光顺效果。通过定义不同的外部能量项或指定不同的权值函数，可以分别实现以下三种编辑效果。

① 形状保持

由于进行能量最小优化的区域一般会使原有曲线的形状细节消失，所以充分光顺并不一定是我们所希望的，有时希望在曲线编辑中能够保持原有形状，而这可以通过增加形状保持能来实现。形状保持能的计算公式如下：

$$E_{p}=\int_{N_0}^{N_1}(\|s'_{m}(u)-s'_{0}(u)\|+\|s''_{m}(u)-s''_{0}(u)\|)\mathrm{d}u \tag{6-124}$$

其中，$s_{m}(u)$ 和 $s_{0}(u)$ 分别表示修改后的曲线和原有曲线。形状保持能的作用是使 $s_{m}(u)$ 在参数区间 $[u_{0}u_{1}]$ 尽可能保持 $s_{0}(u)$ 在对应参数区间的形状细节。

② 局部光顺

当权值函数为常数时，可以实现曲线的整体光顺，而通过设计不同的权值函数，就能在曲线的不同区域上实现不同的光顺效果，即采用以下能量计算公式：

$$E_{l}=\int_{N_0}^{N_1}w_{1}(\|s'_{m}(u)\|+\|s''_{m}(u)\|)\mathrm{d}u \tag{6-125}$$

其中权值函数定义如下：

$$w_{1}(u)=e^{-a(N-N_{0})^{2}} \tag{6-126}$$

上述能量 $E_{l}$ 定义在曲线局部，称为局部能，将局部能和形状保持能组合在一起，就可以在曲线上参数值为 $u_{0}$ 的位置实现局部光顺，而远离该位置的其他区域则保持原有形状，其中图 6-42（a）用来调节局部光顺的作用范围。图 6-42（b）给出了对图 6-42（a）中曲线进行局部光顺的结果示意图。

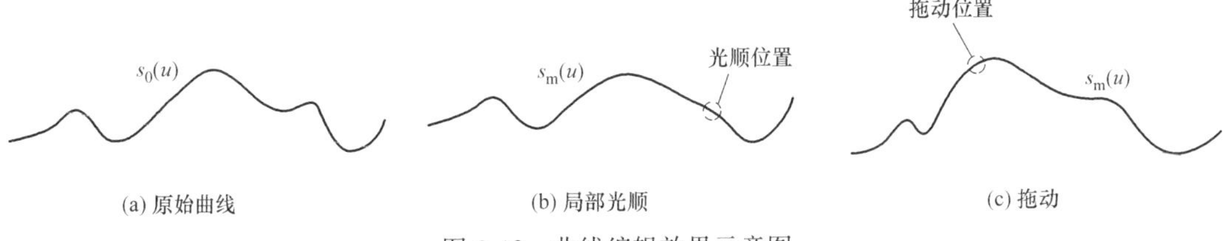


图 6-42　曲线编辑效果示意图

③ 拖动

在曲线编辑时，有时希望直接拖动曲线到指定位置，并要求在移动过程中保持曲线的形状细节。而引入点吸引能，并将其与形状保持能组合在一起就能实现这种拖动效果。点吸引能的定义如下：

$$E_{pp}=\|S_{m}(u)-q\|^{2} \tag{6-127}$$

其中 $q$ 是拖动的目标位置。图 6-42（c）给出了对图 6-42（a）中曲线进行拖动编辑的示意图。

2）曲线网的编辑技术

本书的曲线网不同于散乱曲线集，曲线网中曲线通过结点相互连接成一个整体。当对其中一条曲线进行编辑时必然会影响到其他曲线，因此 Gerold 根据曲线编辑过程对曲线网的影响范围，将曲线网编辑方法分为局部编辑和全局编辑，下面简要介绍这两种编辑方法。

① 局部编辑

局部编辑所作用的范围最小，仅影响所编辑曲线左右两个直接相邻结点之间的曲线段，由于结点位置不变，所以曲线网中其余曲线不受影响。但在结点上还要满足连续性要求，这可以通过固定所修改曲线段的前三个控制顶点或后一个曲线段的后三个控制顶点来实现。

② 全局编辑

全局编辑的影响范围更大，除当前编辑曲线外，曲线网中其他曲线也随之变动，而曲线之间的连接关系和曲线网在结点位置上的连续性都保持不变，曲线网的全局编辑可看作在结点位置约束和连续性约束下，通过对各条曲线的形状保持能、吸引能和内部能量之和进行优化求解，得到光顺的曲线网，从而实现整个曲线网的编辑。图 6-43 给出了曲线网全局编辑的示意图。

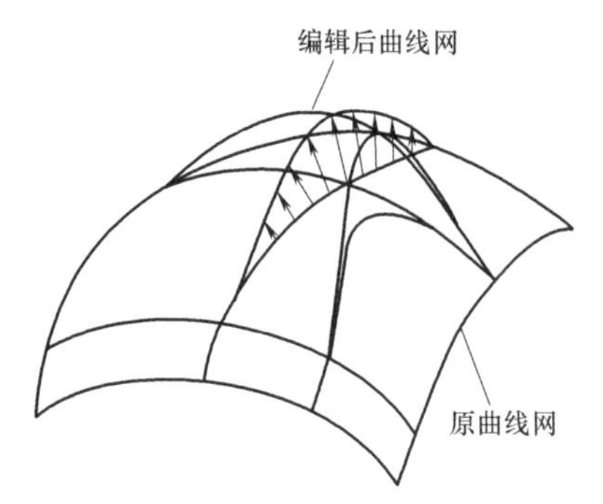

图 6-43　曲线网全局编辑示意图

#### 6.5.2.4　曲线网插值曲面的构造

Levin 提出联合细分的同时，从理论上对联合细分的连续性、逼近阶等性质作了详细分析，并结合 Catmull-Clark、Loop 等细分模式给出联合细分规则的具体实现，同时也对联合细分在 N-边域曲面构造和多块曲面拼接中的应用提出了相应的解决方法，这充分说明联合细分在曲面造型中有着广泛的应用前景。然而要将联合细分模式真正应用到现实产品的设计中还需要解决许多具体的问题，如插值曲面的质量问题、插值曲面的形状修改，以及如何实现现实物体的各种特征等，都需要进一步深入研究，这里只是给出在曲线网基础上构造联合细分插值曲面的基本步骤，并对构造过程中所涉及的一些问题作简要介绍。

**1. 插值曲面构造步骤**

从曲线到联合细分插值曲面主要包括控制网格生成、形状修改和联合细分等步骤，其中初始网格生成是关键的一步，是进行联合细分的基础。当曲线网由不相连的曲线组成时，需要将其连接成完整的控制网，同时还需要确定曲线顶点的跨界偏导等参数；形状修改是指对生成插值曲面的局部进行调节控制，以得到所要的曲面形状；在最后的联合细分阶段，可以根据精度要求对控制网格细分到一定深度，从而得到最终的插值曲面，构造曲线网插值曲面的具体步骤如下：

Step1：按 6.5.2.3 小节 1. 中所述方法构造任意拓扑曲线网 Ω；

Step2：对曲线网 Ω 进行拓扑结构完整性检查，若符合要求，则转 Step4；

Step3：若不符合完整性要求，则再分别在各曲线上拾取点 $p_{new}$，并以折线连接新生成的采样点，增加普通边连接，直到满足曲线网完整性要求；

Step4：在曲线网 $\Omega$ 中的结点和曲线面环基础上，生成初始控制网格 $M^0$ 的拓扑结构；

Step5：计算 $M^0$ 中曲线顶点 $v_j^0$ 的跨界二阶偏导 $d(v_j^0)$ 和二阶差分 $D(v_j^0)$，并由逆算子 $Q$ 映射得到 $v_j^0$ 的位置；

Step6：将 $\Omega$ 和 $M^k$ 定义的联合细分曲面细分到一定深度，直到满足曲线插值的精度要求。

**2. 联合细分的扩展**

为保证曲线网插值曲面能够达到 $C^2$ 连续，Levin 所提出的联合模式不允许两条以上曲线的相交，这给曲线网设计带来很大限制。由于在多条曲线相交位置达到 $C^2$ 连续较困难，而在实际设计中 $C^1$ 连续也能满足一般工程应用要求；因此，为了增强联合细分曲面的形状表达能力，本书对联合细分模式进行必要的扩展，使联合细分曲面能够实现相交于同一结点的两条以上曲线的插值。对图 6-44 中的多曲线相交点 $p$，在扩展的联合细分模式中 $Q$ 算子的定义如下：

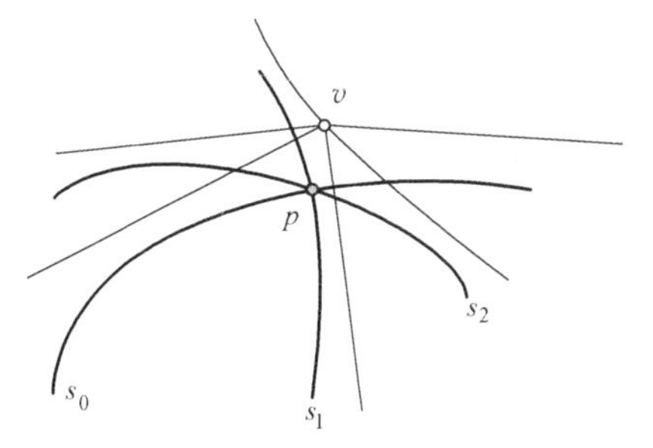

图 6-44　多曲线形成的结点

$$v = Qp = p - \frac{1}{3k}\sum_{i=0}^{N(p)} D_{s_i}(v) \tag{6-128}$$

构造曲线网时我们一般要求曲线网在多条曲线的交点位置满足 $C^1$ 连续条件，该条件下极限曲面可达到 $C^1$ 连续。

**3. 初始网格的生成**

完成曲线网构造后，初始网格的生成是重要的一步，如何选择一个合适的参数，如初始跨界偏导的不同对曲面形状会有较大影响，另外，对于一些相互之间无结点连接的离散曲线，如何将它们连接起来形成一个完整的网格，这都是在初始网格生成过程中需要解决的问题；由于我们所研究的是广义的曲线网，既允许有一些不相连的曲线存在，也允许多条曲线段组成面环，所以很多情况下不能直接用于生成联合细分曲面的初始控制网格，需要进行预处理，主要包括以下几个步骤。

Step1：根据曲线网 $\Omega$ 的拓扑结构，在曲线 $s_i$ 上增加采样点 $p_{ij}$，连接不同曲线上的采样点，生成普通边将不相交的曲线连接起来；

Step2：优化曲线网 $\Omega$ 的拓扑结构，尽量减少单个曲线面环的曲线段数量及结点 $p_{ij}$ 的 $N(p_{ij})$ 值；

Step3：计算出 $d(v_j^k)$ 的初值，并适当调整，以得到合适的插值曲面形状；

Step4：由逆算子 $Q$ 映射得到联合细分曲面的初始控制网格 $M^0$。

当一个完整的有连接关系的曲线网构造后，就需要确定插值联合细分曲面的初始控制网格，按 Levin 所提出的方法确定普通曲线顶点的跨界二阶偏导，然后在曲线顶点上作用 $Q$ 算子，就得到插值联合细分曲面的初始控制网格。

**4. 联合细分曲面的编辑**

曲线网插值方法虽然是一种高效的曲面设计手段，但单纯依靠特征曲线或边界线常常难以得到满意的外形效果，因而不能满足实际产品设计的全部要求；另外，设计是一个反复的过程，需要不断修改以获得满足设计意图的外形效果。因此曲线网造型技术中必须有编辑修改功能，才能更好地用于产品概念设计中，具体来说，在联合细分曲面中应具备以下编辑技术。

（1）光顺技术：联合细分模式虽然建立在经典逼近型细分模式基础上，通过修改插值曲线附近的局部控制网格来实现曲线插值，但原有逼近型细分在细分过程含有光顺过程，通过联合细分局部修改规则后，极限曲面在光顺性方面显然不如原有逼近型细分曲面，这就需要在联合细分时提出一种光顺技术，以保证插值曲面的质量；

（2）局部曲面形状修改技术：通过曲线网插值形成整体光滑曲面不一定能满足设计意图，如在曲线面环所围成区域内的曲面形状就难以调节。因此若能实现某种形状修改功能，就能更方便地用于工程设计过程中；

（3）尖锐特征和圆角特征的生成技术：现实世界的物体不是无限光滑的，原有联合细分只能形成一整张光滑曲面，这给真实产品的设计带来困难，因此我们需要扩展联合细分模式，使其能表达各种尖锐特征和圆角特征，以进一步提高联合细分曲面的造型能力。

# 大跨度建筑工程实例

## 7.1 导言

在课题研究的基础上，参考“大跨度建筑的结构构型研究”系统中建筑智库资料，采用自主研发的大跨度建筑结构构型软件对4个大跨度建筑进行了设计分析（部分工程已建成），该软件由程序提供由解析方程或者结合微分方程生成几何图形的方式，可以从曲线名称列表中选择一个公式曲线，或者直接在“曲线参数公式”组框和“曲线控制”组输入相应的$X$、$Y$、$Z$参数公式，参数的范围，点数，然后通过计算得到点值，并在必要时，可对点值进行动态修改。

## 7.2 工程实例

### 7.2.1 杂多县体育综合馆钢结构大跨度屋盖

杂多县体育综合馆位于青海省玉树藏族自治州杂多县吉乃滩区的唐蕃大街北侧。体育综合馆的两层底部框架结构为典型藏族特色建筑样式，其屋盖为白色哈达状的金属屋顶，也被称为“杂多帐篷”，本项目为2010年4月玉树地震后由中建集团援建的项目，现在已经建成并投入使用，其外部实景图如图7-1所示。

建筑师为实现类似帐篷的高低错落的效果，参考“大跨度建筑的结构构型研究”系统中建筑智库资料，将屋面确定为3个相交高低不等的柱面高次曲面形状。

建筑的屋面外轮廓控制面为三个圆柱面相贯后的形状，外轮廓的三个柱面对应的圆心及半径分别为（$x_1$，$y_1$，$z_1$）、（$x_2$，$y_2$，$z_2$）、（$x_3$，$y_3$，$z_3$），$R_1$、$R_2$、$R_3$，其数学表达式分别为$(x-x_1)^2+(z-z_1)^2=R_1^2$、$(x-x_2)^2+(z-z_2)^2=R_2^2$、$(x-x_3)^2+(z-z_3)^2=R_3^2$，其中$z$为竖直向上方向，$x$为与三组柱面轴线垂直方向，$y$轴与柱面的主轴一致，如图7-2所示。

图 7-1 杂多县体育综合馆外部实景图

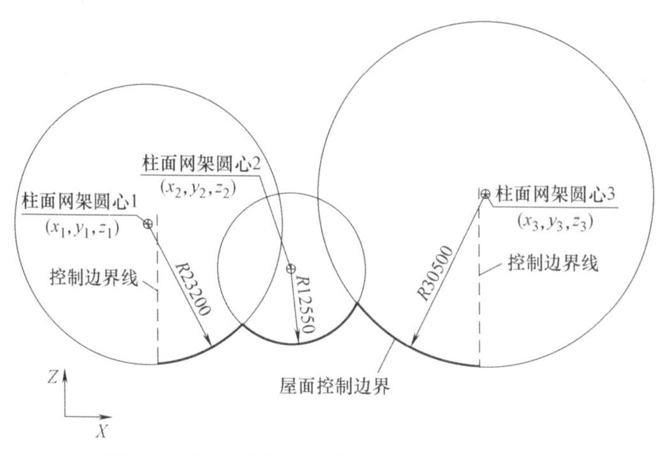


图 7-2 杂多县体育综合馆屋面外轮廓控制面

通过建筑平面图，给出屋盖结构的外轮廓尺寸控制角点的坐标，形成矩形的柱面（主轴与 $z$ 轴平行），此柱面与三组圆柱面相交内部区域为建筑师所需图形，也即屋盖的外控制曲面，即给出屋盖结构上弦曲面的边界曲线，如图 7-3 所示。

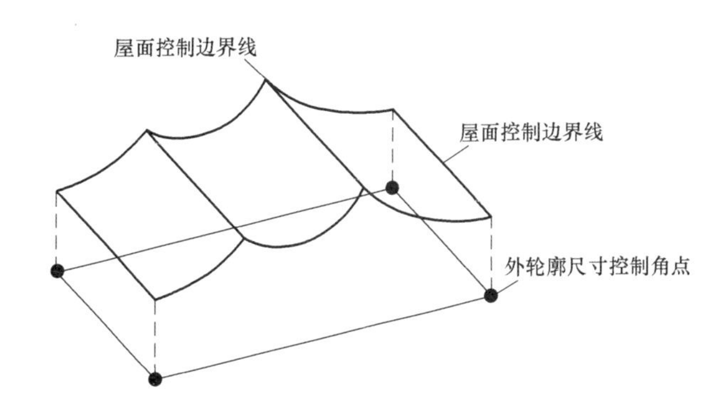


图 7-3 屋盖外轮廓控制面的形成

根据体育综合馆屋盖建筑的造型要求，钢结构屋盖的结构形式可选择桁架结构体系及网架结构体系，两种结构都有着重量轻、造型灵活的优点；桁架结构体系有着造型简洁、传力路径明确等优点，但经初步计算后，综合考虑结构竖向变形结果及建筑净空使用要求、现场运输及施工条件、用钢量造价等方面的影响，本工程最终选择网架结构体系。网架结构刚度大、整体效果好，抗震能力强，是高次超静定空间结构，能够承担各个方向传递的荷载，构件及节点的工厂化程度高；正放四角锥网架体系整体刚度大，杆件受力均匀，构造简单；本项目钢结构屋盖结构最终选用螺栓球的四角锥网架体系。

根据《空间网格结构技术规程》JGJ 7—2010 的网格尺寸划分的相关规定，参考网架的厚度控制尺寸，经过 CAD 进行局部放样后，给出上弦控制曲线的分格控制参数，软件形成上弦网格曲面，如图 7-4 所示。进一步通过软件相关功能模块，在输入网架厚度参数及方向参数后，自动形成网架结构三维图，如图 7-5 所示。

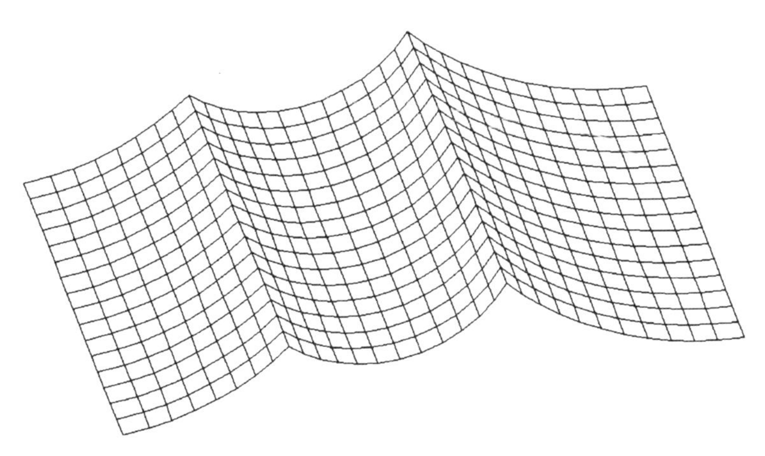

图 7-4 屋盖上弦网格曲面划分

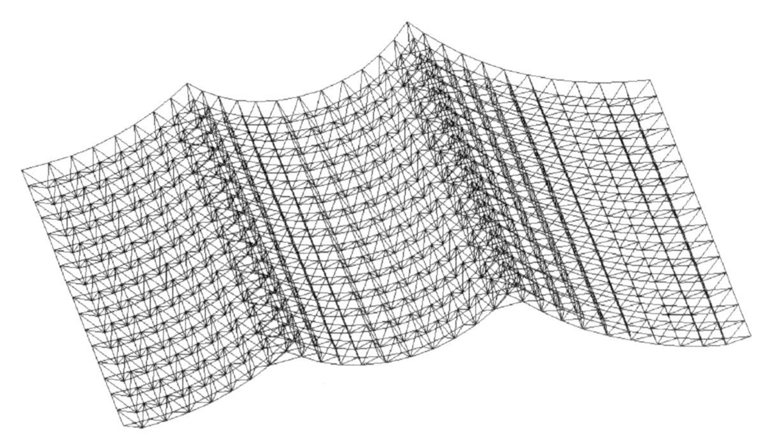

图 7-5　屋盖三维网架形成图

将所得三维图通过软件提供的图形格式转换模块，输出为 *.dxf 文件，为 CAD 软件可读的数据交换文件。通过 CAD 软件读取后可另存为 CAD 相关格式文件，并采用 3D3S 等软件进行网架结构的计算。

体育馆钢屋盖结构平面图见图 7-6、体育馆钢屋盖结构正立面图见图 7-7、体育馆钢屋盖结构侧立面见图 7-8 和图 7-9、体育馆钢屋盖结构轴测图见图 7-10、钢柱脚节点详图见图 7-11，支座详图见图 7-12。

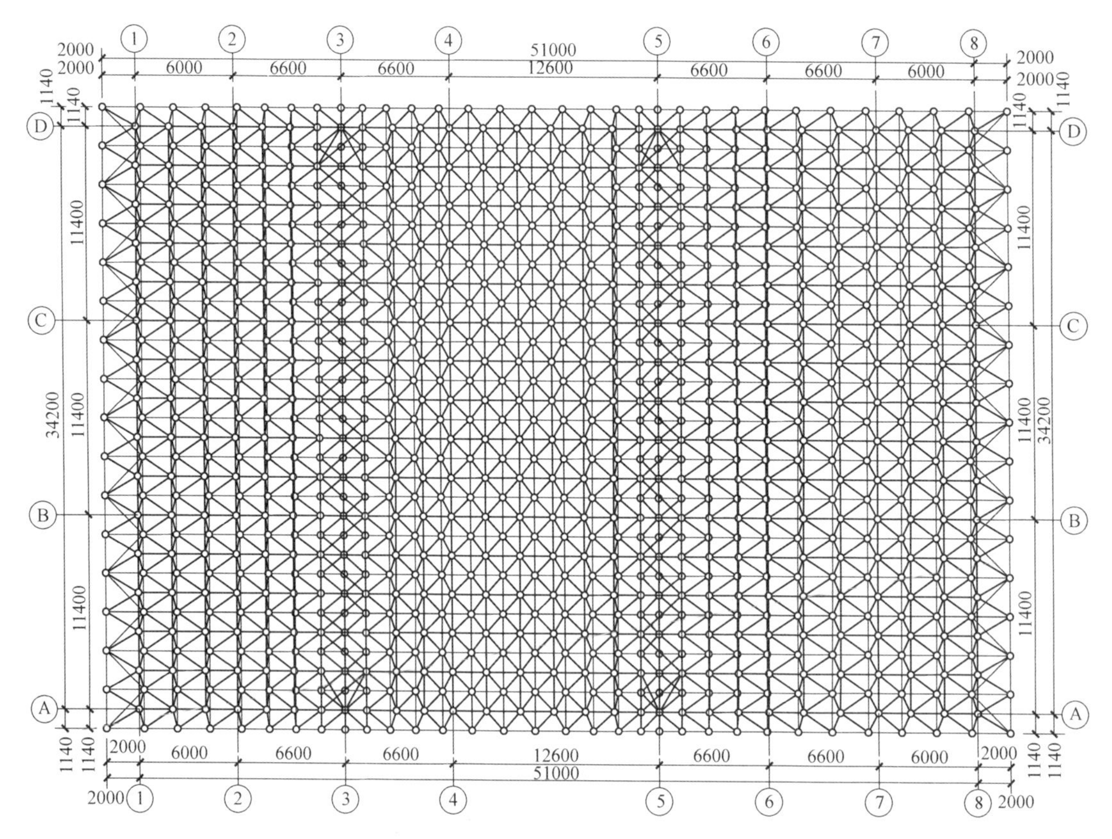


图 7-6　体育馆钢屋盖结构平面图

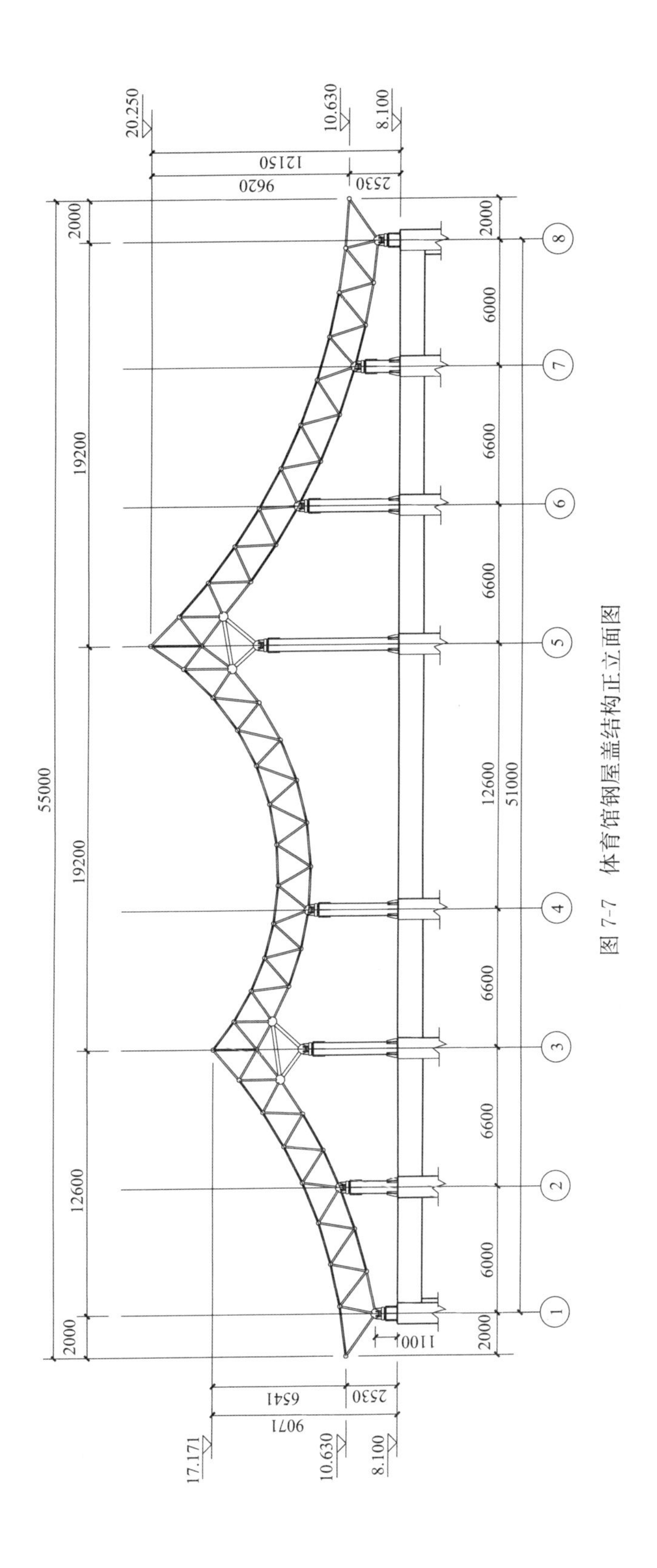


图 7-7　体育馆钢屋盖结构正立面图

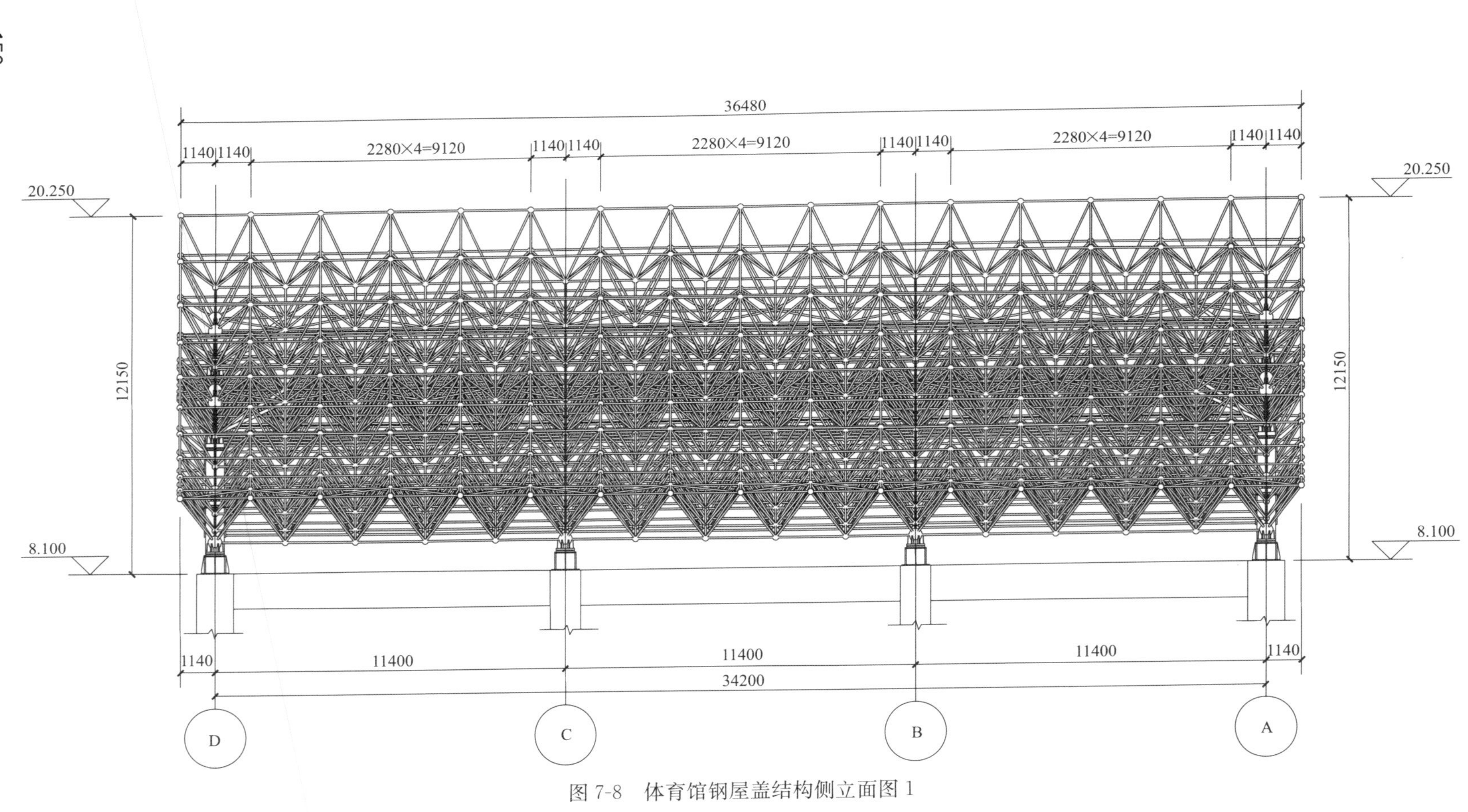


图 7-8 体育馆钢屋盖结构侧立面图 1

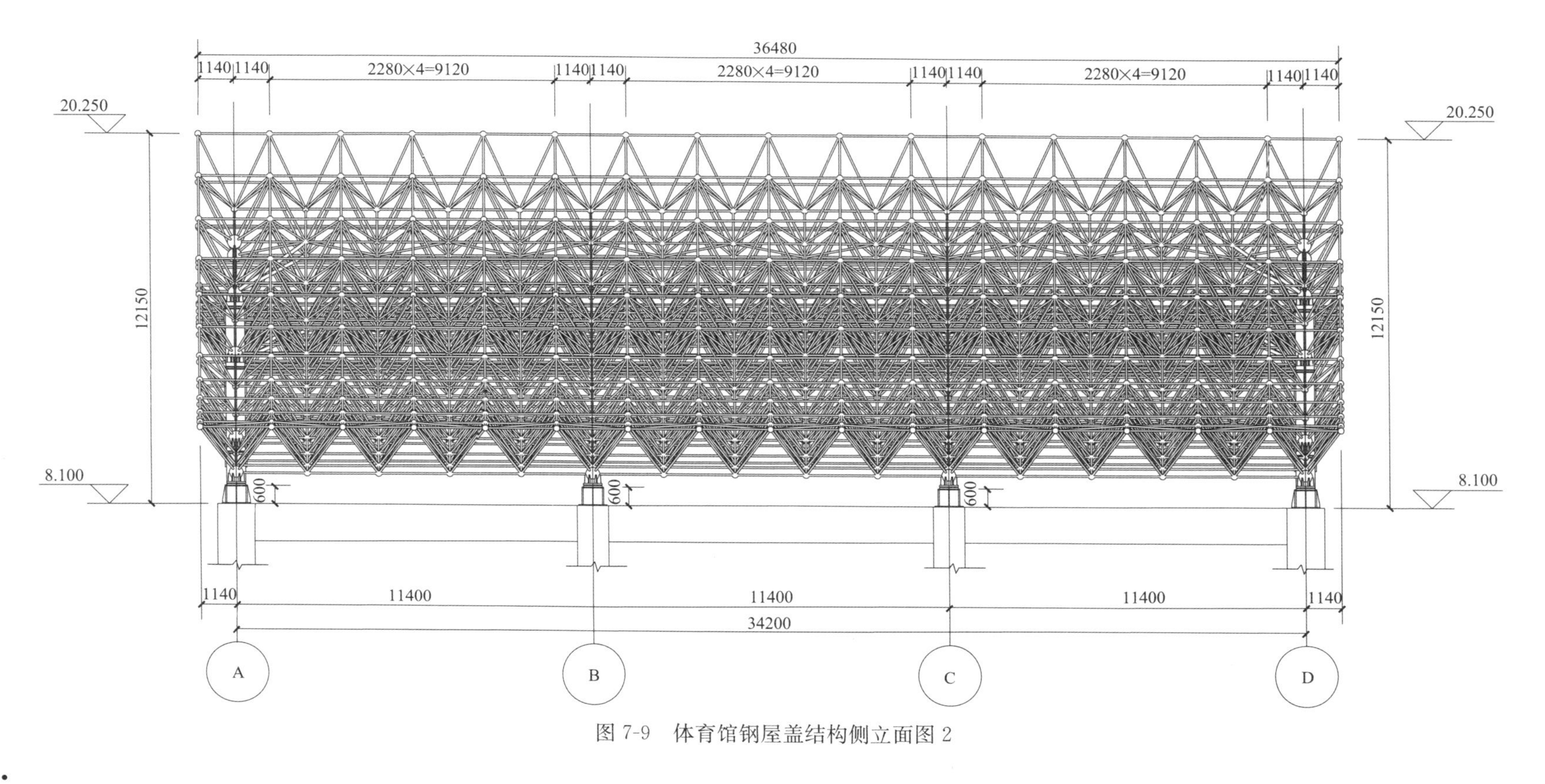


图 7-9 体育馆钢屋盖结构侧立面图 2

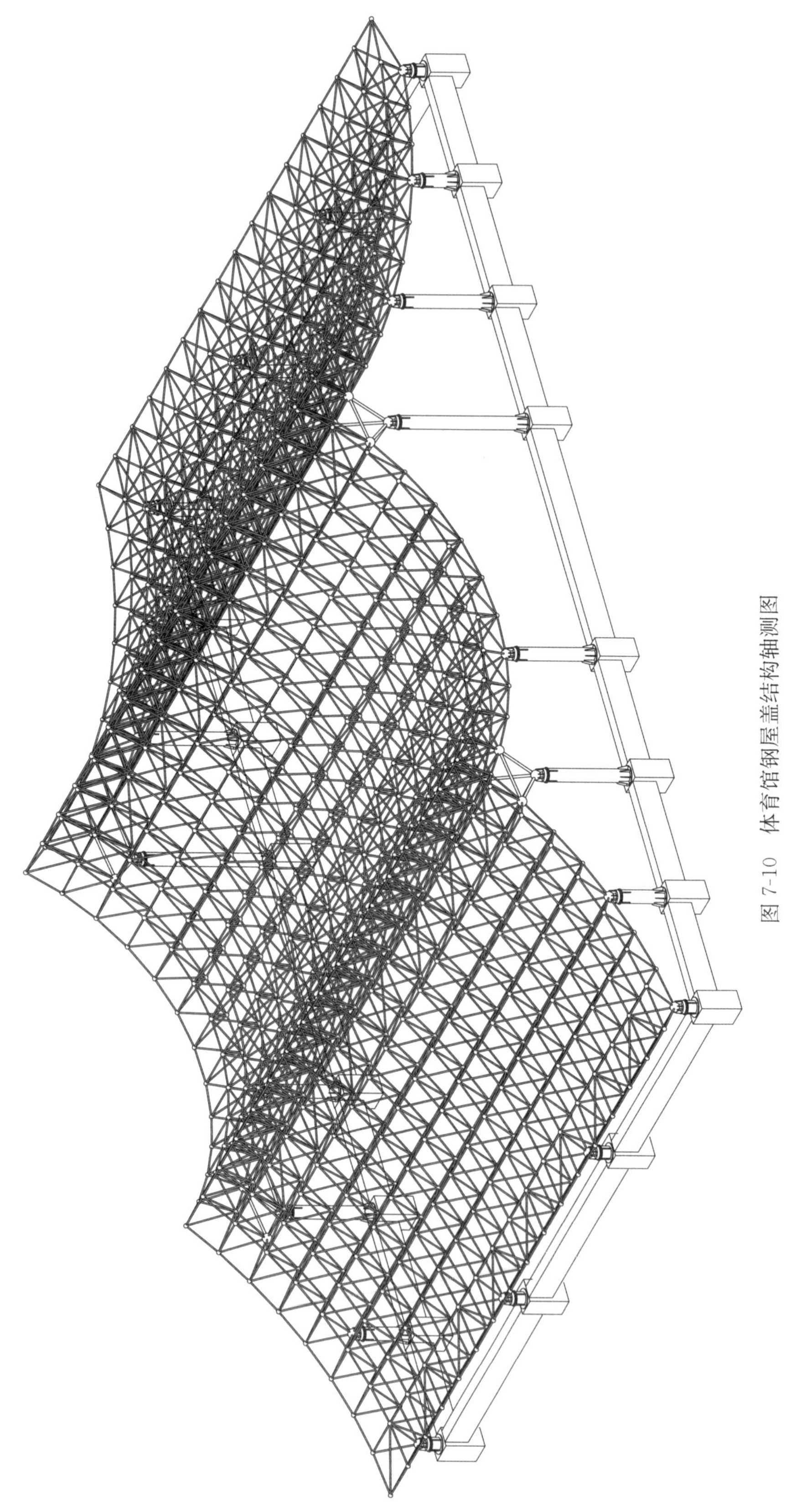

图 7-10 体育馆钢屋盖结构轴测图

## 7.2.2 石家庄省会体育中心体育场钢结构屋盖

石家庄省会体育中心体育场位于河北省石家庄市正定新区湖南西大道以南、河北西大道以北、深圳街以西、上海南大街以东。体育场地上5层，地下1层，地上为体育场、运动员酒店、运动影城、体育运动商业配套设施（图7-13）；地下1层为商业用房、设备用房以及平时汽车库、战时二等人员掩蔽部，兼作地震应急避难场所。体育场主楼室外地面以上高度分别为23.30m（运动员酒店屋面）、33.785m（局部看台最高点）、49.423m（罩棚高度）。体育场主体部分外环为直径约265m的圆形平面，东西两侧看台长度约204m、宽度约68m，南北两侧看台长度约204m、宽度约37m，观众座位约5.2万座。本项目由中国建筑第八工程局有限公司负责施工，现在已经建成并投入使用。

图7-13 石家庄省会体育中心体育场立面效果图

体育场的大跨度钢结构屋盖罩棚与传统的对称式（包括左右对称与四分之一对称）不同，建筑师为实现突出主看台，将主看台与其他看台的罩棚分开，并将除主看台外的其他三面看台做成U形，与主看台对面设置，做出明显的主次之分。U形看台的端部为长悬挑，为避免呈现出沉重的效果，此部分做镂空的效果，给人轻灵之感（图7-14）。

根据建筑师的创作意图并参考“大跨度建筑的结构构型研究”系统中建筑智库资料，屋面确定为单个单坡屋面（主看台）及U形单坡屋面（其余三面看台，图7-15）。

图7-14 石家庄省会体育中心体育场鸟瞰效果图

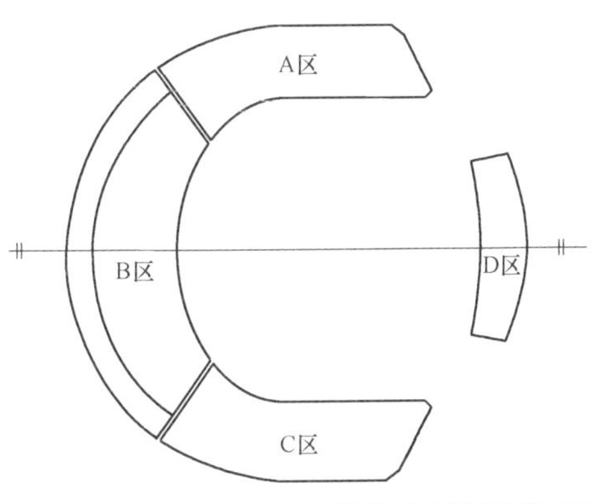


图7-15 体育场大跨度钢结构屋盖罩棚平面图

建筑的屋面外轮廓控制面为单轴对称图形，A区与C区为轴对称图形；B区与D区为中轴对称图形。从图中可以看出，D区的形状较为简单，故不再叙述D区的建模及分格过程，下面仅详细介绍A区（图7-16）及B区（图7-17）的建模过程。

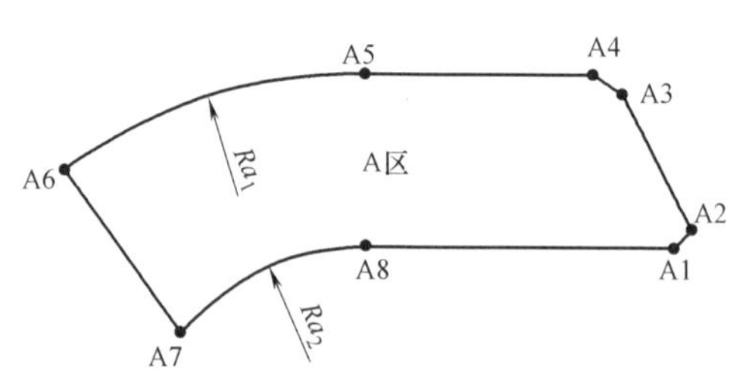


图7-16　屋盖罩棚A区控制点及外轮廓控制面

A区为单坡屋面，其平面形状及控制点编号如图7-16所示。外轮廓的控制点A1～A8的坐标（$x_1$，$y_1$，$z_1$）～（$x_8$，$y_8$，$z_8$）及两段弧线的半径$Ra_1$、$Ra_2$，将以上参数输入程序并进行连接（直线及弧线，其中$z$为竖直向上方向），最终形成单坡的空间面并形成建模需要的边界控制线。

B区为折线双坡屋面，其平面形状及控制点编号如图7-17所示。外轮廓的控制点为B1～B10的坐标（$x_1$，$y_1$，$z_1$）～（$x_6$，$y_6$，$z_6$）及两段弧线的半径$Rb_1$～$Rb_6$，将以上参数输入程序并进行连接（直线及弧线，其中$z$为竖直向上方向），最终形成双坡的空间面并形成建模需要的边界控制线。

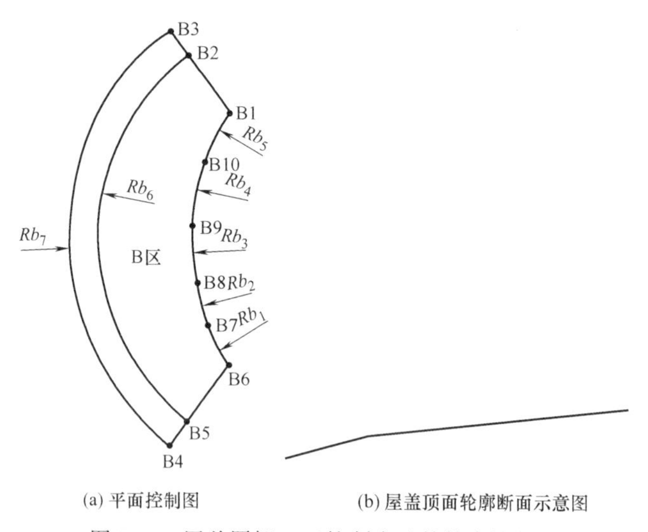


(a) 平面控制图　　(b) 屋盖顶面轮廓断面示意图

图7-17　屋盖罩棚B区控制点及外轮廓控制面

根据体育场屋盖建筑的造型要求，结构形式可选择桁架结构体系及网架结构体系，两种结构都有着重量轻，造型灵活的优点；桁架结构体系有着造型简洁，传力路径明确等优点；网架结构的刚度大、整体效果好，抗震能力强，是高次超静定空间结构，能够承担各个方向传递的荷载，构件及节点的工厂化程度高，但杆件连续且较多，在没有吊顶的情况下，整体感官不够简洁；根据使用要求、现场运输及施工条件、用钢量造价等方面的综合影响，本项目钢结构屋盖结构最终选用倒三角钢管桁架结构体系。

根据《空间网格结构技术规程》JGJ 7—2010的网格尺寸划分的相关规定，参考桁架的厚度控制尺寸，经过CAD进行局部放样后，给出桁架结构上弦控制分格参数，软件形成上弦网格曲面，如图7-18所示。进一步通过软件相关功能模块，在输入桁架厚度参数及方向参数后，自动形成桁架结构三维图，如图7-19所示。

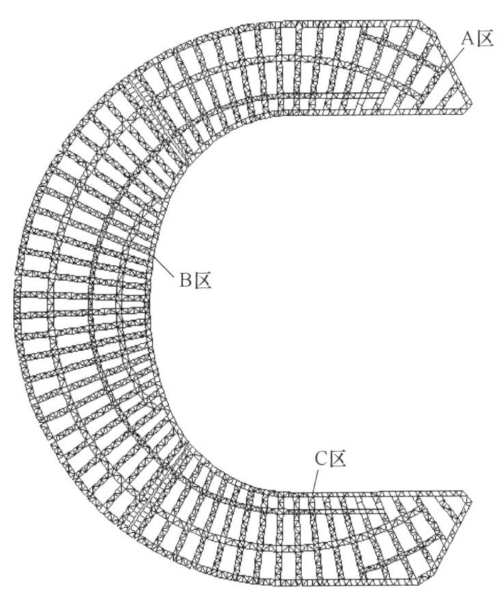


图 7-18 屋盖桁架上弦网格曲面划分

将所得三维图通过软件提供的图形格式转换模块，输出为 * .dxf 文件，为 CAD 软件可读的数据交换文件。通过 CAD 软件读取后可另存为 CAD 相关格式文件，并采用 3D3S 等软件进行网架结构的计算。

钢罩棚结构平面布置图见图 7-20、钢罩棚结构轴测图和立面图见图 7-21、Ⅰ段钢罩棚结构示意图见图 7-22、Ⅰ段钢罩棚上吊索结构布置图见图 7-23、Ⅰ段钢罩棚上弦及屋面支撑结构布置图见图 7-24、Ⅰ段钢罩棚下弦及屋面支撑结构布置图见图 7-25、Ⅰ段钢罩棚支撑柱和抗风索结构布置图见图 7-26、铸钢件节点三维示意图见图 7-27～图 7-29。

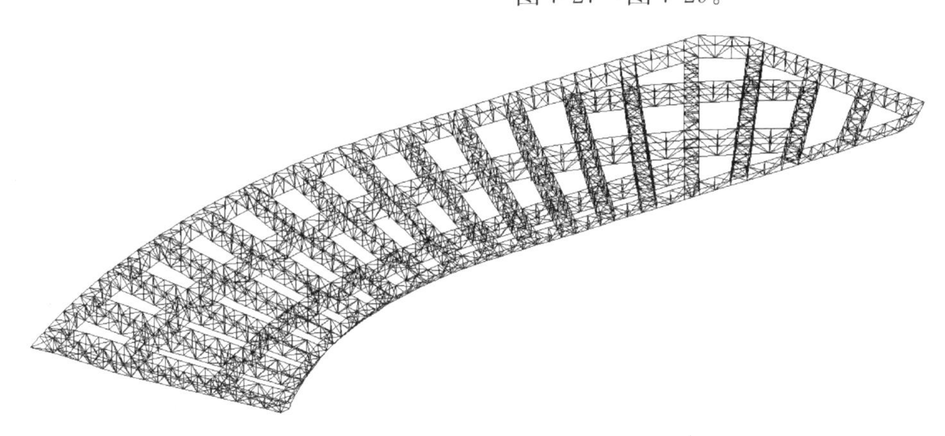

(a) A区屋盖结构轴测图

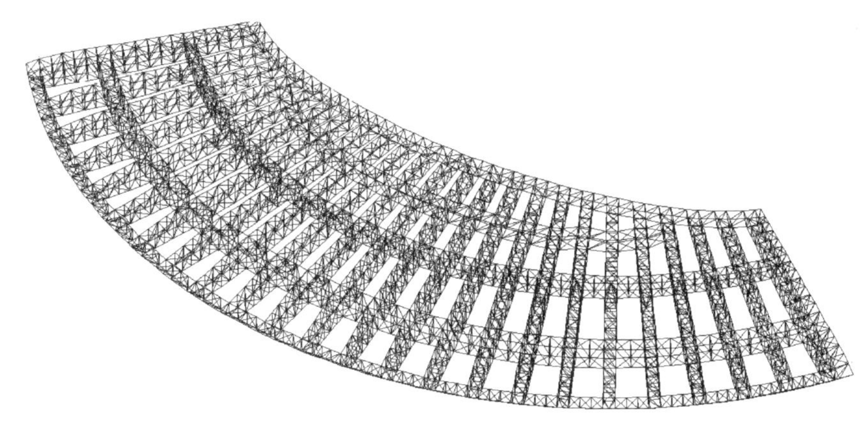

(b) B区屋盖结构轴测图

图 7-19 屋盖三维网架形成图

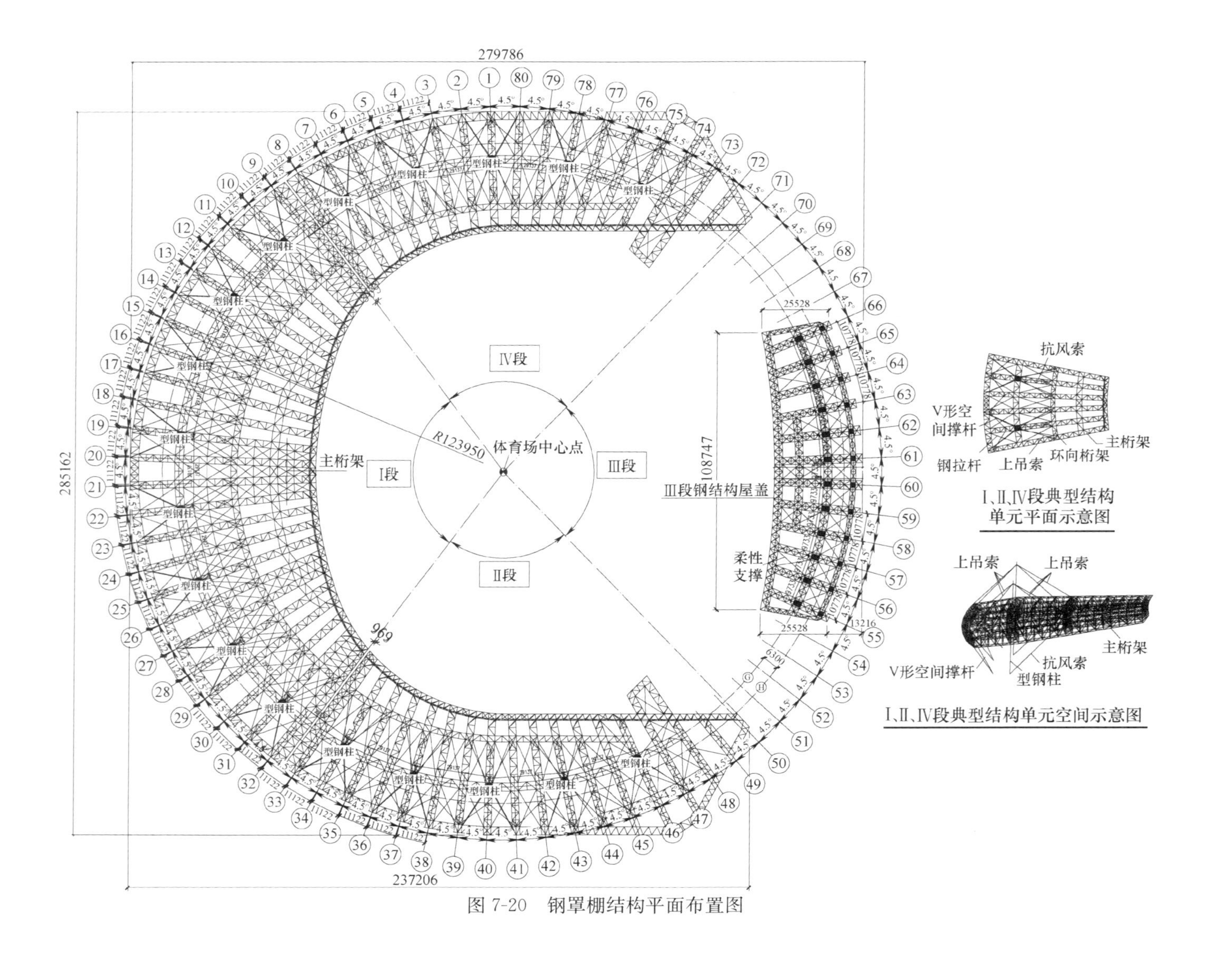


图 7-20　钢罩棚结构平面布置图

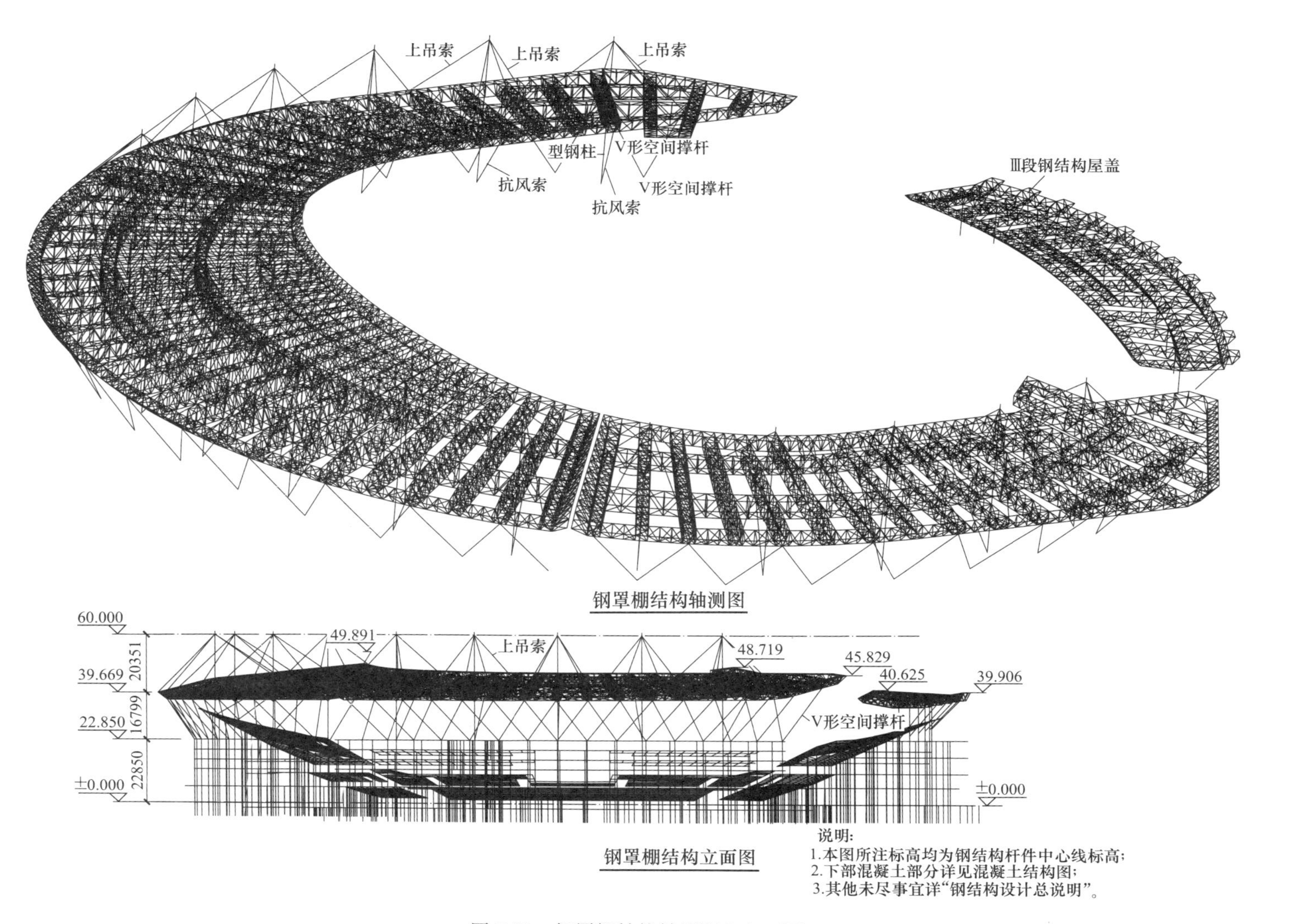


图 7-21 钢罩棚结构轴测图和立面图

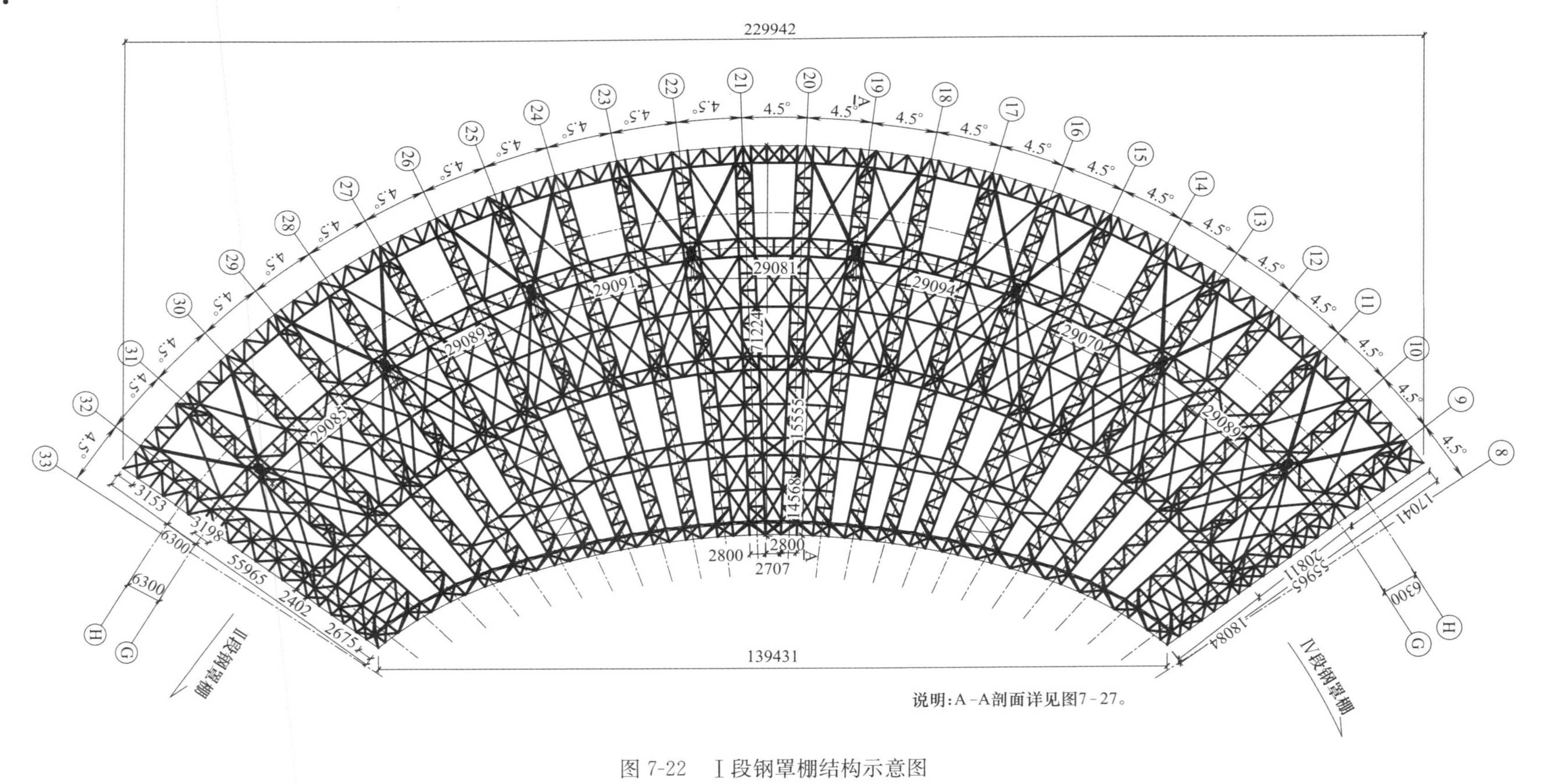


说明：A-A剖面详见图7-27。

图 7-22　Ⅰ段钢罩棚结构示意图

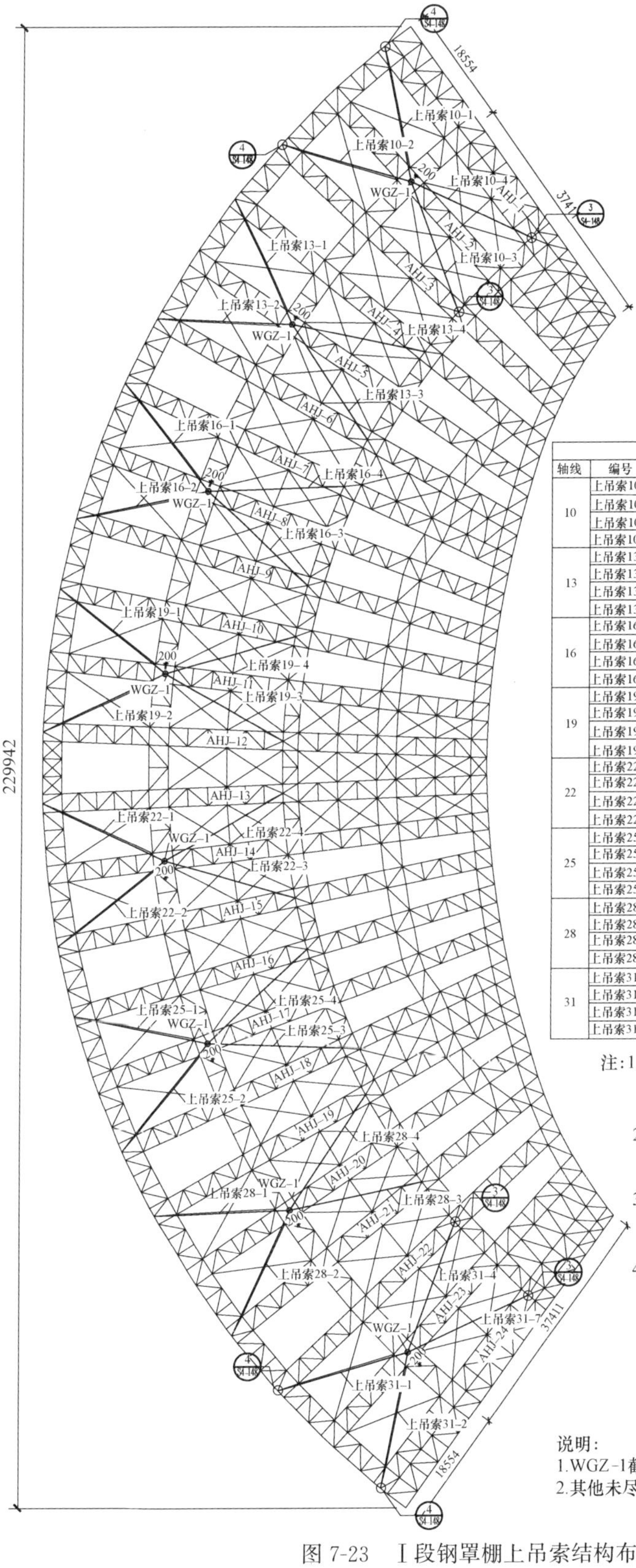

上吊索截面及索力控制表

| 轴线 | 编号 | 规格 | 完工态索力(kN) | 最小破断力(kN) | 理论长度(mm) | 备注 |
|---|---|---|---|---|---|---|
| 10 | 上吊索10-1 | 7×163 | 994 | 10476 | 29614 | 平行钢丝束索 |
| | 上吊索10-2 | 7×163 | 926 | | 29627 | |
| | 上吊索10-3 | 7×163 | 818 | | 25968 | |
| | 上吊索10-4 | 7×163 | 742 | | 25690 | |
| 13 | 上吊索13-1 | 7×163 | 811 | | 29596 | |
| | 上吊索13-2 | 7×163 | 890 | | 29630 | |
| | 上吊索13-3 | 7×163 | 630 | | 25850 | |
| | 上吊索13-4 | 7×163 | 742 | | 25908 | |
| 16 | 上吊索16-1 | 7×163 | 1005 | | 29597 | |
| | 上吊索16-2 | 7×163 | 1278 | | 29642 | |
| | 上吊索16-3 | 7×163 | 739 | | 25611 | |
| | 上吊索16-4 | 7×163 | 1088 | | 25730 | |
| 19 | 上吊索19-1 | 7×163 | 989 | | 29609 | |
| | 上吊索19-2 | 7×163 | 1148 | | 29661 | |
| | 上吊索19-3 | 7×163 | 742 | | 25367 | |
| | 上吊索19-4 | 7×163 | 954 | | 25483 | |
| 22 | 上吊索22-1 | 7×163 | 1326 | | 29661 | |
| | 上吊索22-2 | 7×163 | 1167 | | 29609 | |
| | 上吊索22-3 | 7×163 | 1097 | | 25483 | |
| | 上吊索22-4 | 7×163 | 880 | | 25367 | |
| 25 | 上吊索25-1 | 7×163 | 1085 | | 29642 | |
| | 上吊索25-2 | 7×163 | 853 | | 29598 | |
| | 上吊索25-3 | 7×163 | 924 | | 25730 | |
| | 上吊索25-4 | 7×163 | 628 | | 25611 | |
| 28 | 上吊索28-1 | 7×163 | 1035 | | 29630 | |
| | 上吊索28-2 | 7×163 | 933 | | 29596 | |
| | 上吊索28-3 | 7×163 | 865 | | 25908 | |
| | 上吊索28-4 | 7×163 | 722 | | 25850 | |
| 31 | 上吊索31-1 | 7×163 | 836 | | 29628 | |
| | 上吊索31-2 | 7×163 | 824 | | 29614 | |
| | 上吊索31-3 | 7×163 | 685 | | 25690 | |
| | 上吊索31-4 | 7×163 | 665 | | 25968 | |

注：1.上吊索强度等级均为1670级，符合《斜拉桥热挤聚乙烯高强钢丝拉索技术条件》GB/T 18365—2001的要求；
2.完工态索力是指主体结构合拢后在恒载(含结构和屋面自重)和预应力共同作用状态下的拉索内力；
3.理论长度为计算模型轴线长度，精确下料索长应考虑钢索锚固节点的做法和张拉设备的需要进行调整；
4.拉索的完工态索力的值应控制在此表的±10%以内(合拢温度下测定)。

说明：
1.WGZ-1截面均为$\phi$900×25焊管，材质为Q235B；
2.其他未尽事宜见“钢结构设计总说明”。

图 7-23　Ⅰ段钢罩棚上吊索结构布置图

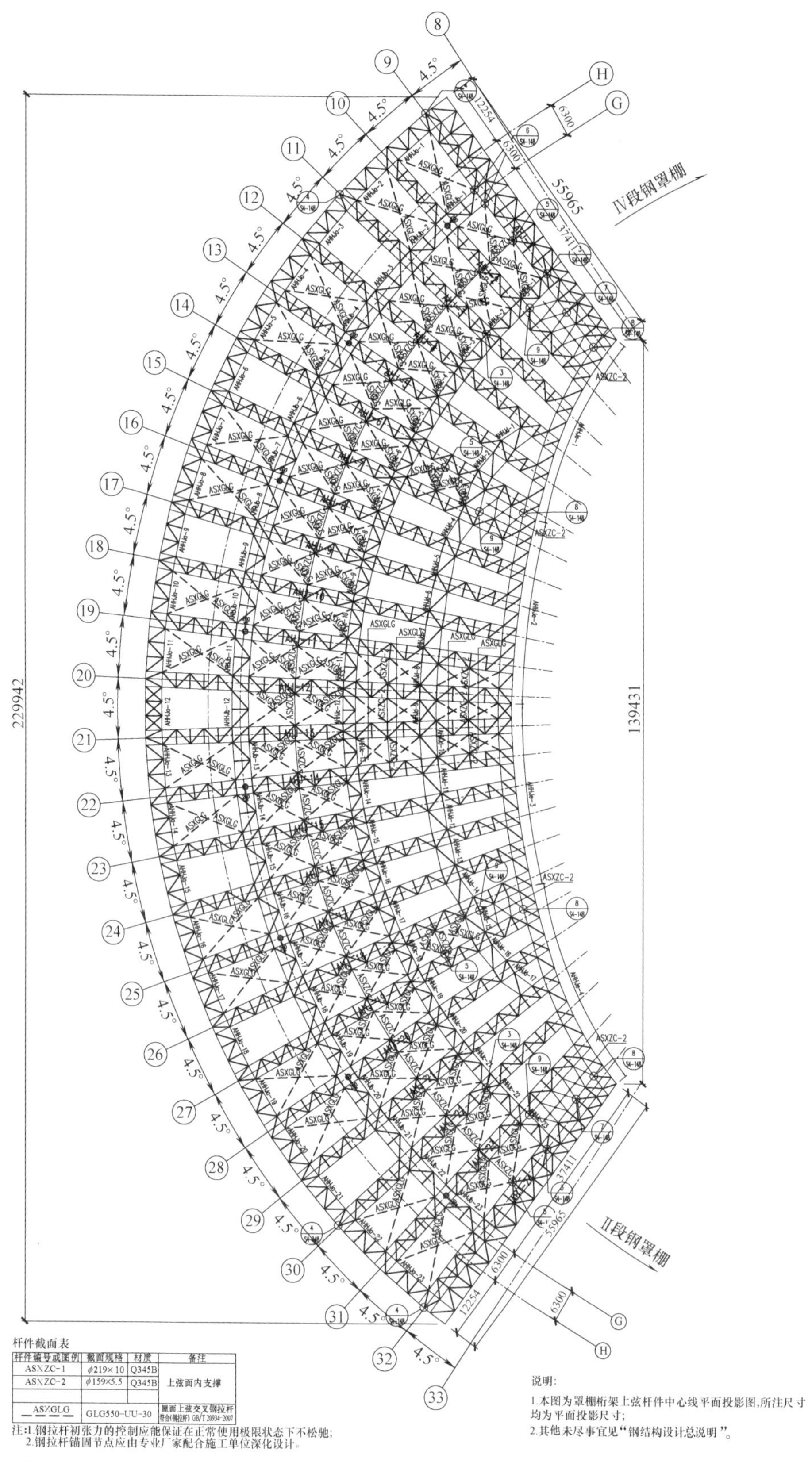


杆件截面表

| 杆件编号或图例 | 截面规格 | 材质 | 备注 |
| --- | --- | --- | --- |
| ASXZC-1 | $\phi$219×10 | Q345B | 上弦面内支撑 |
| ASXZC-2 | $\phi$159×5.5 | Q345B | |
| | | | |
| ASXGLG | GLG550-UU-30 | | 屋面上弦交叉钢拉杆 符合《钢拉杆》GB/T 20934-2007 |

注:1.钢拉杆初张力的控制应能保证在正常使用极限状态下不松驰;
2.钢拉杆锚固节点应由专业厂家配合施工单位深化设计。

图 7-24 I段钢罩棚上弦及屋面支撑结构布置图

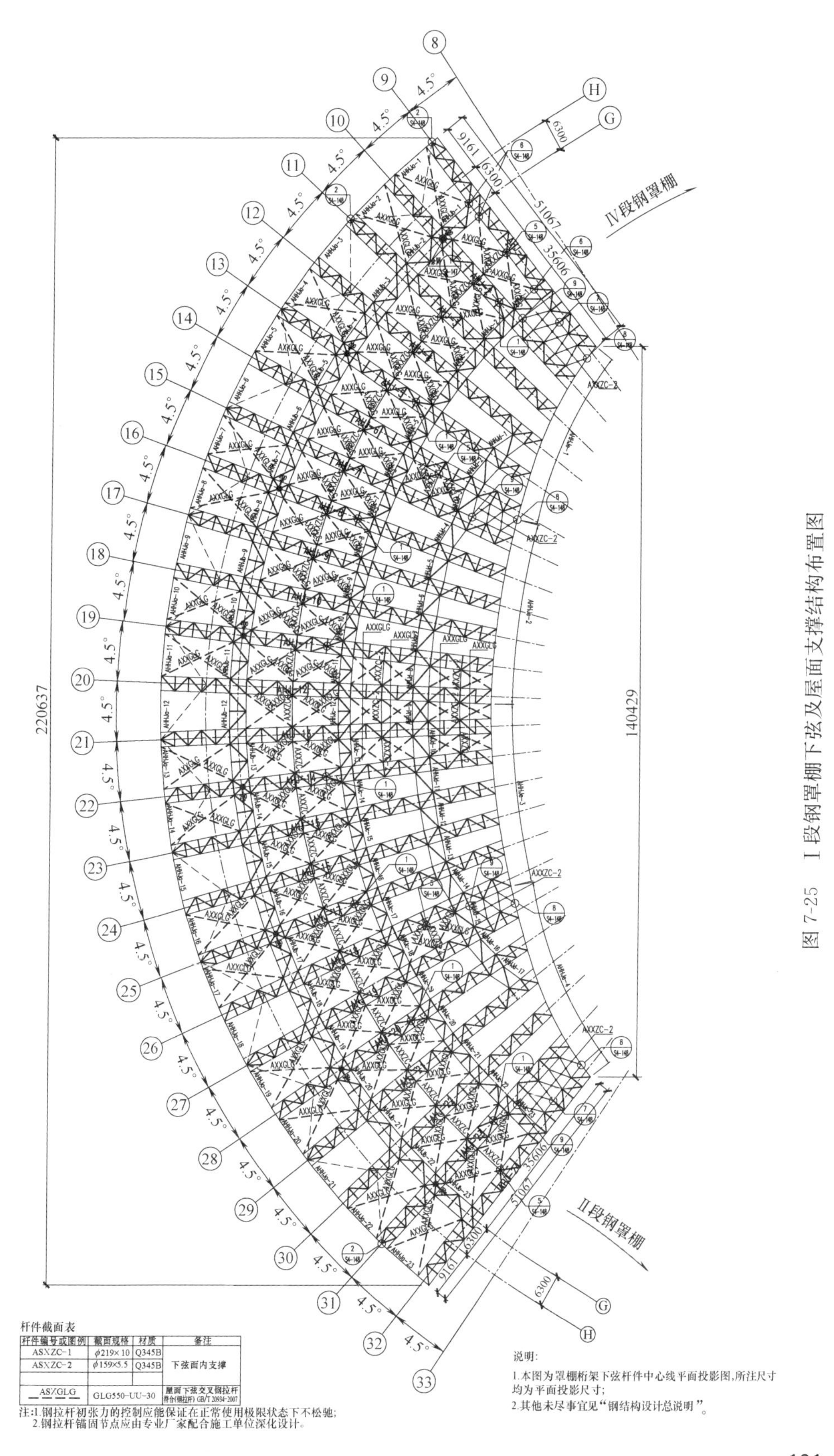


杆件截面表

| 杆件编号或图例 | 截面规格 | 材质 | 备注 |
|---|---|---|---|
| ASXZC-1 | $\phi$219×10 | Q345B | 下弦面内支撑 |
| ASXZC-2 | $\phi$159×5.5 | Q345B | |
| | | | |
| ASXGLG | GLG550-UU-30 | | 屋面下弦交叉钢拉杆 符合《钢拉杆》GB/T 20934-2007 |

注:1.钢拉杆初张力的控制应能保证在正常使用极限状态下不松驰;
2.钢拉杆锚固节点应由专业厂家配合施工单位深化设计。

说明:

1.本图为罩棚桁架下弦杆件中心线平面投影图,所注尺寸均为平面投影尺寸;

2.其他未尽事宜见"钢结构设计总说明"。

图 7-25 Ⅰ段钢罩棚下弦及屋面支撑结构布置图

抗风索截面及索力控制表

| 编号 | 规格 | 完工态索力(kN) | 最小破断力(kN) | 长度(mm) | 备注 |
|---|---|---|---|---|---|
| 抗风索1 | 7×163 | 1185 | 10476 | 25772 | 平行钢丝束索 |
| 抗风索2 | 7×163 | 1290 | | 22963 | |
| 抗风索3 | 7×163 | 1136 | | 20555 | |
| 抗风索4 | 7×163 | 1205 | | 19479 | |
| 抗风索5 | 7×163 | 1162 | | 19479 | |
| 抗风索6 | 7×163 | 1150 | | 20555 | |
| 抗风索7 | 7×163 | 1260 | | 22963 | |
| 抗风索8 | 7×163 | 1176 | | 25772 | |

注：1.抗风索强度等级均为1670级，符合《斜拉桥热挤聚乙烯高强钢丝拉索技术条件》GB/T 18365—2001的要求；
2.完工态索力是指主体结构合拢后在恒载(含结构和屋面自重)和预应力共同作用状态下的拉索内力；
3.理论长度为计算模型轴线长度，精确下料索长应考虑钢索锚固节点的做法和张拉设备的需要进行调整；
4.拉索的完工态索力的值应控制在此表的±10%以内(环境温度15～20℃下测定)。

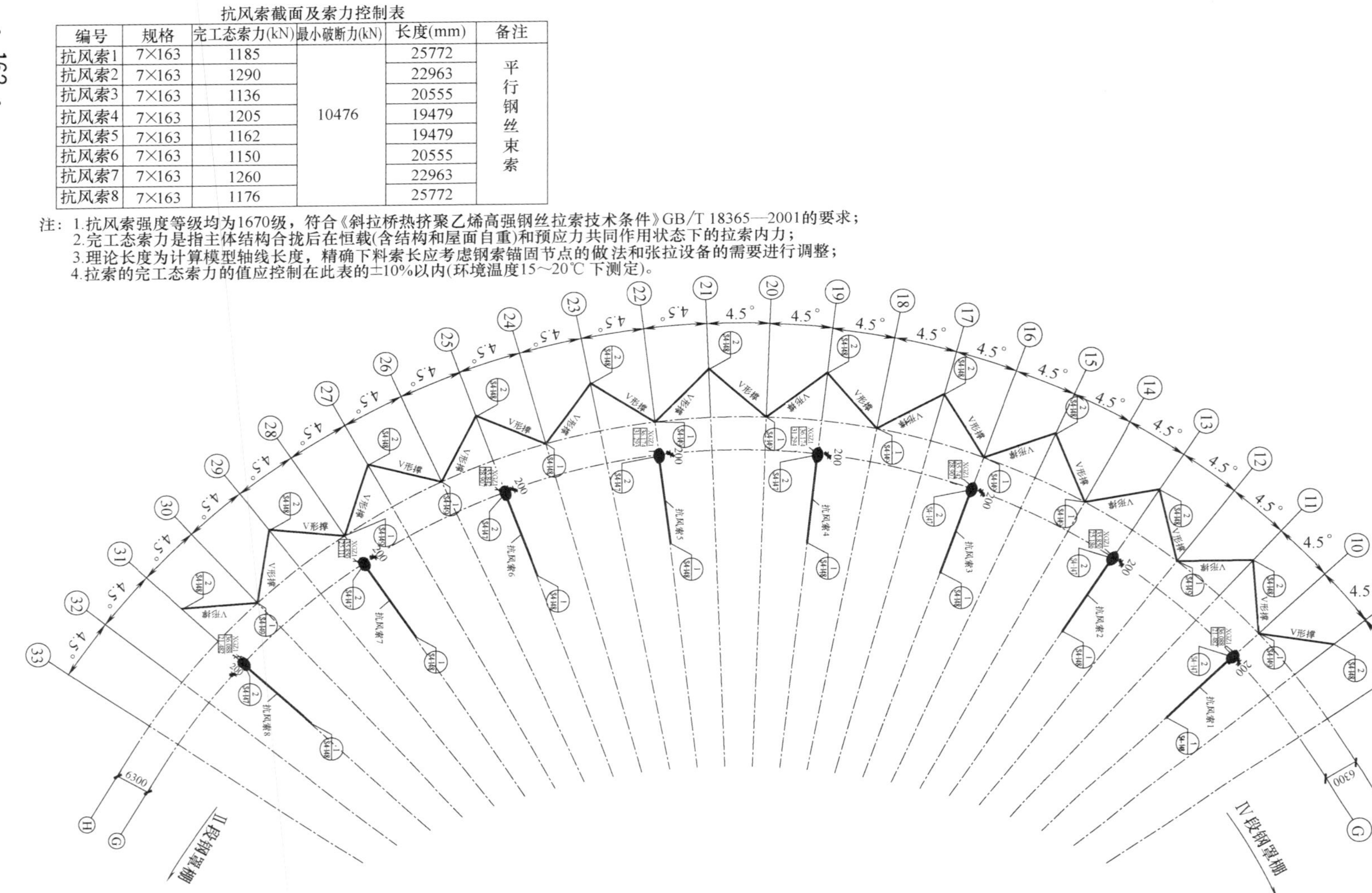


图 7-26 I段钢罩棚支撑柱和抗风索结构布置图

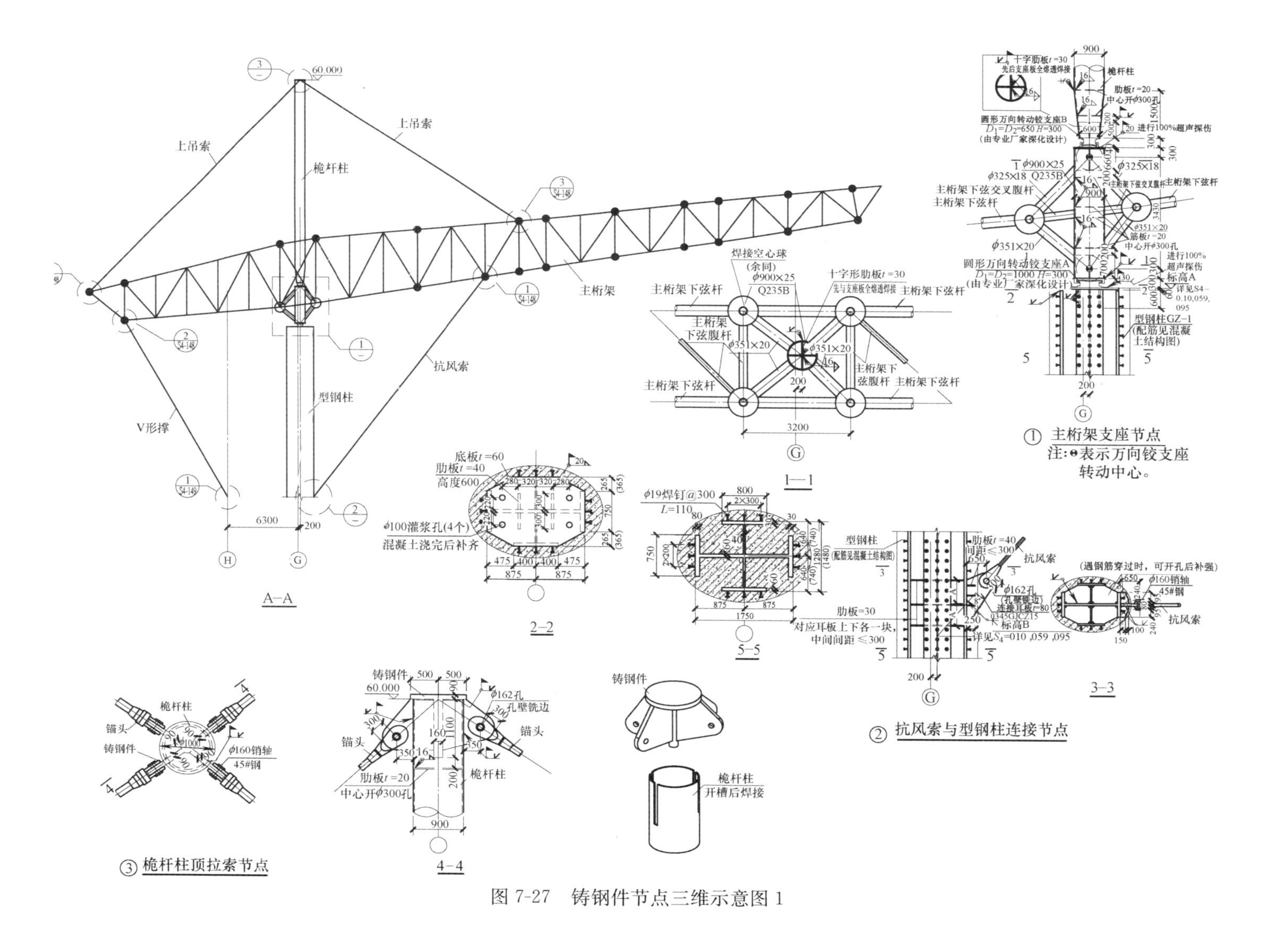


图 7-27 铸钢件节点三维示意图 1

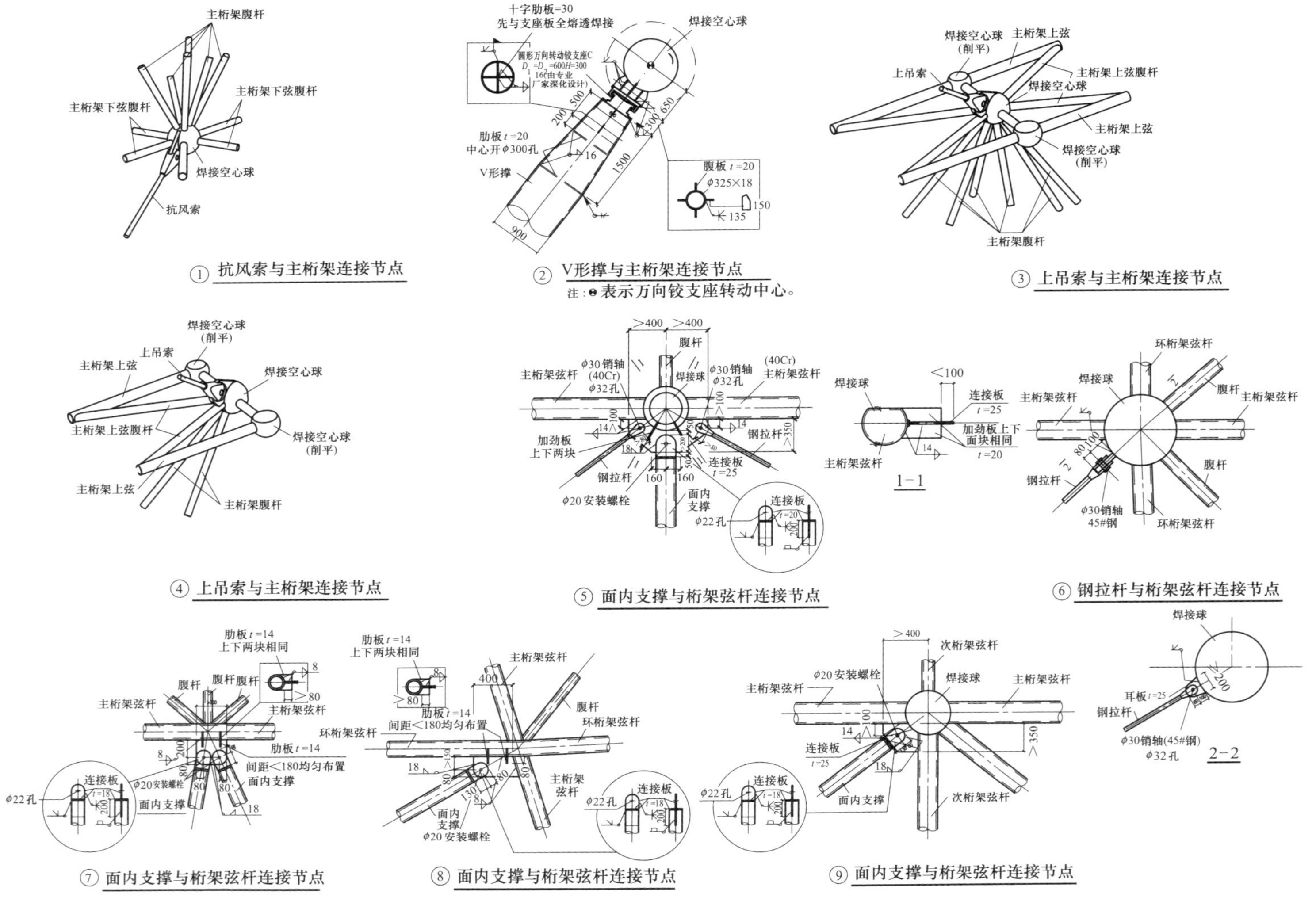


图 7-28 铸钢件节点三维示意图 2

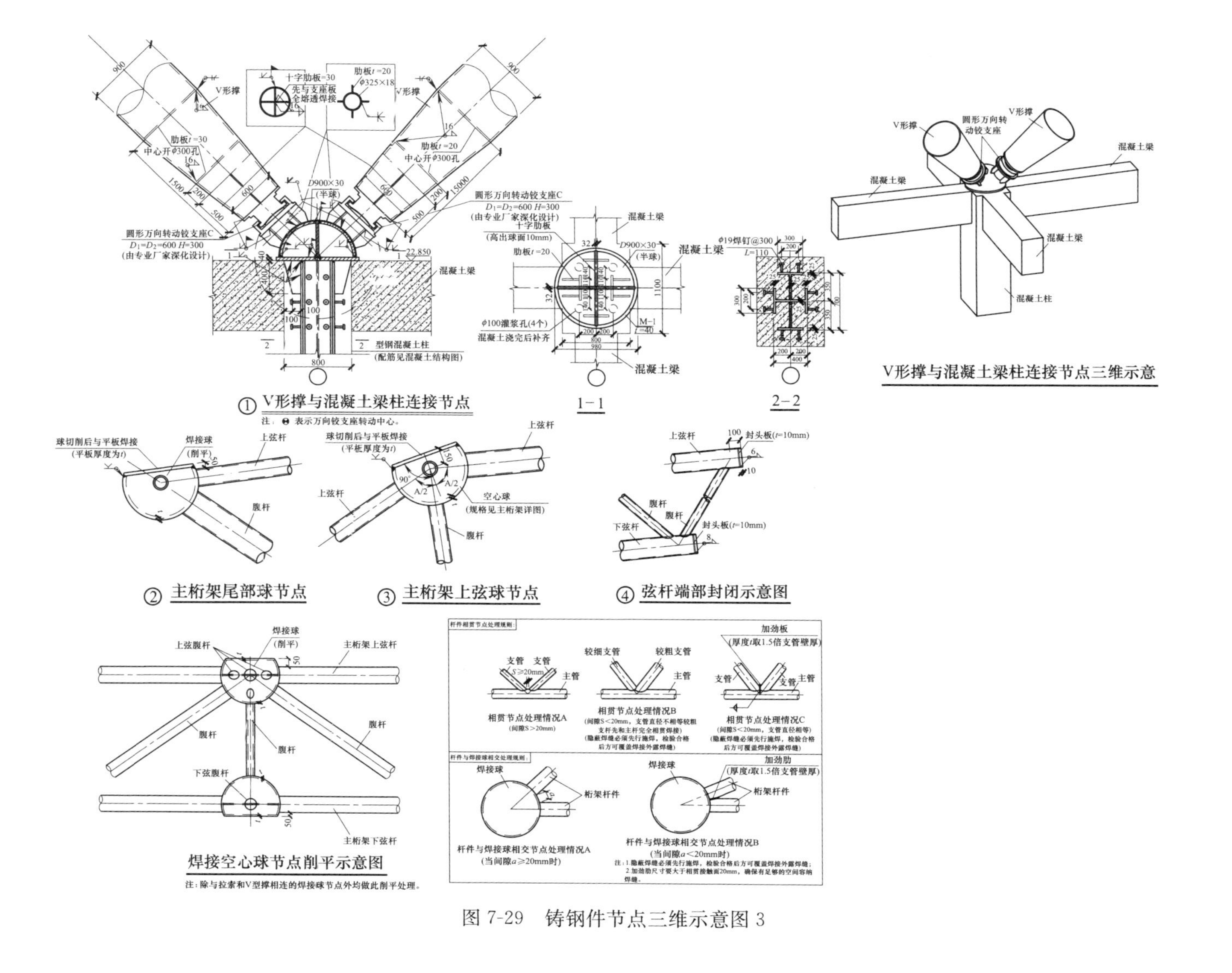


图7-29　铸钢件节点三维示意图3

### 7.2.3 唐山大剧院钢结构大跨度屋盖

唐山大剧院项目是2016唐山世园会重点配套项目文化广场的重要组成部分。该项目集图书馆、大剧院、群艺馆、美术馆、艺术大厦为一体，是河北省内规模最大的综合性文化阵地。唐山市文化广场位于南湖核心地块，紧邻市民中心，由六部分组成：会展中心，大剧院，艺术大楼，群众艺术馆、美术馆，图书馆和工人文化宫。

唐山大剧院位于文化广场东北侧，占地面积7.3万$m^2$，总建筑面积6.83万$m^2$，将建设1500座剧场、800座音乐厅、500座试验剧场及排练厅以及内部道路等附属配套工程，由南湖生态城管委会负责组织建设。其外部效果图如图7-30所示。

(a) 正立面效果图

(b) 侧立面效果图

(c) 整体轴测图

图7-30　唐山大剧院效果图

从效果图中可以看出，唐山大剧院的外形是由一系列类似大写字母“M”的等宽条带串联而成，每组条带的倾角及大小均不相同（图 7-31），串联后的效果造型独特，创意思路开阔，整体效果美观大气，体现了建筑师的创作灵感。

根据建筑师的创作意图并参考“大跨度建筑的结构构型研究”系统中建筑智库资料，先在平面图中建立单榀条带的标准图（图 7-32），将相关尺寸及角度设定为一系列参数，根据最终效果的实际要求及放样后的尺寸，确定每榀条带变量参数的实际值。

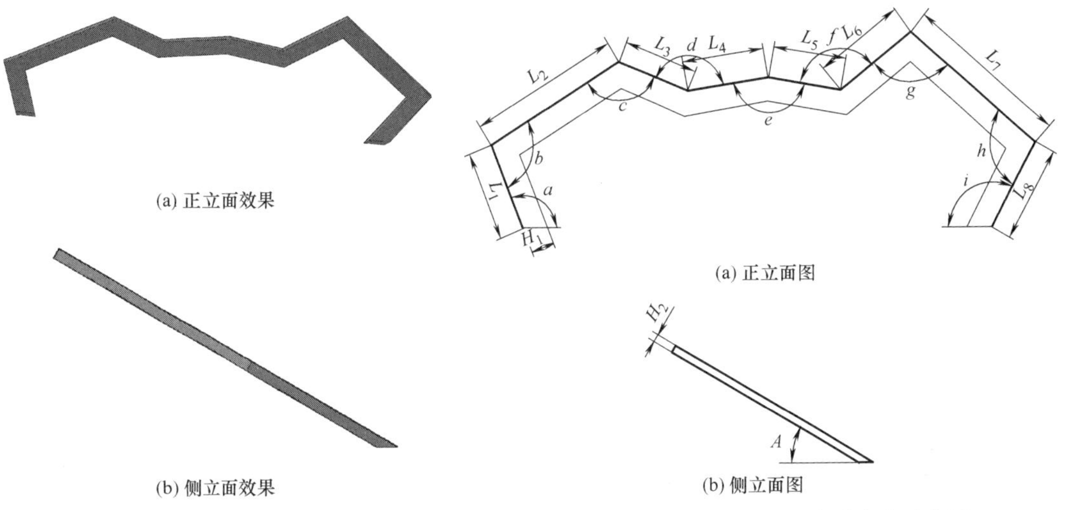


图 7-31　唐山大剧院单榀条带示意图　　　图 7-32　唐山大剧院单榀条带参数示意图

该软件由程序提供的平面建模功能，根据图 7-32 确定参数（长度参数 $L_1$～$L_8$，角度参数 $a$～$i$ 及 $A$，厚度参数 $H_1$、$H_2$ 及条带之间的距离参数 $D$）建立单榀条带的带参数模型；建模后根据平面轴网的定位（参数 $D$ 控制），给出各个单榀的具体参数设置（成组设置）后形成整体的条带模型（图 7-33）。在必要时，比如建筑轮廓调整，可以对点值参数进行动态修改并及时更新整体模型。

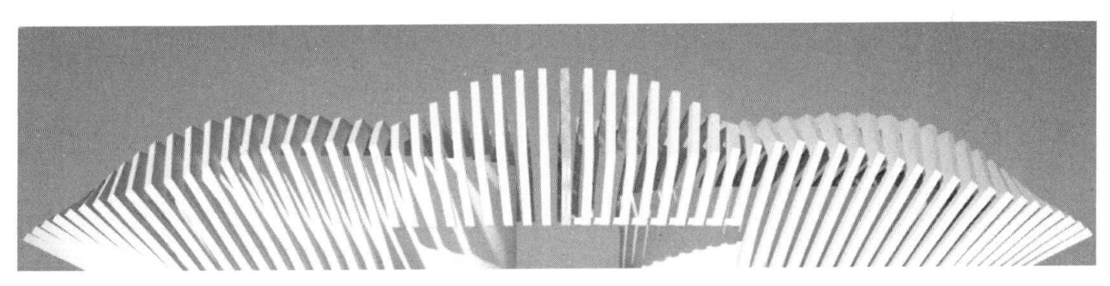

图 7-33　唐山大剧院条带模型

建筑的屋面外轮廓控制面为条带的上半外表皮及其连接面，软件自动寻找到其中面后连接，形成建筑师所需图形，也即屋盖的外控制曲面，即给出屋盖结构上弦曲面的边界，如图 7-34 所示。

根据大剧院的屋盖建筑的造型要求，结构形式可选择桁架结构体系及网架结构体系，两种结构的优缺点如 7.2.1、7.2.2 小节所述，根据本项目实际情况，钢结构屋盖结构最终选用矩形钢管桁架结构体系。

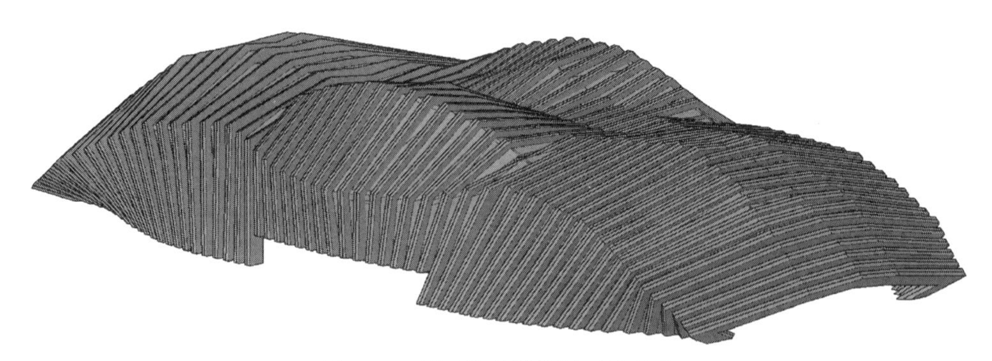

图 7-34 屋面外轮廓控制面的形成

根据《空间网格结构技术规程》JGJ 7—2010 的网格尺寸划分的相关规定，参考桁架的厚度控制尺寸，经过 CAD 进行局部放样后，给出桁架结构上弦控制分格参数，软件形成上弦网格曲面。进一步通过软件相关功能模块，在输入桁架厚度参数及方向参数后，自动形成桁架结构三维图，如图 7-35 所示。

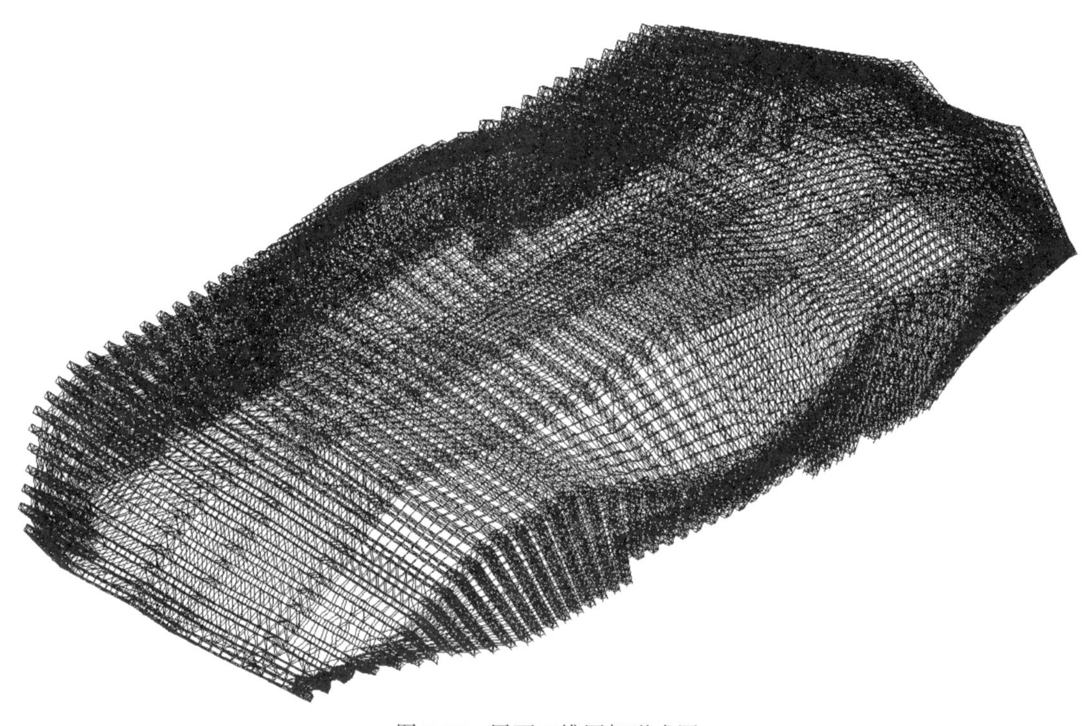

图 7-35 屋面三维网架形成图

将所得三维图通过软件提供的图形格式转换模块，输出为 *.dxf 文件，为 CAD 软件可读的数据交换文件。通过 CAD 软件读取后可另存为 CAD 相关格式文件，并采用 3D3S 等软件进行网架结构的计算。

唐山大剧院钢结构平面图见图 7-36，唐山大剧院钢结构正立面图见图 7-37，唐山大剧院钢结构侧立面图见图 7-38，唐山大剧院钢结构轴测图见图 7-39。

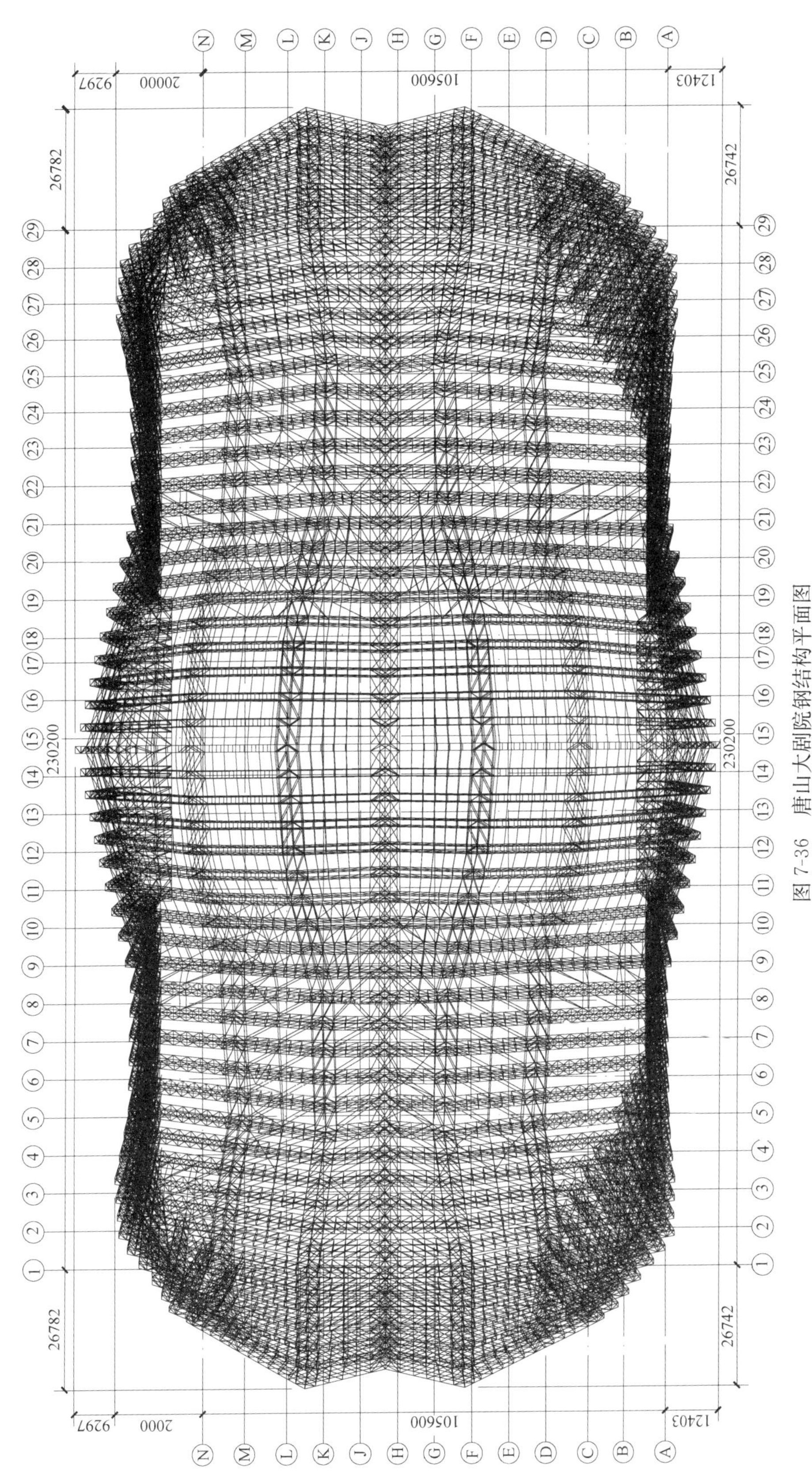


图 7-36 唐山大剧院钢结构平面图

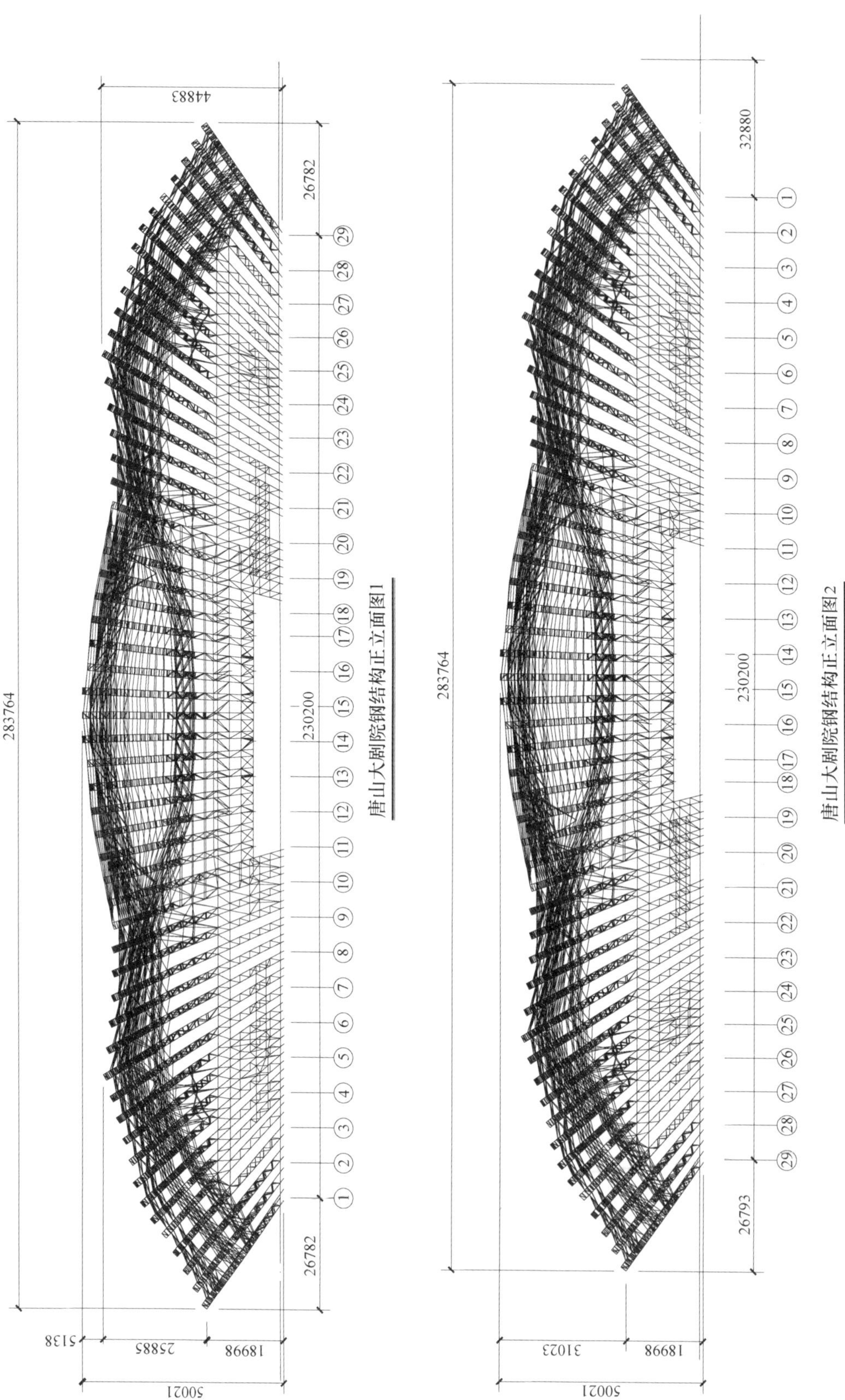


唐山大剧院钢结构正立面图1

唐山大剧院钢结构正立面图2

图 7-37 唐山大剧院钢结构正立面图

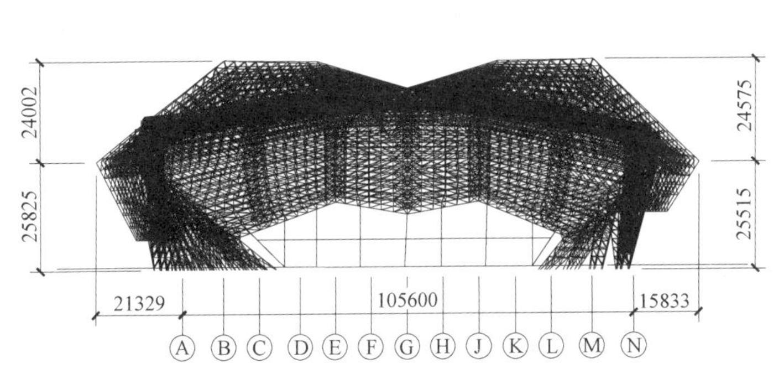


唐山大剧院钢结构侧立面图1

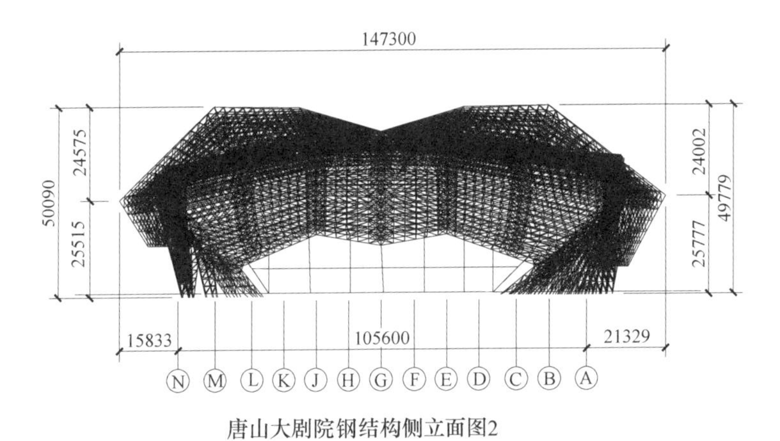


唐山大剧院钢结构侧立面图2

图 7-38　唐山大剧院钢结构侧立面图

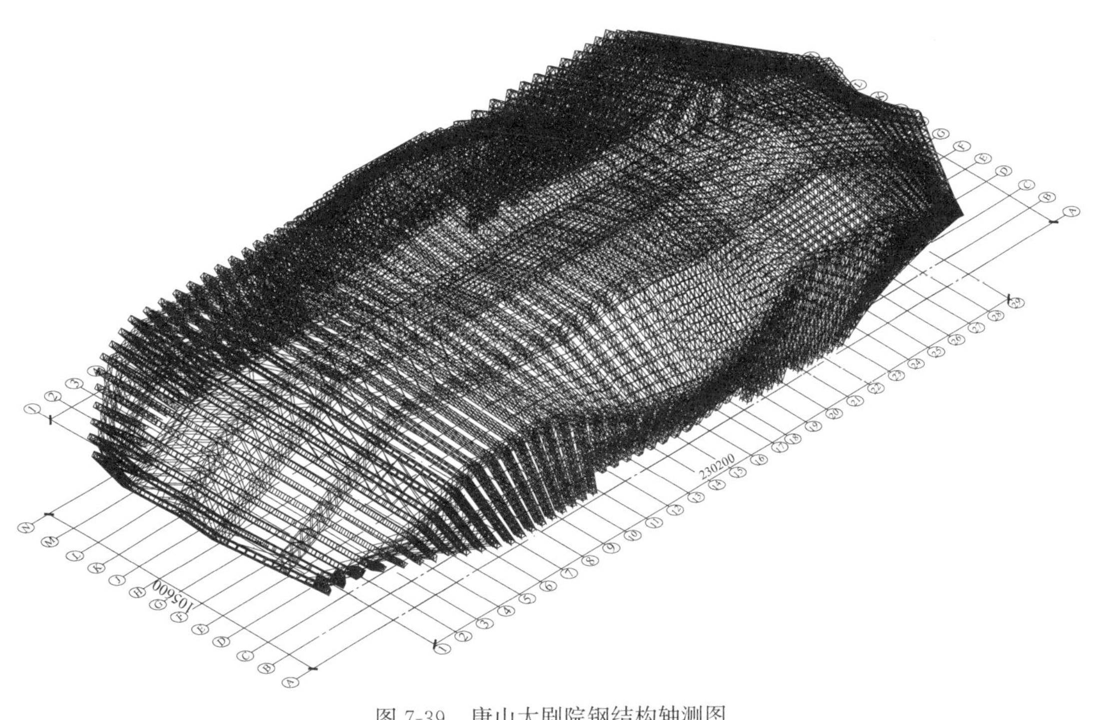


图 7-39　唐山大剧院钢结构轴测图

### 7.2.4 海峡文化艺术中心钢结构屋盖

海峡文化艺术中心项目位于福州市马尾新城三江口南台岛东部的仓山区梁厝村 SJK-C-02、SJK-C-30 地块。地块北临闽江，南临南江滨路。用地面积 158041.7m$^2$，建筑面积 155674m$^2$。海峡文化艺术中心分为五个功能性建筑，分别是多功能戏剧厅（700 座）、歌剧院（1600 座）、音乐厅（1000 座）、艺术展示厅和影视中心（电影院共 1500 座），它们由一个两层高的文化大厅连接。建筑北侧是茉莉花广场，深入闽江南岸，直接与闽江江岸的人行与自行车路径相连，通过梁厝河水景景观环境与城市结构相联系。梁厝河位于场地内建筑中间，所以整体建筑分为 A（多功能戏剧厅）B（歌剧院）C（音乐厅）和 D（艺术展示厅）E（影视中心）两个组团。建筑属一类高层公共建筑。本项目设计工作由中国中建设计集团有限公司（直营总部）专业设计院负责。其整体效果图如图 7-40 所示。

本设计的出发点是“为普通使用者提供非凡的体验”。茉莉花是福州市市花，也是福州的真正标志，这正是设计的主要灵感。为了创造一个既生态又具有强大和独特性建筑的友好文化商城，整个规划分为五个功能性建筑。建筑跟茉莉花花瓣相似，更与其有机的形状和白色相仿。这些茉莉花花瓣被按照扇形组合排列，并形成城市雕塑和茉莉花的形象。

(a) 鸟瞰图

图 7-40 海峡文化艺术中心整体效果图（一）

(b) 立面图1

(c) 立面图2

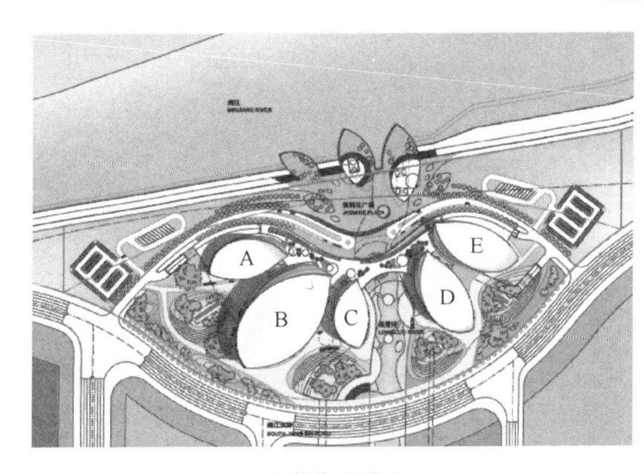


(d) 整体平面图

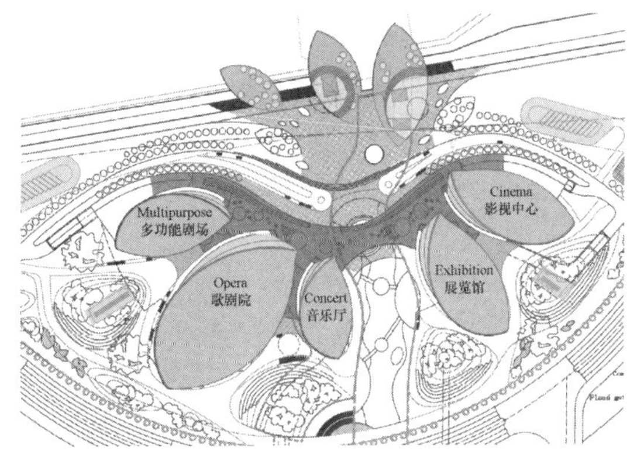


(e) 整体功能分区图

图 7-40　海峡文化艺术中心整体效果图（二）

为了形成海峡文化艺术中心的整体建筑天际线，创造一个在视觉上吸引人且给人留下深刻记忆的城市元素，一些建筑上的部分，尤其是“茉莉花花瓣”的屋顶，其高度需要被设计为高于 24m。对于现代歌剧院建筑，尤其是其舞台塔楼，在建筑上需要更高的高度。

海峡文化艺术中心的文化功能部分应补充多种商业功能与家庭商业娱乐服务，以创造一个现代的混合“艺术商业大厅”与一个经济上可行的项目。茉莉花花瓣分别为多功能戏剧厅、歌剧院、音乐厅、艺术展示厅和影视中心，他们由一个两层高的集艺术品店、书店、画廊、咖啡厅、餐厅、游客服务、纪念品店、儿童活动游乐区和其他商业休闲功能为一体的文化大厅连接。

通过将大型文化综合体分成更小的单位，很有可能创造出人性化尺度的并提供给用户友好的内外空间，还把公共的室内空间融入到了建筑周围的茉莉花花园景观中。泄洪渠作为一个有活力的水景景观，延伸并贯穿于海峡文化艺术中心。它形成了由城市通往江边"茉莉花广场"的主要入口。为了创造一个沿闽江江畔吸引人的地标，有必要重新考虑南江滨路的位置，并创造一个独特的江边"茉莉花广场"概念。

从平面图中可以看出，每组建筑的投影形状均为茉莉花瓣的轮廓，建筑师为实现平面及立面的效果，参考"大跨度建筑的结构构型研究"系统中建筑智库资料，屋面确定为高次曲面形状。

每个不同功能分区的建筑的外形轮廓均类似，下面仅对 E 区（影视中心区）的模型建立过程作叙述，其他建筑的处理方式一致。E 区为单坡曲面屋面，由斜向柱体及斜柱面相交后的图形组成。斜向柱体的上下表面的平面形状及控制点编号如图 7-41 所示。

下外轮廓的控制点 A1～A8 的坐标（$x_1$，$y_1$，$z_1$）～（$x_8$，$y_8$，$z_8$）及八段弧线的半径 $Ra_1$～$Ra_8$，以及上外轮廓的控制点 B1～B8 的坐标（$x_1$，$y_1$，$z_1$）～（$x_8$，$y_8$，$z_8$）及八段弧线的半径 $Rb_1$～$Rb_8$，将以上参数输入程序并进行连接（直线及弧线，其中 $z$ 为竖直向上方向），最终形成单坡的空间面并形成建模需要的边界控制线。将两组控制面边界线按高度（$z$ 参数）确定后输入软件，并给定路径后形成空间斜向柱体面（图 7-42）。

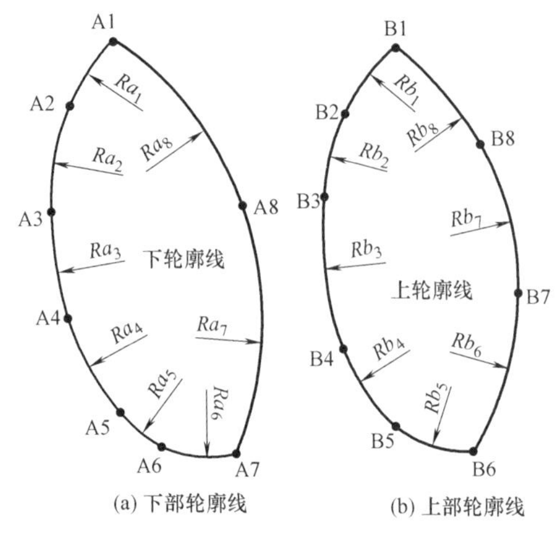


图 7-41　E 区控制点及外轮廓控制面

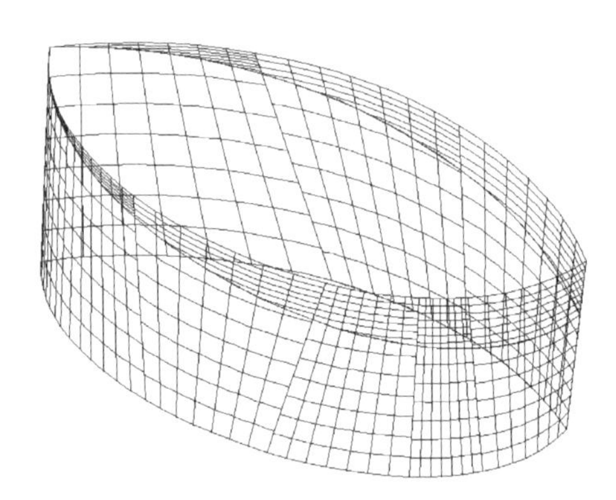

图 7-42　E 区斜向柱体面轮廓

根据放样尺寸，再建立一个单层斜向柱面（局部）与此斜向柱体面相交，相交后的外轮廓面即为屋面的曲面（图 7-43）。

根据影视中心区的屋盖建筑的造型要求，本工程最终选择单层网壳体系。网壳结构整体效果好，造型灵活多变，是高次超静定空间结构，能够承担各个方向传递的荷载，构件及节点的工厂化程度高；杆件受力均匀，构造简单；本项目钢结构屋盖结构最终选用焊接球的单层网壳体系。

根据《空间网格结构技术规程》JGJ 7—2010 的网格尺寸划分的相关规定，经过 CAD 进行局部放样后，给出上弦控制曲线的分格控制参数，软件形成上弦网格曲面，如图 7-44 所示。

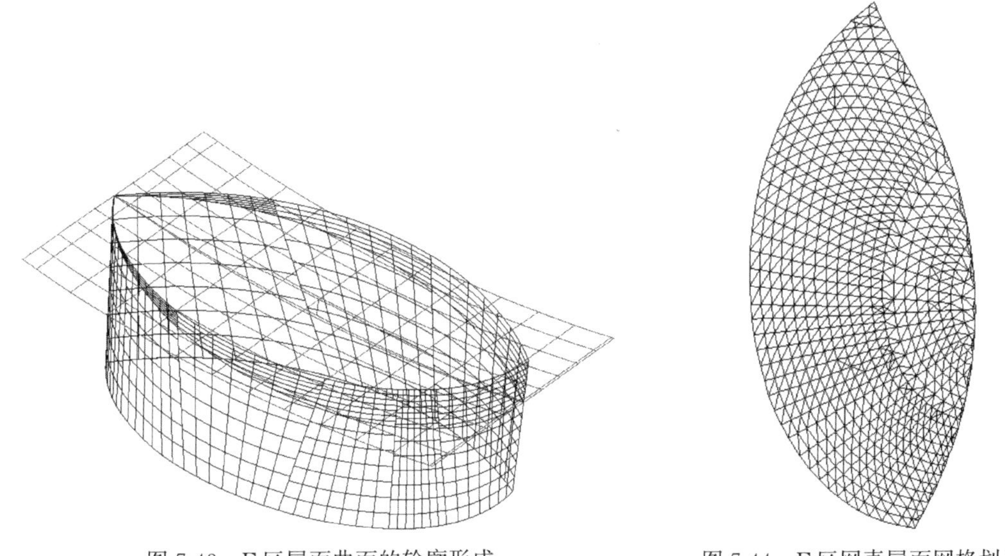

图 7-43　E 区屋面曲面的轮廓形成　　图 7-44　E 区网壳屋面网格划分

将所得三维图通过软件提供的图形格式转换模块，输出为 *.dxf 文件，为 CAD 软件可读的数据交换文件。通过 CAD 软件读取后可另存为 CAD 相关格式文件，并采用 3D3S 等软件进行网壳结构的计算。

海峡文化艺术中心 E 区屋面钢结构平面图见图 7-45，海峡文化艺术中心 E 区屋面钢结构立面图见图 7-46，海峡文化艺术中心 E 区屋面钢结构轴测图见图 7-47，海峡文化艺术中心 E 区屋面钢结构杆件截面图见图 7-48。

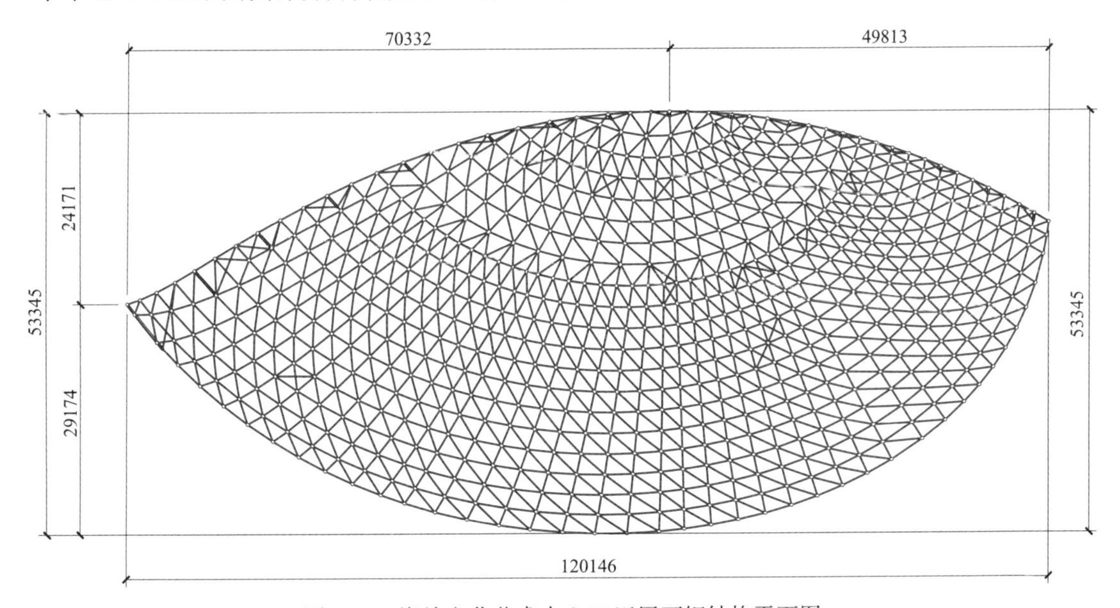


图 7-45　海峡文化艺术中心 E 区屋面钢结构平面图

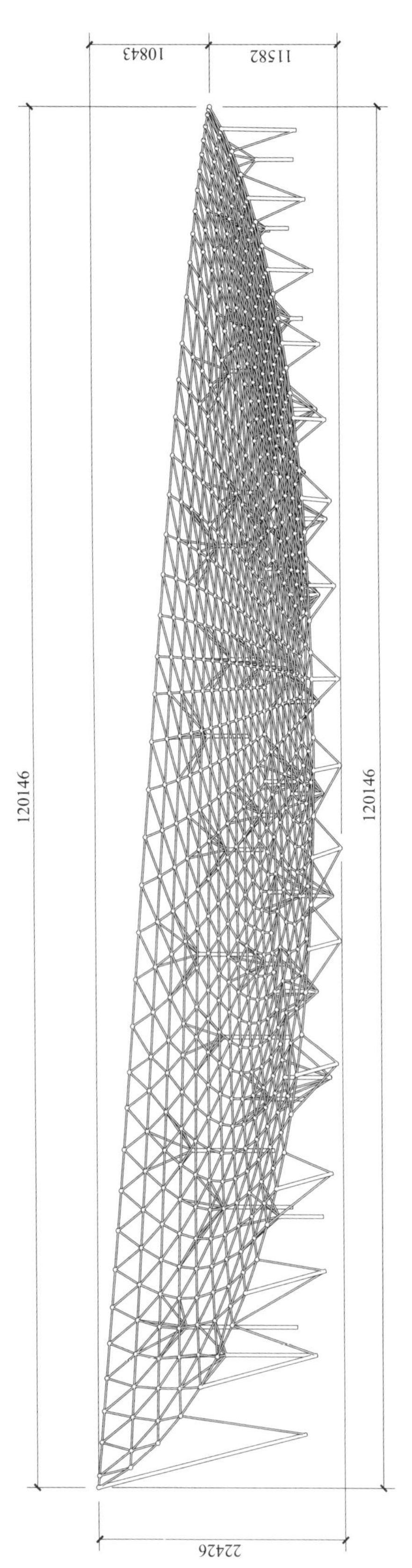


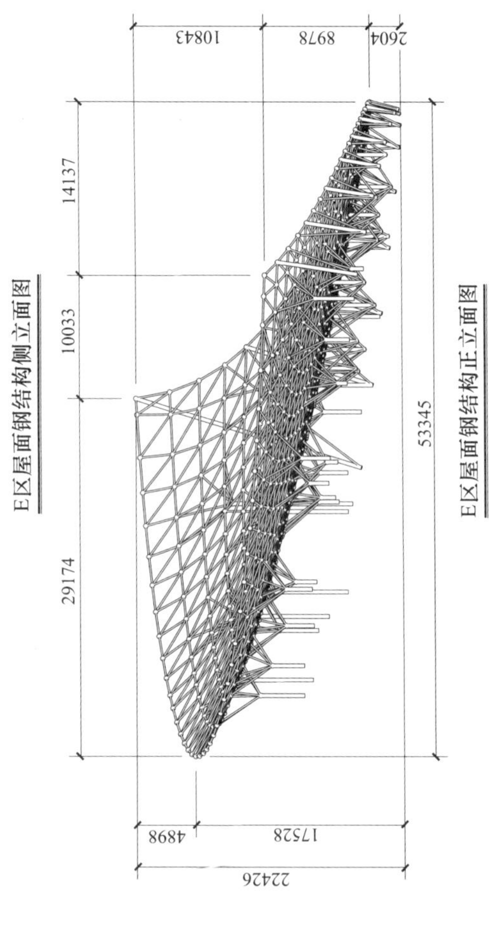


图 7-46　海峡文化艺术中心 E 区屋面钢结构立面图

E区屋面主体结构材料统计表

| 序号 | 截面(mm) | 总长(m) | 重量(kg) | 材性 | 说明 |
|---|---|---|---|---|---|
| 1 | $\phi76\times4$ | 1656 | 11765 | Q345B | |
| 2 | $\phi89\times4.0$ | 659 | 5527 | Q345B | |
| 3 | $\phi114\times5.0$ | 2014 | 27072 | Q345B | |
| 4 | $\phi140\times6.0$ | 2437 | 48325 | Q345B | |
| 5 | $\phi159\times8.0$ | 1432 | 42647 | Q345B | |
| 6 | $\phi168\times10.0$ | 562 | 21885 | Q345B | |
| 7 | $\phi180\times12.0$ | 216 | 10726 | Q345B | |
| 8 | $\phi219\times14$ | 131 | 9291 | Q345B | |
| 9 | $\phi245\times14$ | 12 | 948 | Q345B | |
| 10 | $\phi325\times16$ | 274 | 33363 | Q345B | |
| 11 | 焊接球 | | 62204 | Q345B | |
| 12 | 合计 | | 273.8 | t | |

注：1.统计表中不包括檩条等其他零配件重量；
2.统计表中用钢量仅供参考。

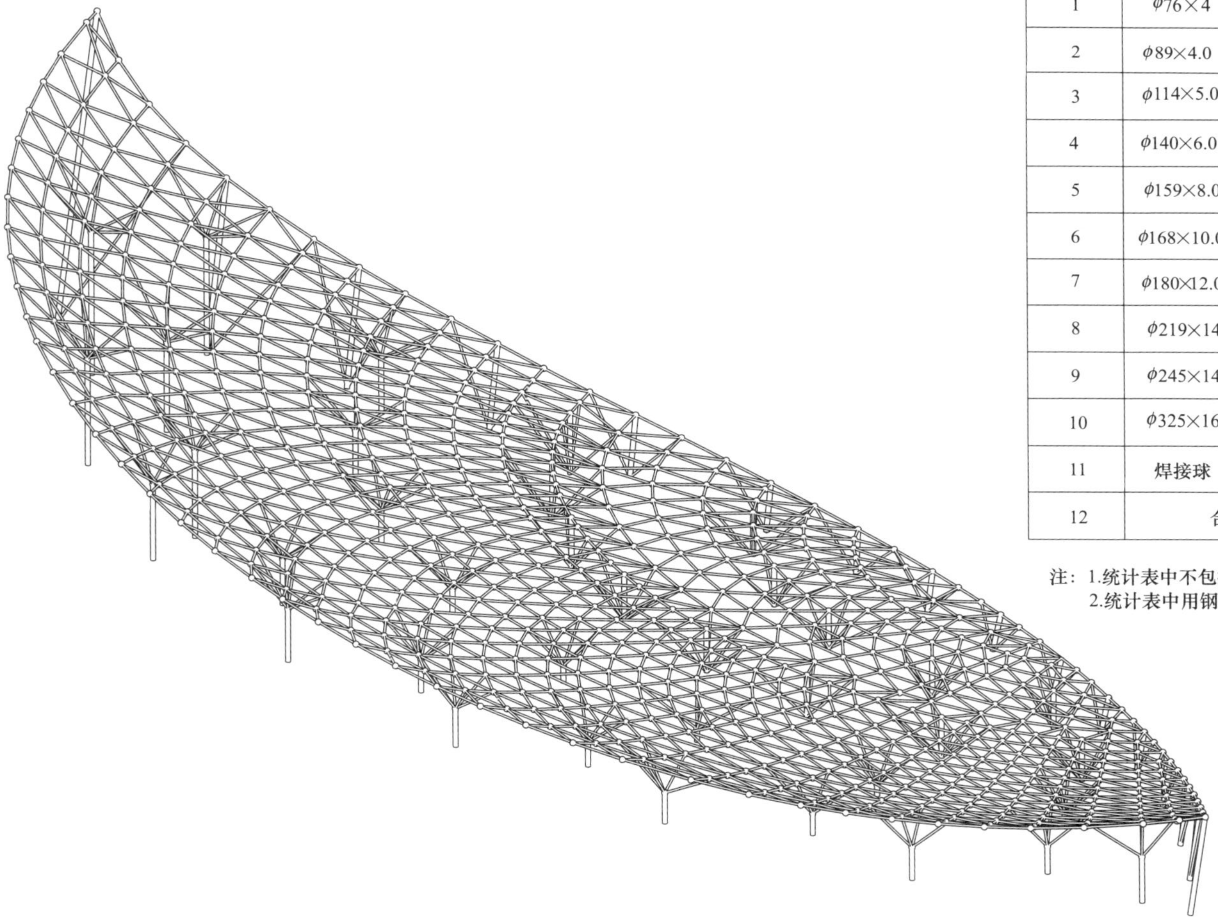

图 7-47 海峡文化艺术中心 E 区屋面钢结构轴测图

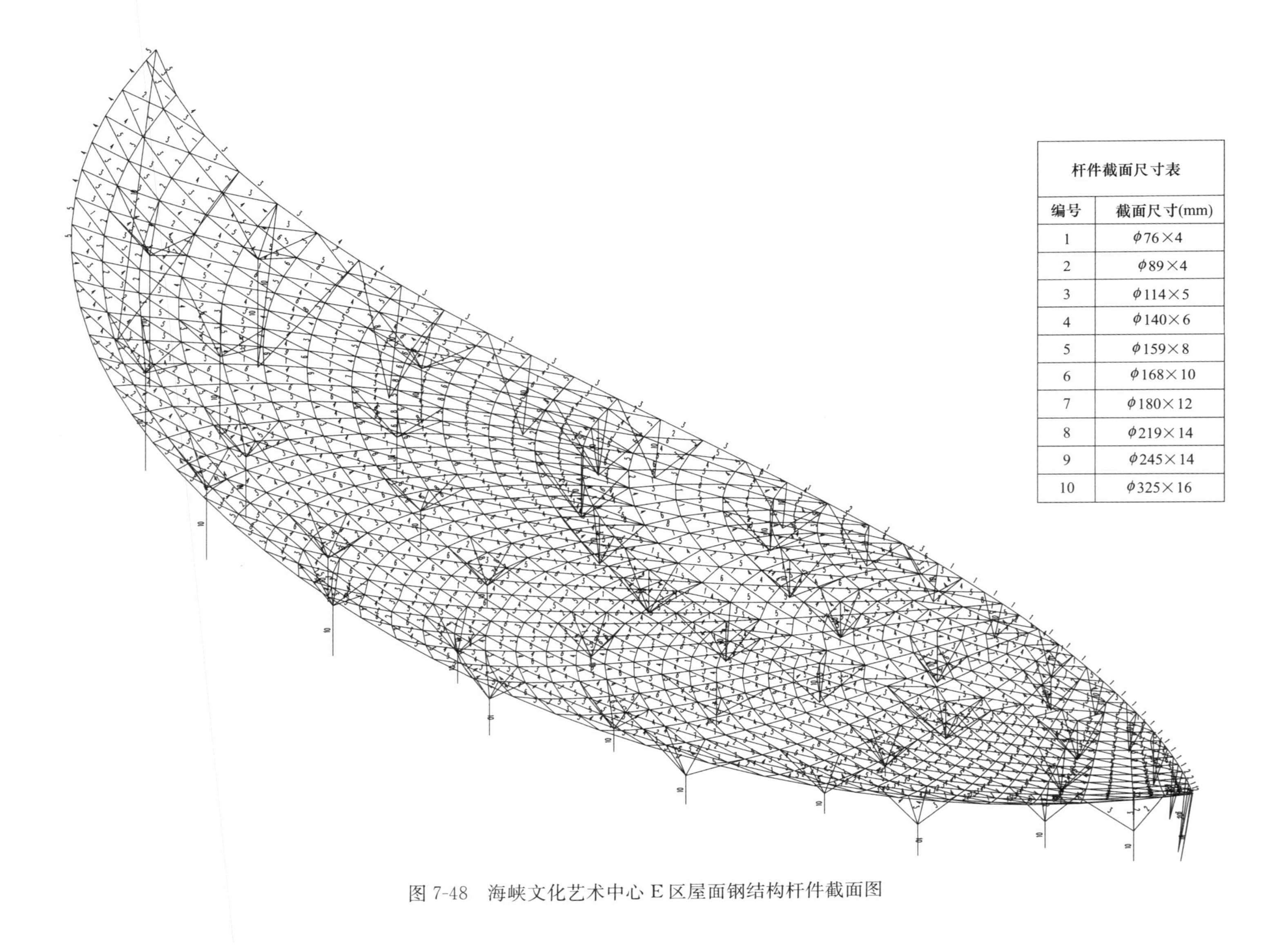

杆件截面尺寸表

| 编号 | 截面尺寸(mm) |
| --- | --- |
| 1 | $\phi76\times4$ |
| 2 | $\phi89\times4$ |
| 3 | $\phi114\times5$ |
| 4 | $\phi140\times6$ |
| 5 | $\phi159\times8$ |
| 6 | $\phi168\times10$ |
| 7 | $\phi180\times12$ |
| 8 | $\phi219\times14$ |
| 9 | $\phi245\times14$ |
| 10 | $\phi325\times16$ |

图 7-48　海峡文化艺术中心 E 区屋面钢结构杆件截面图

# 参 考 文 献


[1] 王敬烨. 贝壳形空间网格结构的形态研究 [D]. 哈尔滨：哈尔滨工业大学，2009.

[2] 武岳，李欣，王敬烨. 自由曲面空间结构形态问题的研究 [C]. 第十二届空间结构学术会议论文集，2008：466-471.

[3] Isler H.. Generating shell shapes by physical experiments [J]. Bull IASS；34 (1993)：53-63.

[4] Chilton J.. The engineer's contribution to contemporary architecture：Heinz Isler [M]. London：Thomas Telford Press；2000.

[5] P. Bellés, N. Ortega, M. Rosales, O. Andrés. Shell form-finding：Physical and numerical design tools [J]. Engineering Structures, 2009, 31 (11)：2656-2666.

[6] René MOTRO, Marine BAGNERIS. Structural morphology and free form design [C]. Proceedings of IASS 2007 symposium, Venice, Italy.

[7] Edgar Stach. Form-Optimizing in Biological Structures：The Morphology of Seashells [C]. Proceedings of IASS 2004 symposium, Montpellier, France, 2004.

[8] Edgar Stach. Form-Optimizing Processes in Biological Structures：Self-generating structures in nature based on pneumatics [C]. Proceedings of IASS 2004 symposium, Montpellier, France, 2004.

[9] James Glymph, Dennis Shelden, Cristiano, Judith Mussel, Hans Schober. A parametric strategy for free-form glass structures using quadrilateral planar facets [J]. Automation in Construction 2004, 13：187-202.

[10] J. Fonseca. The load path-a way to understand the quality of structures [J]. Journal of international association for shell and spatial structures, 1997, 38：129-134.

[11] T. Wester. Structural patterns in nature-Part Ⅰ [C]. Proceedings of IASS 2003 symposium, 2003, Taiwan.

[12] T. Wester. Structural patterns in nature-Part Ⅱ [C]. Proceedings of IASS 2004 symposium, 2004, Montpellier, France.

[13] Hiroshi OHMORI. Computational Morphogenesis：Its Current State and Possibility for the Future [C]. Proceedings of the 6th International Conference on Computation of Shell and Spatial Structures IASS-IACM 2008："Spanning Nano to Mega" 28-31 May 2008, Cornell University, Ithaca, NY, USA.

[14] E. Ramm, G. Mehlhorn, On shape finding methods and ultimate load analysis of reinforced concrete shells [J]. Engineering Structures, 1999, 13 (2)：178-198.

[15] K.-U. Bletzinger, E. Ramm. Structural optimization as tool for shape design [C]. Numerical Methods in Engineering'92, Elsevier, Amsterdam, New York, 1992, pp. 465-477.

[16] K.-U. Bletzinger, R. Wüchner, F. Daoud, N. Camprubí. Computational methods for form finding and optimization of shells and membranes [J], Computer Methods in Applied Mechanics and Engineering 2005, 194 (30-33)：3438-3452.

[17] K.-U. Bletzinger, E. Ramm. Form Finding of Shells by Structural Optimization [J]. Engineering with Computers, 1993, 9：27-35.

[18] Vizotto I.. A computational model of non-geometrical shells generation [J]. Thin-Walled Structures, 2009, 47 (2)：163-171.

[19] Vizotto I.. Computational generation of free-form shells in architectural design and civil engineering [J]. Automation in Construction, 2009, 19：1087-1105.

[20] Bendsoe M P, Kikuchi N. General optimal topologies in structural design using a homogenization

method [J]. Computer Methods in Applied Mechanics and Engineering，1988，71：197-224.
[21] Eschenauer H A，Kobelev V V，Schumacher A. Bubble method for topology and shape optimization of structures [J]. Structural Optimization，1994，8：42-51.
[22] Xie Y M，Steven G P. Evolutionary structural optimization [M]. Springer-Verlag，1997.
[23] 张东声. 自由曲面薄壳屋面造型研究 [D]. 西安：西北工业大学，2004.
[24] 公晓莺. 空间结构曲面生成与网格划分技术研究 [D]. 杭州：浙江大学，2004.
[25] 张浩. 空间结构曲面造型算法及程序实现 [D]. 杭州：浙江大学，2005.
[26] 岑培超. 空间结构参数曲面描述及网格划分算法 [D]. 杭州：浙江大学，2006.
[27] 李娜. 空间网格结构几何形态研究与实现 [D]. 杭州：浙江大学，2009.
[28] 卓新，周亚刚，董石麟. 多面体空间形态空间结构的设计 [J]. 空间结构，2002，8 (4)：46-50.
[29] 卢旦，李承铭，汪大绥，等. 自由曲面建筑一体化造型与优化设计研究 [J]. 建筑结构学报，2010，31 (5)：55-60.
[30] 崔昌禹，严慧. 结构形态创构方法：改进进化论方法及其工程应用 [J]. 土木工程学报，2006，39 (10)：42-47.
[31] 崔昌禹，严慧. 自由曲面结构形态创构方法：高度调整法的建立与其在工程设计中的应用 [J]. 土木工程学报，2006，39 (12)：1-6.
[32] 冯潇. 自由曲面结构力学性能研究 [D]. 哈尔滨：哈尔滨工业大学，2009.
[33] 杨庆山，姜忆南. 张拉索-膜结构分析与设计 [M]. 北京：科学出版社，2004.
[34] 巴斯. 工程分析中的有限元法 [M]. 北京：机械工业出版社，1989.
[35] 康澜. 土木工程结构非线性有限元高等分析理论研究与应用 [D]. 上海：同济大学，2009.
[36] 刘隽，孙希延，刘泰安. 板料拉深成形过程数值模拟中单元的选择 [J]. 桂林电子工业学院学报，2003，23 (1)：65-68.
[37] ANSYS. ANSYS Program，version 10.0：Finite Element Software. [S. l. ]：ANSYS Inc.，2005.
[38] 施法中. 计算机辅助几何设计与非均匀有理 B 样条（CAGD&NURBS）[M]. 北京：高等教育出版社，2001.
[39] 王国瑾，汪国昭，郑建民. 计算机辅助几何设计 [M]. 北京：高等教育出版社，海德堡：施普林格出版社，2001.
[40] 莫蓉，常智勇. 计算机辅助几何造型技术（第 2 版）[M]. 北京：科学出版社，海德堡：施普林格出版社，2009.
[41] 白新理. 结构优化设计 [M]. 郑州：黄河水利出版社，2008. 2-3. 195-215.
[42] 李晶，鹿晓阳，陈世英. 结构优化设计理论与研究进展 [J]. 工程建设，2007，39 (6)：21-31.
[43] 朱伯芳，黎展眉，张璧城. 结构优化设计原理与应用 [M]. 北京：水利电力出版社，1984. 6-7.
[44] 徐成贤，陈志平，李乃成. 近代优化方法 [M]. 北京：科学出版社，2002. 42-44.
[45] 张炳华，侯昶. 土建结构优化设计 [M]. 上海：同济大学出版社，1998. 1-9.
[46] 王光远，董明耀. 结构优化设计 [M]. 北京：高等教育出版社，1987. 1-24.
[47] 李著璟. 工程优化技术 [M]. 北京：中国水利水电出版社，2006. 1-6.
[48] 汪定伟，王俊伟，王洪峰，等. 智能优化算法 [M]. 北京：高等教育出版社，2006. 1-9.
[49] 张光澄，王文娟，韩会磊，等. 非线性最优化计算算法 [M]. 北京：高等教育出版社，2005. 25-39.
[50] 玄光男，程润伟著. 于歆杰，周根贵译. 遗传算法与工程优化 [M]. 北京：清华大学出版社，2004. 1-30.
[51] 徐磊. 基于遗传算法的多目标优化问题的研究与应用 [D]. 湖南：中南大学，2007. 13-37.
[52] 鞠海华. 基于 NSGA-Ⅱ算法的作业车间调度研究 [D]. 济南：山东大学，2008. 13-27.

[53] 李凯斌. 智能进化优化算法的研究与应用［D］. 杭州：浙江大学，2008. 33-44.
[54] Deb K，Agrawal S，Pratap A，et al. A fast elitist nondominated sorting genetic algorithm for multi-objective optimization：NSGA-Ⅱ［C］. Proc of the Parallel Problem Solving from Nature V1Conf，Pari S，2000：849-858.
[55] 王永菲，王成国. 响应面法的理论与应用［J］. 中央民族大学学报，2005，14（3）：236-239.
[56] 彭迪，顾克秋. 基于响应面法的三维炮尾结构设计优化［J］. 计算机辅助工程，2010，19（4）：91-94.
[57] 包伟，叶继红. 响应面法预测单层球壳筒单动荷载下的破坏形式［J］. 计算力学学报，2009，26（4）：483-488.
[58] 任伟新，陈华斌. 基于响应面的桥梁有限元模型修正［J］. 土木工程学报，2008，41（12）：73-78.
[59] Ren Wei-Xin，Fang Sheng-En，Deng Miao-Yi. Response Surface Based Finite Element Model Updating Using Structural Static Responses［J］. J of Engineering Mechanics，ASCE，2011，137（4）：248-257.
[60] 周纪芗. 回归分析［M］. 上海：华东师范大学出版社，1993.
[61] 赵选民. 试验设计方法［M］. 北京：科学出版社，2006.